国家卫生健康委员会"十四五"规划教材

全国高等职业教育本科教材

供医养照护与管理专业用

老年心理学

主　编　刘传新

副主编　田凤娟　李明芳

编　者（以姓氏笔画为序）

王芳华（长春医学高等专科学校）

田凤娟（菏泽医学专科学校）

刘传新（济宁医学院）

李龙飞（黑龙江护理高等专科学校）

李明芳（重庆三峡医药高等专科学校）

杨真真（山东省戴庄医院）

杨梦兰（济宁医学院附属医院）

张　政（江西中医药大学）

徐　佳（沈阳医学院）

徐云璐（山东医学高等专科学校）

徐芳芳（济宁医学院）

人民卫生出版社

·北　京·

图书在版编目（CIP）数据

老年心理学 / 刘传新主编. -- 北京：人民卫生出版社，2025.7. -- ISBN 978-7-117-38233-5

Ⅰ. B844.4

中国国家版本馆 CIP 数据核字第 20252DQ121 号

人卫智网	www.ipmph.com	医学教育、学术、考试、健康，购书智慧智能综合服务平台
人卫官网	www.pmph.com	人卫官方资讯发布平台

老年心理学
Laonian Xinlixue

主　　编：刘传新

出版发行：人民卫生出版社（中继线 010-59780011）

地　　址：北京市朝阳区潘家园南里 19 号

邮　　编：100021

E - mail：pmph @ pmph.com

购书热线：010-59787592　010-59787584　010-65264830

印　　刷：河北宝昌佳彩印刷有限公司

经　　销：新华书店

开　　本：850×1168　1/16　印张：11

字　　数：325 千字

版　　次：2025 年 7 月第 1 版

印　　次：2025 年 7 月第 1 次印刷

标准书号：ISBN 978-7-117-38233-5

定　　价：52.00 元

打击盗版举报电话：010-59787491　E-mail：WQ @ pmph.com

质量问题联系电话：010-59787234　E-mail：zhiliang @ pmph.com

数字融合服务电话：4001118166　E-mail：zengzhi @ pmph.com

　　我国是世界上老年人口最多的国家，老龄化速度较快，老年人健康状况有待改善。党中央、国务院高度重视医养结合工作，习近平总书记指出，要加快构建居家社区机构相协调、医养康养相结合的养老服务体系和健康支撑体系。医养结合作为落实推进健康中国、积极应对人口老龄化国家战略的重要任务，写入《中共中央 国务院关于加强新时代老龄工作的意见》《"健康中国2030"规划纲要》《积极应对人口老龄化中长期规划》等重要政策文件及规划。国家卫生健康委认真贯彻落实党中央、国务院决策部署，会同相关部门大力推进医养结合，取得积极成效。随着老年人对健康养老服务的需求日益强劲，迫切需要大批经过专业教育，具有良好职业素质、扎实理论水平、较强操作技能和管理水平的高层次医养结合相关技术技能人才。

　　高等职业教育本科医养照护与管理专业作为培养国家医养结合服务与管理技术技能人才的新专业，被列入教育部《职业教育专业目录（2021年版）》。为推动医养照护与管理专业健康发展，规范专业教学，满足人才培养的迫切需要，在国家卫生健康委老龄健康司的指导下，人民卫生出版社启动了全国高等职业教育本科医养照护与管理专业第一轮规划教材的编写工作。

　　本套教材编写紧密对接新时代健康中国高质量卫生人才培养需求，坚持立德树人、德技并修，推动思想政治教育与技术技能培养融合统一。教材深入贯彻课程思政，在编写内容中体现人文关怀和尊老爱老敬老的中华民族传统美德。高等职业教育本科医养照护与管理专业作为新的层次、新的专业，教材既体现本科层次职业教育培养要求，又坚持职业教育类型定位，遵循技术技能型人才成长规律。编写人员不仅有来自高职院校、普通本科院校的一线教学专家，还有来自企业和机构的一线行业专家，充分体现了专本衔接、校企合作的职业教育教材编写模式。编写团队积极落实卫生职业教育改革发展的最新成果，精心组织教材内容，优化教材结构，创新编写模式，推动现代信息技术与教育教学深度融合，全力打造融合化新形态教材，助力培养医养结合专业人才。

　　本套教材于2023年10月开始陆续出版，供高等职业教育本科医养照护与管理专业以及相关专业选用。

前言

为积极应对老龄化进程，就养老服务、养老保障、适老化转型升级等重点任务作出应对，老年群体的心理健康应得到更多的关注和满足。老年心理学作为探讨老年人心理活动特点和规律的学科，受到社会越来越多的关注。

本教材以《"十四五"职业教育规划教材建设实施方案》为指导，结合专业需求，坚持思想性，围绕立德树人的根本任务，将尊老、敬老、爱老、助老及保障老年人身心安全的传统美德和职业精神贯穿始终。本教材在撰写过程中，有以下三个特点：遵循科学性，参阅了大量权威文献资料，力求达到对概念和原理的准确叙述；遵循可读性，力求以简练的文字、通俗易懂的方式来表述有关的研究过程和结果；遵循实用性，本教材在每章的章末提供自测题，以供学习者评估学习效果。

本教材的编者来自普通高校、高职院校、医疗机构，发挥了产教融合优势。本教材的内容包括心理学基础知识、老年期心理健康及老年期心理、老年期生活变化及心理特征、老年期的家庭生活及心理特征、疾病与老年人心理健康、老年人的临终心理、老年期异常心理、老年期心理评估、老年期实用心理咨询技术，全方位针对老年人的生活特点、生理特点和心理特点进行系统阐述。

为帮助学习者学习，打造高品质融合性教材，每章设有学习目标、案例、知识拓展、思考题，并配有数字内容，提供教学课件、章节习题等学习资源。

本教材主要供高等职业教育本科医养照护与管理专业学生使用，也可供护理学、养老服务管理等专业以及医疗机构、养老机构的相关人员使用。

在本教材编写过程中，许多专家提出了很好的建议，全体编者为教材的编写付出了巨大努力，在此，对他们表示衷心的感谢。同时还要感谢所参阅的大量国内外文献资料的作者，我们从他们的著述中受益良多。同时，由于编者知识、能力水平及编写时间有限，本教材难免存有疏漏之处，恳切希望广大读者批评指正。

刘传新

2025 年 6 月

目　录

第一章

绪　论

学习目标

1. 掌握：老年心理学的概念；老年心理学的研究方法。
2. 熟悉：老龄、老化等相关概念。
3. 了解：老年心理学的学科性质。
4. 学会对老年人的心理健康状况进行筛查和评估。
5. 具有尊老、敬老、爱老、助老，维护老年人身心健康的意识。

人口老龄化是社会经济发展和人民生活水平提高的必然结果，也是全球普遍关注的重要公共卫生问题和重大社会问题。党的十九大报告提出，实施健康中国战略，人民健康是民族昌盛和国家富强的重要标志；积极应对人口老龄化，构建养老、孝老、敬老政策体系和社会环境，推进医养结合，加快老龄事业和产业发展。党的二十大报告提出，实施积极应对人口老龄化国家战略，发展养老事业和养老产业，优化孤寡老人服务，推动实现全体老年人享有基本养老服务。

因此，满足老年人的健康照护需求，提高老年人的生活质量，维护和促进老年人的身心健康，实现健康老龄化的战略目标，是健康心理学领域的重要课题之一。

第一节　老年心理学概述

心理学（psychology）作为一门科学，主要是研究人类行为以及心理过程的科学。心理学通常包括五个关键领域：生理心理学、发展心理学、认知心理学、社会心理学和临床心理学，其中发展心理学在整个心理学体系中占据着重要位置。发展心理学深入研究个体从受精卵开始到出生、成熟、衰老的生命全程中心理发生发展的特点和规律，简而言之，它以毕生心理发展的特点和规律为研究对象。老年心理学是发展心理学的一个重要分支。

老年心理学是发展心理学的重要分支，也是老年学（gerontology）研究领域中的一个重要组成部分。对老年心理学研究的重视，主要受到了发展心理学中生命全程观的影响。"生命全程观"是发展心理学的主流趋势，究其原因主要有三个。第一，社会发展的需求。随着社会的进步，人们的生活质量逐步提升，老年人口占比逐渐增加，老年问题成为全人类面临的重大问题，要求心理学界对此贡献力量。第二，学科发展的需求。随着发展心理学的发展，其研究范围不断扩展，对老年人群的心理研究成为必然趋势。第三，临近学科的推动。如老年学、社会学、人类学等学科的发展，对老年心理学的发展起到了极大的促进作用。

一、老年心理学的相关概念

（一）老年人

老年人是指年龄达到特定阶段，在生理、心理和社会功能等方面呈现出特定特征的人群。由于世界各国人口平均预期寿命不同，经济发展水平有差异，目前对老年人的年龄划分尚无统一标准。世界卫生组织（World Health Organization，WHO）对老年人年龄的划分标准是在发达国家将 65 岁及以上的人群定义为老年人，而在发展中国家则将 60 岁及以上人群定义为老年人。在我国，一般将 60 岁作为划分老年人的界限，这与我国的传统文化、社会政策以及人口整体状况相适应。

（二）老年心理学

老年心理学（gerontological psychology）是一门研究老年期个体和群体心理活动特点和规律的科学，又称老化心理学。

人的身心在生命进程中会表现出质和量两方面的变化，且与年龄密切相关，既表现出连续性，又表现出阶段性，从而形成年龄特征。年龄特征包括与认知发展相关的年龄特征，如感觉、知觉、记忆、思维、想象等，也包括与社会性发展相关的年龄特征，如兴趣、情感、自我意识、能力、性格等。据此，老年心理学既研究老年人群和个体的认知发展特点，也研究老年人群和个体的社会性发展特点。例如，研究老年人的记忆衰退特点，进而研究如何通过认知训练等方式延缓或改善老年人的记忆衰退；再如，通过研究老年人的情绪情感特征，进而分析老年人的情绪情感稳定性和独特的情感需求，进一步促进老年人的心理健康。

二、老年心理学的学科性质

老年心理学是发展心理学的重要组成部分，是一门涉及多学科的交叉学科。它既是老年学的重要分支，也是研究个体心理活动发展变化规律的发展心理学的分支。老年心理学涵盖生物及社会两方面内容。随着年龄增长，人类个体必然会出现视力减退、听觉迟钝、动作变慢、记忆力减退等生理现象。这些现象不仅受到生活经历和社会实践的影响，更与神经系统及感觉器官的老化密切相关，体现了其生物学科的性质。而丧偶失独、家庭关系变化、退休等心理社会问题，会引发老年人的抑郁、焦虑等消极心理状态，这些主要属于老年心理学社会学科性质的问题。老年心理学与心理学的关系如下：

1. 学科归属 老年心理学是心理学领域中的一门基础学科。老年心理学的发展依赖于心理学的基础理论和研究方法，同时也为心理学提供了关于老龄化过程中心理变化的独特视角和实证数据。

2. 研究内容 老年心理学的研究内容在心理学的研究范畴之内，但更加专注于老年期个体的心理特征和变化规律。它不仅关注老年人的认知、情感、动机等心理过程，还研究老年人的社会适应、人际关系等社会心理方面。

3. 研究方法 老年心理学的研究方法借鉴了心理学的研究设计和技术，如横向研究设计、纵向研究设计、连续研究设计，以及观察法、访谈法、问卷法、测验法和实验法等。这些方法的应用使得老年心理学能够更加深入地了解老年人的心理特点和变化规律。

4. 应用价值 老年心理学的研究成果对于提高老年人的生活质量、促进老年人的心理健康具有重要意义。同时，它也为社会科学、医疗保健、社会福利等领域提供了有关老年人心理特点的科学依据和决策参考。

此外，老年心理学与社会学和人类学等相关学科的关系均较为密切。老年心理学聚焦老年群体和个体老化的心理过程；社会学则聚焦老年群体在社会结构中的角色、地位、代际关系、社会政策以及老龄化对社会的影响；人类学关注人类行为、文化、生物演化和跨社会比较，如探讨不同文化对"老年"的定义。

三、老年心理学的学科特点

1. 生物与社会双重性　由于人的心理活动以神经系统和其他器官功能为基础，并受社会的制约，所以老年心理学涉及生物和社会两方面的内容。

2. 实践与应用性　老年心理学不仅关注老年人的心理特征，还致力于探索如何改善老年人的心理健康状况。例如，通过提供心理咨询、药物治疗、生活方式的调整等综合干预措施，来帮助老年人应对心理健康问题。

四、老年心理学的研究意义

1. 理论意义　通过对老年心理现象的研究，有助于丰富和发展老年心理学理论，不断构建和完善老年心理学的理论体系。

2. 实践意义　老年心理学的研究成果可广泛应用于养老服务、心理健康干预、老年教育等多个领域。比如，根据老年人的认知特点设计更适合他们的康复训练方案和教育课程；依据老年人的情感需求，为养老机构提供改善环境和服务的建议，以提升老年人的生活质量和幸福感。

综上所述，老年心理学是一门具有综合性、实践性和应用性的学科，它关注老年人的心理特征和行为模式，致力于探索改善老年人心理健康状况的方法和途径。

第二节　老年心理学的研究内容

老年心理学的研究范畴极为广泛，涵盖老年个体的感知觉、学习、记忆、思维等心理过程，以及智力、性格、社会适应等心理特质随年龄增长而产生的变化。

老年心理学研究的内容主要可分为五个方面：老年人的生理发展、老年人的认知、老年人的情感与社会性的发展、老年人的生死观、老年人的心理健康。老年期是一个在退行性病变总趋势下仍保持诸多优势的时期，是衰退与获得性发展并行的时期。老年心理学的研究是为了更好地关爱老年人，服务于社会。

📖 **知识拓展**

老龄、老化与衰老

老龄指进入老年期的年龄。人到多大年龄算是老年呢？各个国家和地区所采用的划分标准不一。英国、美国、加拿大等国家都以 65 岁作为老年的起点，俄罗斯等部分国家以 60 岁分界。1982 年联合国在维也纳召开老龄问题世界大会提出了"老龄问题国际行动计划"，规定 60 岁或 65 岁为老年期的起点，同时规定，一个国家和地区 60 岁以上人口占总人口的 10% 或者 65 岁以上人口占总人口的 7%，就称为老龄化国家或地区。

老化（aging）是指个体在成熟期后的生命过程中所表现出来的一系列形态学以及生理、心理功能等方面逐渐衰退的动态过程。

衰老（senility）则是指老化过程的最后阶段或结果，如心智钝化、记忆减退、体能下降等。

一、老年人的生理发展

老年期，亦称成年晚期。成年晚期生理变化的基本特点：尽管个体之间差异很大，但其总的趋势是逐渐表现出退行性病变，神经系统、循环系统、呼吸系统、消化系统、泌尿系统、生殖系统、内分泌系统以及骨骼系统等均趋于衰退，功能减弱。

（一）身体外貌变化

衰老导致的外貌变化最早在 20～30 岁就开始了。当我们说某个人相对于年龄"显年轻"或"显老"时，首先可能指的是其身体外貌与实际年龄的对比。

1. 老年期衰老最明显的就是身体外貌的变化　皮肤皱纹明显增多、变得松弛；油脂腺活性降低造成皮肤干燥粗糙，手臂、手背和面部等出现色斑；皮肤几乎失去了脂肪层的保护，愈加透明，皮下血管清晰可见；皮肤表面下的毛囊死亡，头发变得稀疏。

2. 体型发生变化　60 岁后体重一般会下降，身高也会下降，尤其是女性，骨骼的矿物质含量减少导致脊柱塌陷。

3. 身体行动能力受到几个因素的影响　①肌肉力量在老年期的下降速度比中年期快。60～70 岁，人的肌肉力量平均下降 10%～20%，70～80 岁时下降 30%～50%。②因为骨量减少，骨骼强度下降，而承受压力时产生的细微断裂则进一步使骨骼变脆弱。③关节、肌腱和韧带的力量和灵活性也下降。

（二）老年人睡眠的变化

老年人所需的睡眠时间与年轻人相仿，大约每晚 7 个小时。但随着年龄的增长，他们既难以入睡，也难以保持睡眠状态和进入深度睡眠。大约 50% 的老年人患有失眠症，睡眠时间也会发生变化，变得早睡早起。有学者提出，这是因为负责睡眠的大脑结构发生了变化，血液中应激激素分泌增多，对中枢神经系统产生了警醒效应。

（三）脑功能的减退

脑细胞因年龄增长的正常死亡并不会导致日常生活能力丧失。但是脑细胞的死亡、大脑结构性异变和化学异变的程度严重，就会出现脑功能的严重下降，如阿尔茨海默病（Alzheimer's disease，AD）、血管性痴呆等。

总体上讲，老年期个体的生理变化颇多，如老年人的心血管和呼吸系统也会发生老化。随着年龄的增长，心肌越来越僵硬。心脏起搏力减小，最大心率降低，循环系统中的血流速度减慢。呼吸系统方面，氧合作用减少，肺部的吸气和呼气效率下降，使血液吸收的氧气减少，呼出的二氧化碳减少。因此，老年人在运动时易呼吸急促。

二、老年人的认知变化

老年人生理上的退行性病变、年龄的增长以及退休后生活的改变，导致老年人的认知功能会发生一些变化：认知有所减退，但并非全部减退；易产生消极的情绪情感，但生活满意度一般较高；个性有所变化，但持续稳定多于变化。

（一）感觉与知觉功能下降

老年期感知觉的变化最明显。根据科索（Corso）的研究，成年晚期几种主要感觉衰退的一般模式是：最早开始衰退的是听觉，许多人不到 60 岁听觉衰退就非常明显；其次是视觉，视觉直到 55 岁仍然十分稳定，以后便出现相当急剧的衰退；味觉的衰退和视觉相似，在 60 岁之前的几年还相当稳定，但 60 岁后对咸、甜、苦和酸等味道的感受性便陡然下降。

1. 视觉的改变　老年人的暗适应与光适应能力均下降。静态和动态视敏度也明显下降，且动态视敏度下降时间更早，下降速度更快。

2. 听觉的改变　老年人内耳和皮质听觉区的供血下降与细胞自然死亡，再加上耳膜硬化，导致听力下降。老年人对各种频率的柔和声音的辨别力都下降，对高频音的辨别力下降最为显著。

3. 味觉和嗅觉的改变　老年人舌头上味蕾的数量和分布减少，导致味觉的敏感性降低。嗅觉感受器数量的减少，以及大脑中气味加工区域神经元的丢失，使 60 岁以上的老年人对气味的敏感度下降。

4. 触觉的改变　人们每天都要通过触摸来识别物体。老年人通过触摸辨别细节和不熟悉物体的能力下降。手的触觉减弱，尤其是指尖的触觉减弱，这是皮肤某些区域的触觉感受器减少以及通往肢体远端的血液循环减慢导致的。

（二）记忆的变化

对大多数老年人来说，其记忆变化的总的趋势是随年龄增长而减退，主要表现为机械记忆减退，记忆广度变小，记忆速度下降，再认能力较差，回忆能力显著减退等。老年人获取信息的速度变慢，在工作记忆中保留的信息变少，抑制无关信息、运用策略、从长时记忆中检索相关知识都更加困难。

（三）语言能力的变化

语言和记忆能力密切相关。在语言理解的过程中，人们会无意识地回忆起听过、看过的东西。对老年人来说只要对方说话速度不是太快，或者他们有足够时间对书面问题进行准确加工，可以使他们能够弥补工作记忆容量的下降，那么语言理解能力就会像内隐记忆一样，在晚年没有什么变化。年龄越大，越需要花更多的时间来增强理解力。

（四）思维与智力下降

老年人的思维能力，尤其是逻辑推理和问题解决能力，可能会随着年龄的增长而有所下降。思维是高级的复杂的认识活动，这方面的研究仍然较少。

智力与年龄的关系非常复杂，老年人的智力是否减退，至今也是一个有争论的问题。大部分理论观点认为老年人的流体智力（如适应新环境、接受新观念的能力）呈衰退趋势，晶体智力保持相对稳定。然而，智力是综合的心理特征，由很多因素构成，老年人的智力减退并不意味着各因素以同一速度衰减。有些研究表明，老年人的言语测验成绩在老年期依然较好，而心理运动速度和知觉整合能力等操作测验成绩则较早出现衰退。

（五）反应时间延长

老年人的神经传导速度减慢，导致反应时间延长。这种变化可能影响到老年人的日常生活和社交能力，尤其是在需要快速作出决策或反应的情况下。

三、老年人情感的发展与社会性发展

良好的情绪、情感是老年人心理健康的重要体现，是心理健康的重要风向标。老年人的情绪、情感变化与其身体健康状况和认知功能的变化有很大关系。例如，身体功能的丧失会给老年人带来很大的压力，使得老年人比较容易产生消极的情绪、情感，且情感体验深刻而持久，各种"丧失"是情绪体验的最重要的激发事件。

国内外心理学家的研究尤其是横向研究表明，进入老年期后，人的个性发生了一系列变化。人们通常认为，人到老年期会变得小心、谨慎、固执、刻板，甚至认为这是老年人特有的个性特点。人到成年晚期，个性虽发生了某些变化，但个性的基本方面是持续稳定的，而且稳定多于变化。心理学家迪布纳说过：在任何时候一个人更像他的本来面目，而不是像他同龄的另外一个人。

老年人情感的发展与社会性发展是随着年龄增长而经历一系列变化的，这些变化深刻影响着他们的内心世界和社会互动。以下是对老年人情感的发展与社会性发展的详细分析：

（一）情感的发展

1. 情感需求的变化　随着年龄的增长，老年人对情感的需求可能变得更加深沉和内敛。他们可能更加珍视亲情、友情，并希望与家人、朋友建立更加紧密的情感联系。同时，老年人对自我价值的认同感也会发生变化，他们可能更加关注自己在家庭、社会中的角色，以及这些角色带来的情感满足。

2. 情感表达方式的变化　老年人在表达情感时可能更加含蓄和委婉。他们可能更倾向于通过行动、眼神或微妙的言语来传达自己的情感。此外，老年人对情感的反应也可能更加细腻和敏感，更容易受到外界环境的影响。

3. 情感调节能力的变化　老年人在面对情感波动时，可能具有更强的心理复原能力。他们能够将积极情感最大化，同时抑制消极情感，这是一种非常有效的情绪调节能力。然而，也有部分老年人可能因生理、心理或社会因素的变化而出现情感调节困难，表现为情绪波动大、易焦虑或抑郁等。

（二）社会性发展

1. 社会角色的变化 老年人退休后，他们的社会角色会发生显著变化，从工作角色转变为家庭角色，或者从领导者、决策者转变为被照顾者、被支持者。这种角色的转变可能对他们的自我认知和社会互动产生深远影响。

2. 社会交往的变化 随着年龄的增长，老年人的社交圈子可能会逐渐缩小。退休、身体功能下降等因素限制了他们的社交活动，导致他们与外界的信息交流减少。部分老年人会通过参加社区活动、志愿者活动等方式，积极扩大自己的社交圈子，建立新的社会关系。

3. 社会支持系统的变化 老年人在面对生活挑战时，更加依赖社会支持系统的帮助。这包括家庭支持、朋友支持、社区支持以及政府提供的各种养老服务。一个完善的社会支持系统对老年人的身心健康至关重要，它可以帮助老年人更好地应对生活中的困难和挑战。

4. 社会适应能力的变化 随着年龄的增长，老年人的社会适应能力可能会逐渐下降。他们可能对新事物、新科技、新观念等的接受度和理解力降低。然而，部分老年人通过不断学习、更新自己的知识和技能，保持了较强的社会适应能力。他们能够适应社会变化，积极参与社会活动，享受晚年生活。

（三）情感的发展与社会性发展的相互影响

1. 情感的发展对社会性发展的影响 老年人的情感状态对其社会性发展具有重要影响。积极的情感状态可以促进老年人的社会交往和社会参与，增强他们的社会适应能力。相反，消极的情感状态可能导致老年人产生社交退缩、孤独感等负面情绪，进而影响他们的生活质量。

2. 社会性发展对情感发展的影响 老年人的社会性发展也会影响其情感状态。一个丰富、多元的社交圈子可以为老年人提供更多的情感支持和情感满足。同时，老年人通过参与社会活动、与他人交流互动，可以保持积极的心态和情绪状态，提高生活质量。

综上所述，老年人情感的发展与社会性发展是相互关联、相互影响的。了解这些变化并采取相应的措施来满足老年人的情感需求和社会需求，对于提高他们的生活质量、促进他们的身心健康具有重要意义。

四、老年人的生死观与心理健康

老年人的生死观与心理健康之间存在着密切的联系。生死观是老年人对生命和死亡的基本看法和态度，而心理健康则是指老年人在心理层面的稳定与平衡。世界卫生组织关于心理健康的定义为身体上、精神上和社会上的一种完美状态。

（一）老年人的生死观

（1）正视生死：老年人应该正视生死，认识到生与死是对立统一的，没有生就没有死。这种正视生死的态度有助于老年人更好地面对生活中的挑战和困难，以及最终的死亡。

（2）坦然接受：面对死亡，老年人需要培养一种坦然接受的心态。不恐惧，更不逃避，因为恐惧和逃避并不能改变生命的终点。相反，坦然接受能够让人在生命的最后阶段更加从容不迫，享受每一个当下。

（3）尊重自然：尊重自然意味着尊重生命的每一个阶段，包括生命的终结。老年人可以通过亲近自然、感受季节变化等方式，增强对生命循环的理解，从而更加深刻地认识到死亡是生命不可分割的一部分。

（4）计划身后事：老年人可以提前规划自己的身后事，包括遗嘱的制订、财产分配、葬礼安排等。这不仅是对自己负责，也是对子女的关爱，能够减轻子女在悲痛中的负担。

（二）老年人的心理健康

心理健康越来越受到人们的重视，针对老年人的心理健康主要有以下几个方面的内容：

1. 保持个性的完整与和谐　老年人用一生的时间去了解自己，使他们对于自我概念比过去更安全、全面。虽然老年人在生理功能、认知功能和职业方面都发生了较大变化，但是他们心中的自我概念一直是连贯的、一致的。积极、稳定的自我概念有助于人的心理健康。

2. 社会适应良好　人的一生都是不断适应的过程，为了适应生活中的变化而不断学习以适应新的社会角色、掌握新的行为模式。在社会适应中，帮助老年人及时意识到生活的变化，并根据环境变化调整自己的行为和想法，对于老年人的心理健康具有重要意义。

3. 人际关系和谐　每个人都生活在一定的关系之中，社会关系的质量影响着个人的情绪。良好的人际关系有助于老年人保持良好的心态。心理健康的老年人多和蔼可亲、平易近人，有着良好的社交圈子和朋友圈。

第三节　老年心理学的发展历史

一、老年心理学的产生

近代老年心理学的诞生通常以阿道夫·凯特勒（Adolphe Quetelet）1835 年发表的《人及其能力的发展》为标志，他在该书中首次系统地研究了人类不同年龄阶段（包括老年期）的心理与生理特征，为后来的发展心理学和老年心理学奠定了基础。

西方心理学研究者霍尔（Hall）1922 年出版的《衰老：人的后半生》（*Senescence: The Last Half of Life*）一书为科学老年心理学诞生的标志。他通过问卷调查法收集了大量的老年心理学资料，并系统论述了老年期的本质、老年期的疾病等，极大地丰富了老年心理学的研究成果，推动了老年心理学的发展。

1971 年，美国心理学会（American Psychological Association，APA）成立了老年心理学分会（Adult Development and Aging）。1978 年，APA 明确了"老年心理学"（geropsychology）的定义，老年心理学专注于老年人的心理健康、认知功能和社会适应等问题。

在我国，有关老年心理学和养生学的思想历史悠久。早在春秋战国时期，诸子百家在调摄情志以益寿延年方面就有不少论述。如孔子强调"仁者寿""智者寿"的思想；《道德经》和《庄子》中，也明确提出了无欲、无知、无为的"返璞归真"思想。现代老年心理学的研究工作在我国起步较晚，比较系统地开展这方面的工作始于 20 世纪 80 年代。

二、老年心理学的发展

（一）国外老年心理学的发展

国外老年心理学的发展经历了启蒙期、萌芽期、诞生期和发展期四个阶段。

1. 启蒙期　早在古埃及，人们就通过各种仪式对身体上发生的衰老进行"心理治疗"。古希腊的希波克拉底（Hippocrates）认为人的老化是因为四种体液（血液、黏液、黑胆汁、黄胆汁）配合的不协调导致的。柏拉图认为 60 岁以上的老年人成熟、经验丰富，应献身于国家行政。亚里士多德则通过将老年人与年轻人的能力、个性等方面进行比较和对照，发现老年人多疑、悲观、不信任他人、多愁善感、恐慌、冷淡、依赖等。在文艺复兴以前的中世纪，阿维森纳（Avicenna）将 60 岁至死亡规定为衰老期，在此时期老化是不可避免的。

2. 萌芽期　凯特勒受生物学、生理学等诸多学科的影响，采用科学的实证方法研究老年期心理，被称为西方"从心理学角度科学地研究老化问题的第一人"。英国的高尔顿医生以儿童到老年人的各年龄层为研究对象,得出了人随着年龄增长而发生变化这一结论,明确了老化过程中的技能差别和个体差别的程度。

3. 诞生期 美国心理学家霍尔采用问卷法研究老化及死亡心理,提出人到 40 岁开始衰老。与此同时,心理学家夏洛特·彪勒(Charlotte Bühler)通过分析研究 250 名社会各界名人巨匠的传记、回忆录等材料发表了《人的一生》一文,提出人生可分为 5 个阶段:童年、青年、成年、中年和老年,每个阶段都有独特的心理任务。老年人通过回顾一生实现意义统合。

4. 发展期 第二次世界大战以后,世界范围内的老龄人口急剧增长,老年精神疾病的发病率也不断增加,老年人的社会和心理问题日益突出。1945 年,美国建立了"老年协会";1946 年,创立《老年学杂志》(*The Journals of Gerontology*),该杂志介绍世界各国老年学研究成果。

(二)我国老年心理学的发展

老年心理学在我国的发展大体可以分为三个阶段,古代、近代和现代。

在我国古代,有关老年心理学和养生学的思想历史悠久。早在春秋战国时期,诸子百家在调摄情志以益寿延年方面就有不少论述。如孔子强调"仁者寿""智者寿"的思想,提出"三十而立,四十而不惑,五十而知天命,六十而耳顺,七十而从心所欲不逾矩"的见解。《道德经》和《庄子》中明确提出无欲、无知、无为的"返璞归真"思想,对中国历代养生学有重要影响。唐代孙思邈的《千金翼方》中生动地论述了人在年龄增长过程中的记忆、视觉、听觉、味觉以及性格、情绪状态等一系列变化。

现代老年心理学的研究工作在我国起步较晚。20 世纪 60 年代以前,我国心理学界比较重视儿童发展。20 世纪 60 年代至 80 年代,毕生发展心理学观点逐步被人们所接受,老年心理学成为发展心理学的一个重要部分。

20 世纪 80 年代后,我国的心理学者开始比较系统地开展老年心理学方面的工作,主要侧重于记忆的老化研究。此后,研究范围逐渐扩大,涵盖了老年智力、个性、社会适应、情绪等多个方面。随着我国老龄化程度的不断加深,老年群体的心理健康问题受到越来越多的关注。

三、老年心理学的研究进展

(一)国外老年心理学研究现状

国外一些国家的老年心理学研究起步较早,已形成一定的规模,研究范围也较为广泛,在日常生活、家庭护理、临床心理健康等方面均有涉及。一些研究显示,睡眠对老年人的心理健康有重要影响,睡眠质量差的老年人其心理健康水平较低;健康的阅读和写作能力与老年人心理健康有显著相关,阅读和写作能力较差的老年人,心理健康水平相对较低;且老年人的心理健康受身体疾病复杂程度的影响。

(二)国内老年心理学研究现状

国内老年心理学的研究主要集中在日常生活、家庭护理、临床心理健康等方面。与国外一些国家的研究相比,国内老年心理学研究有着独特之处,主要集中在离退休老年人和空巢老人这两大群体。

由于离退休老年人的生活内容、生活节奏、社会地位、人际交往等方面都会发生很大变化,老年人可能出现寂寞、焦虑、抑郁和烦躁等负面情绪,即"离退休综合征"。其中影响最大的是抑郁情绪,严重时可转化为老年抑郁症,甚至可导致老年人产生自杀倾向。一些研究显示,老年人患抑郁症的概率,女性高于男性,低学历者高于高学历者。

空巢老人是由于子女不在身边,导致老年人在情感慰藉、健康管理、生活照料等方面有所缺失,从而出现失落感、孤独感、衰老感、焦虑和抑郁等情绪,统称为"空巢综合征"。研究表明,孤独是"空巢综合征"最严重的负面情绪之一,独居老人是空巢老人中最为孤独的群体。空巢老人的身体健康、人际关系、家庭关系满意度,生活和文体活动满意度对其心理健康影响较大。

第四节　老年心理学的研究设计与研究方法

老年心理学是心理学的一个分支学科，因此老年心理学的研究方法不仅遵循心理学研究的一般原则，还具有该学科所独有的一些特点。老年期是一个在退行性病变的总趋势下仍保持诸多优势的时期，是衰退与获得性发展并行的时期，因此，个体发展的过程性和动态性是老年心理学研究的核心特点。

当然，针对老年群体的心理学研究与其他群体的研究存在一些差异，这是因为老年心理学的研究需要考虑生物、心理、社会等多重因素的影响，这使得对老年期的研究更为困难。因此，老年心理学的研究难度较高，要求研究者采用科学、可靠、全面的方法和手段。

一、老年心理学的研究设计

在对老年人心理特征的研究中，年龄通常是作为老年心理研究的一个重要变量，但年龄本身并不是一个单纯的变量，而是与特定的历史背景、社会经济环境相联系的。因此，在老年心理学的研究中，必须区分出与年龄不同，但又存在一定内在联系的几个重要概念。

（一）年龄、群组、测量时间

1. 年龄　在老年心理学研究中，经常会提到老年人的年龄，年龄有多种计算方法，目前大多数研究中通常使用一个人从出生到现在实际的生理年龄。这时年龄仅仅相当于一个时间概念，并不代表与该年龄相伴随的生活年代、经历过的历史事件。比如，一批1950年出生的人在2000年作为研究对象参与研究的时候是50岁，另一批1960年出生的人在2010年参与研究的时候也是50岁，他们都可归为50岁年龄组，但因为他们生活的社会历史情境不同，展现出的心理特点可能有很大差异，这时年龄无法体现心理特征上的差异。

2. 群组　群组（cohort）是指在某一相近的时期内出生，具有相似经历和生活环境的一群人。一个人出生在哪一年，就属于那一年的群组。群组通常是用个体出生的年代来界定，如上文中1950年出生的为1950年代群，1960年出生的则为1960年代群。如果这两个群体在同一年龄某种心理特征上存在差异，则称为群组效应（cohort effect）。

3. 测量时间　测量时间是指对研究对象施测的时间。测量时间也会对研究结果产生影响，因为在不同的施测时间，心理特征可能会存在差异，而这种差异可能与年龄本身无关。测量时间可以反映出该时期的社会、环境、历史，或被试曾经历的其他事件。比如，研究者想考察不同年龄的老年人对网络的态度，于是选择了一批1945年出生的人，第一次在1995年他们50岁的时候进行测量，第二次在2005年他们60岁的时候进行测量。如果这两次测量结果有差异，研究者就可能会认为这是由于年龄的差异。事实上，这不够准确。因为不同的测量时间，被试的心理特征会产生一定的变化，这种变化可能是由于测量时间的不同造成的，而与年龄无关。比如，1995年网络还不是很普及，而2005年网络已经完全进入了人们的生活，人们与网络的关系也变得越来越密切，老年人对网络态度的变化就很难说是因为年龄增长导致的。

在老年心理学研究中，根据对年龄、群组和测量时间三个因素的不同的控制程度，可以将研究设计分为横向研究设计、纵向研究设计、时间滞后研究设计和序列研究设计等。

（二）横向研究设计

横向研究设计是指在同一时间，对不同年龄的被试进行测量，从而比较各个年龄组的被试在某个心理行为特征上的差异。通过横向研究设计我们可以发现同一年龄或不同年龄群体某一心理现象和特征的发展差异和相似性，而且可以在同一时间对多个年龄群体进行调查，获取大量信息，节省费用且耗时短。

但是横向研究设计也存在一些明显的不足之处。例如，横向研究设计所关注的年龄效应可能是群组效应。此外，老年心理学除了要研究老年人与其他年龄群体在心理特征上的差异外，还关注老年人的心理变化，甚至更感兴趣于年龄所导致的变化。而横向研究所得到的结果似乎只能描述年龄差异，而不能解释导致这些差异的原因。同时，采用横向研究设计，也不能确定被试在某个心理特征上的年龄差异是否随年龄增长而产生的。

针对老年心理学研究的横向研究设计也不可避免地面临着被试取样的问题。如果一项研究的研究对象是八九十岁的老年人，这些年龄组被试的数量本身就很少，很多人的寿命无法延续到这个年龄阶段。因此，在某种程度上而言，我们可以认为八九十岁老年人在心理特征或健康方面优于那些已经去世的被试，因此无法排除存在"精英被试"的现象。另外，在横向研究中，研究工具和测验任务也会对研究结果造成影响。例如，一些研究工具和测验问卷对认知功能有一定的要求，年轻被试可能更适应测验形式，但老年被试因认知功能的衰退有时难以顺利完成测验任务或产生紧张、消极情绪。这些因素对研究结果均有不同程度的影响。

横向研究设计虽然有诸多缺点，但在实际研究中，它仍然是老年心理学最常用的研究设计。因为横向研究设计所需时间短，经济实惠，更重要的是横向研究设计只需要进行一次测量，不需要考虑与之前测量结果进行比较的问题，因此可以采用最新的测量技术。因此，在认识到横向研究设计存在的限制后，在设计研究程序时采取一些方法进行控制，横向研究仍然可以成为老年心理学研究的有力的探索工具，为以后的研究提供研究方向和思路。

（三）纵向研究设计

纵向研究设计是对同一组研究对象在不同时间进行长期、反复观测的研究设计，也可称为追踪研究设计。纵向研究设计可以考察被试心理特征随时间增长而改变的过程，是一种发展的、动态的研究方法。

纵向研究设计的最大优点之一是可以确定年龄因素对心理特征变化的影响，很好地避免了群组效应带来的影响，具有较高的价值。虽然采用纵向研究设计可以确定年龄因素在其中的作用，但我们仍无法解释这些变化发生的原因。因为纵向研究设计只测量了某一群组，控制了群组因素，另外两个潜在的因变量——年龄和测量时间仍然是混淆的。例如，假设我们想对 20 世纪 70 年代这一群组进行纵向研究，由于需要经过多次测量，在多次测量时间的间隔期间，被试的生活环境、社会环境可能会发生较大变化，这些变化可能会影响对结果的解释，使研究者难以判断不同测量时间之间心理特征的差异，到底是因为年龄增长还是因为社会生活环境变化导致的。结果就是，我们观察到的任何改变都可能是由于个体内部加工，即年龄因素，同时也可能是由于我们选取的不同测量时间所造成的。此外，纵向研究设计持续时间较长，容易出现被试的流失，需要大量的人力、物力，实施起来较为困难。

目前人们对纵向研究设计的认识似乎有所改变，为了进一步理解和解释人类毕生发展的过程，心理学研究也越来越需要来自纵向研究的证据，即随着时间的推移，个体会出现哪些心理特征上的发展和变化。因此，纵向研究设计在老年心理学的研究中越来越普遍。

（四）连续研究设计

横向研究设计与纵向研究设计各有优缺点：横向研究设计较好地控制了测量时间，但是却存在群组效应的干扰；纵向研究设计虽然控制了群组效应，却可能存在测量时间的干扰。连续研究设计综合了横向研究设计和纵向研究设计的优点。

连续研究设计包括横向连续设计（cross-sectional sequential design）、纵向连续设计（longitudinal-sequential design）以及横向 - 纵向综合连续设计（cross-sequential design）三种类型。

横向连续设计就是连续进行多次横向研究。比如，研究者在第一次横向研究中的样本是 30 岁、40 岁、50 岁和 60 岁的被试，隔几年后的第二次测量（即连续研究）新选择了一批 30 岁、40 岁、50 岁和 60 岁的被试（非第一次被试）。这种方法可以考察测量时间和年龄在心理特征发展中的作用，如果选择的年龄范围较大、测量的次数较多，研究的价值就更大。

纵向连续设计是连续进行多个纵向研究。比如，研究者如果想考察 1955 年代群与 1965 年代群个体在 50 岁、60 岁、70 岁时某一心理特征上的变化，那么就可以对 1955 年出生的被试在 2005 年、2015 年、2025 年进行三次测量（即纵向研究），同时对 1965 年代群在 2015 年、2025 年、2035 年进行三次测量。这种方法可以考察代群和年龄在心理特征发展过程中的作用，具有较大的价值。

横向 - 纵向综合连续设计是既有横向研究设计，又有纵向研究设计的一种研究设计方法。这种方法第一次是先进行一个横向研究，对各年龄段被试进行测量；过一段时间后（一般是 5～10 年）再对同批被试进行第二次测量，同时又增加一个新的年龄组，这个新加入年龄组的年龄与第一次测量时最小年龄组被试的年龄相同；再过一段时间对第一批与第二批被试进行重测时，又加入一批新的被试，其年龄仍与第一次测量时最小年龄组被试年龄相同。比如，在 2000 年对 50 岁和 60 岁的人进行了第一次测量，那么，在 2010 年第二次测量时，除了仍然对第一批被试进行重测外，又增加了一批新的 50 岁被试。这种方法既有横向研究，又有纵向研究，被称为最有效的研究设计。如西雅图纵向研究（the Seattle longitudinal study）就采用了这种研究设计。

每种研究设计都有自己的优缺点，虽然横向 - 纵向研究设计被称为完美的研究设计，但是其耗费时间长，所需人力、物力较多。因此，研究者有时需要根据自身条件，选择合适的研究设计方法。

二、老年心理学的研究方法

通过横向研究设计、纵向研究设计和连续研究设计，可以发现不同年龄组被试在哪些心理特征上存在差异，或者被试的哪些心理特征随年龄的增长而发生变化。但为了解释心理发展的规律和特点，研究者必须掌握正确的研究方法，收集可靠的研究资料。下面简要介绍心理学研究中数据资料收集的常用方法，包括实验研究、观察法、问卷调查法和访谈法。

（一）实验研究

实验研究是指研究者有意安排一套程序，在人为控制的条件下，对研究对象进行干预和操作，通过观察、测量和分析等手段，来揭示变量之间的因果关系。在实验研究中，研究者会操纵一些变量，控制另外一些变量，然后观察其他变量的相应变化。其中需要进行操纵的变量称作自变量，研究者可以改变这些变量的性质和数量。除自变量之外，实验过程中还存在一些无关变量，它们可能会影响自变量对因变量的作用，因此需要加以控制，否则可能会混淆自变量对因变量的作用。在一个实验中，研究者加以控制的无关变量叫作控制变量，而未加以控制的无关变量叫作混淆变量。因变量又叫反应变量，是研究者通过操纵自变量，希望观察到变化的变量。

实验室实验是在高度控制的实验室环境中进行，研究者可以精确地控制自变量、因变量和控制变量。例如，如果要了解在学习汉字或英文单词时采用不同的学习方法是否会影响被试的记忆结果，那么我们可以对不同年龄组的被试提供不同的指导语，比如事先告诉老年组被试他们要记忆实验中所呈现的词汇，每个词呈现三次，而对另外一组青年组被试则不提供任何有关的线索，看他们分别能记住多少词汇。

由此我们可以看出，实验室实验内部效度高，能够准确地揭示变量之间的因果关系。但实验环境毕竟与现实生活存在较大差异，外部效度相对较低，实验结果在实际应用中的推广可能受到限制。

（二）观察法

观察法是研究者通过感官或仪器设备，有目的、有计划地观察被观察者的心理与行为表现，并由此分析被观察者心理发展特征和规律的一种方法。观察法是心理学研究中最基本、最普遍的一种方法。

观察法又分为自然观察法和实验观察法。自然观察法指的是不加任何控制的条件下观察自然情境中被试的行为表现。实验观察法指的是通过实验控制或设置某种情境，观察被试在特定情境中的行为表现。进行观察研究之前首先应进行观察设计。观察设计通常包括三个步骤：①确定观察内容和对象。例如，要研究老年人在康养中心的生活，应考虑在什么类型的康养中心进行观察。②选择观察策略。③制订观察记录表。

观察法的突出优点是可以在行为发生的当时及现场进行观察、记录，能够收集行为发生发展过程中的资料，具有较高的生态效度。观察法的局限性在于观察资料的质量在很大程度上受到观察者本人的能力水平、心理因素的影响。此外，观察法的运用往往需要花费较大的人力、物力和较多的时间。

（三）问卷法和测验法

1. 问卷法 问卷法是研究者使用统一、严格设计的问卷来收集被试心理与行为数据资料的一种方法。问卷一般是经过严格设计的并具有固定的结构，因此结构化程度较高，避免了研究的主观性。另外，问卷能够在较短时间内收集大量资料。此外，问卷的问题和答案均预先进行了操作化和标准化设计，因此，问卷的所有资料便于进行定量分析。

问卷法使用过程中应注意的问题：第一，问题是问卷的核心，在设计问卷时应注意研究对象的年龄特征，如心理研究者一般习惯采用线上问卷的方式进行调查和收集数据，而针对老年人的调查需要考虑老年人的文化水平、阅读能力以及电子设备的使用情况。第二，问卷的题目应是研究对象熟悉的，以使其愿意积极配合，认真回答。第三，对于书写能力有限的被试，问卷法应以封闭式的题目为主，开放式的题目为辅，有些老年人的书写能力及线上打字能力存在局限性。

问卷法的突出优点在于：第一，内容客观统一，结果处理分析方便，节省了人力、物力和财力，样本量较大，有助于描述总体的性质；第二，问卷的匿名性较强，能够获得被试较为真实的回答，不宜当面询问的内容，适合用问卷法进行调查研究。问卷法的局限在于对被试的阅读能力和书写能力具有一定的要求，被试的回答也可能带有一定的主观性，因此获得的资料需要进一步验证。

2. 测验法 测验法是用标准化心理学量表研究被试心理发展规律的一种方法，其采用标准化的题目，按照严格规定的程序，通过测量的方法来收集数据资料，所获得的数据结果可以与常模分数相比较，从而可以清楚地了解被试的相关情况。目前，我国已拥有一些用于心理发展研究的测验量表，研究者可根据需要从中加以选择，比如中国比奈智力测验、韦克斯勒智力量表、瑞文标准推理测验、艾森克人格问卷、卡特尔十六种人格因素测验等。

测验法的优点主要表现在：第一，量表的编制十分严谨，结果处理方便，量表有现成的常模，可以直接进行对比研究；第二，量表的种类较多，可以适用于不同研究人群的需要。测验法的局限在于使用灵活性较差，对主试的要求较高，结果难以进行定性分析，被试的成绩也可能受练习、测验经验的影响。因此，测验法所获得的数据结论等需要结合其他方法进行验证。

（四）访谈法

访谈法是研究者通过与访谈对象进行口头交谈，了解和收集其心理特征和行为数据资料的一种研究方法。访谈法最大的特点在于，整个访谈过程是访谈者与访谈对象相互影响、相互作用的过程。访谈中，访谈者应该掌握访谈过程的主动权，积极影响访谈对象，尽可能使研究按照预定的计划开展。访谈法有特定的研究目的和一整套的研究设计、编制和实施的原则。与观察法相比，访谈法可以获得相对更多、更有价值和更深层次心理活动情况和心理特征方面的信息，但相对于测验法更难于掌握，更加复杂。

访谈法应注意以下问题：第一，访谈前应充分熟悉访谈的内容，还要尽可能了解访谈对象的背景情况，比如根据访谈对象的年龄情况选择合适的语言表达方式；第二，访谈者在正式访谈前，应该先接触访谈对象，消除陌生感，建立合作、友好的交谈气氛；第三，访谈记录的方式也应该适合不同年龄访谈对象的心理特点，比如可以边谈、边观察，边记录，也可以现场少记、事后多记。

访谈法的优点在于可针对性地收集研究数据，适用于不同文化程度的个体和群体。访谈法局限性在于：访谈结果的准确性、可靠性受访谈者自身的素质影响较大；与问卷法等方法相比，较费时费力；访谈所获资料不易量化；访谈效果也会受环境、时间和访谈对象特点的限制。

综上所述,老年心理学的研究方法是多种多样的。研究者可根据实际情况和研究需要,综合采取多种方法,或者以某种方法为主,获得相对全面、丰富、客观的研究数据资料,从而更好地开展老年心理学的研究。

（刘传新　徐芳芳）

✒ 思考题

1. 简述老年心理学的发展历史。
2. 简述老年心理学的概念和学科性质。
3. 简述老年心理学的研究方法。

第二章
心理学基础知识

学习目标

1. 掌握：心理现象的内容及心理的实质；感觉与知觉的概念与特性；记忆的过程与分类；思维的概念与特征；想象的分类；注意的分类与品质；情绪与情感的概念与分类；意志的品质；人格的特征；气质类型；动机冲突。
2. 熟悉：遗忘的规律及其影响因素；情绪的表现与识别；性格的类型；马斯洛的需要层次理论；能力的类型；心理学的基础理论。
3. 了解：感觉与思维的种类；能力、气质、性格的概念；能力发展的一般趋势与个体差异。
4. 学会运用认知过程的基本知识解释生活及老年人临床相关现象；运用情绪调节方法有效调节不良情绪；运用有效的方法塑造健全和谐的人格。
5. 具有在临床医疗实践中运用心理学基础知识的自主意识；具有帮助患者、理解患者、服务患者的意识和医学人文关怀精神。

案 例

刘奶奶，72岁，因走路时不小心滑倒造成骨折而入院进行手术治疗。手术后的刘奶奶回到病房，因看见隔壁病床的张阿姨生病后有其先生时刻陪伴在旁悉心照顾，想起自己去年已经过世的老伴，回忆起曾经一起生活的点点滴滴，想着自己往后的生活可能会更加艰难和不便，不禁悲伤难过，于是茶饭不思，夜不能寐，加之术后出现伤口感染，疼痛加剧，刘奶奶对治疗和护理更加消极悲观，非常不配合护理员的工作。

根据以上资料，请回答：

1. 该案例中涉及哪些心理现象？
2. 为了帮助刘奶奶重拾治疗信心，护理员可以从哪些方面作出努力？

第一节　心理现象及实质

一、心理现象

心理学（psychology）是研究心理现象发生、发展规律的科学，而心理现象则是个体内在心理活动的表现形式，包括心理过程和人格两部分。

心理过程是指人的心理活动发生发展的过程，也就是人脑对客观现实的反映过程，着重探讨人心理的共同性。心理过程包括认知过程、情绪与情感过程和意志过程。其中认知过程是人最基本的心理过程，包括感觉、知觉、记忆、思维、想象等。情绪与情感过程和意志过程则是人们在认知过程的基础上产生和发展起来的,同时情绪与情感过程和意志过程又促进了人的认知过程。

受先天遗传因素和后天生活环境、文化教育、社会实践等影响,每个人的心理活动都表现出不同的特征,因此,人格反映人心理活动的独特性。人格也称个性,是一个人心理活动中表现出来的稳定心理倾向和个性心理特征的总和。人格一般分为人格倾向性、人格心理特征和自我意识三部分。人格倾向性是心理活动的动力系统,包括需要、动机、兴趣、信念等。人格心理特征反映个体心理活动之间稳定的、本质的内在特征差异,包括能力、气质、性格等。自我意识是人格调控系统的核心,即人对自身以及自己与客观世界的关系的意识,由自我认识、自我体验和自我调控构成。自我意识系统的产生与发展过程是个体不断社会化的过程,也是人格形成的过程。

心理过程和人格是心理现象的两个方面,它们共同构成了个体完整的心理结构,两者相互制约、密不可分。一方面,心理过程是人格发展的基础;另一方面,人格也使得人的心理过程带有明显的个人色彩。

二、心理的实质

人的心理现象是宇宙间最复杂而又奥妙的现象之一,在纷繁复杂的心理现象背后,心理的实质是什么呢?人的心理究竟是如何产生的?

(一)心理是脑的机能

脑是产生心理的器官,是一切心理活动的物质基础。人的心理活动,尤其是高级心理活动,并不是脑的个别神经细胞或某一区域单独作用的结果,而是动态机能系统协同活动的产物。神经系统的发展水平决定着心理发展水平,一个人正是随着其脑的结构不断发育,心理活动才得以不断完善和发展的。此外,个体的健康状况也会制约着人的心理活动。人脑因为外伤或疾病受到损伤时,相应的心理活动也会发生改变,如布洛卡区受损,将导致运动性失语症。因此,心理的发生和发展是以脑的发育为物质基础的,心理是脑的机能。

(二)心理是在社会实践中脑对客观现实主观、能动的反映

1. 心理反映的内容来自客观现实 脑是产生心理的器官,是对客观现实进行加工的场所,但如若没有一定的客观现实作用于脑,那么脑就不能产生任何心理现象。因此,客观现实是心理产生的源泉,没有客观现实就没有心理。

2. 心理是脑对客观现实主观、能动的反映 脑对客观现实并非客观、被动地反映,而是受到个体的经验、个性特征和自我意识等多种因素的影响,具有主观性。同时,脑对客观现实的反映还具有能动性,表现在人脑不仅反映客观现实的外部特性,还能经过抽象与概括而揭示其本质和规律,发挥巨大的能动作用,进而实现从反映客观世界到改造客观世界的提升。

3. 社会实践是心理产生的基础 心理是社会的产物,社会实践不仅会制约个体心理发展的速度,还会制约个体心理发展的水平,进而导致个体心理的差异。长期脱离社会实践的人,即使拥有与正常人一样的脑结构,也不可能具有正常人的心理特征,如印度"狼孩"卡玛拉。

第二节 认 知 过 程

一、感觉与知觉

(一)感觉

1. 感觉的概念 感觉是人脑对直接作用于感官的客观事物的个别属性的反映。例如,看到颜色、听到声音、闻到气味等。客观事物的个别属性有很多,如颜色、形状、声音、气味、味道等。

虽然感觉只反映客观事物的个别属性,但是感觉是认识世界的开端,是一切知识的源泉,也是一

切心理活动的基础。如果没有感觉，人不仅不能进行正常的认知活动，而且正常的心理功能也将遭到破坏。

2. 感觉的种类　按照刺激的来源不同，把人的感觉分成两类：外部感觉和内部感觉。

（1）外部感觉：外部刺激所引发的感觉，包括视觉、听觉、嗅觉、味觉和皮肤觉（触觉、温度觉和痛觉）。

（2）内部感觉：机体内部刺激所引发的感觉，包括机体觉、平衡觉和运动觉等。

3. 感受性与感觉阈限　感受性是指感觉器官对适宜刺激的感觉能力，而感觉能力则是用感觉阈限来衡量的。感觉阈限可分为绝对感觉阈限和差别感觉阈限。绝对感觉阈限是指刚刚能够引起某种感觉的最小刺激量；差别阈限是指刚刚能引起差别感觉的刺激间的最小差异量。感受性与感觉阈限成反比关系，即感觉阈限值越高，则感受性越低。例如，老年人会随着年龄的增长，听力（听觉感受性）下降，因此，与老年人沟通时声音要大一些。

4. 感觉的特性

（1）感觉适应：是指由于刺激物对感受器的持续作用从而使感受性提高或降低的现象。例如，人从亮处进入暗室，一开始看不见东西，后来逐渐能看清周围的环境，这是由于视觉感受性提高而出现的暗适应现象；反之，若身处暗室里一段时间，突然到强光照射的地方，最初感觉刺眼，视物不清，稍后才能逐渐看清，这是由于视觉感受性降低而出现的明适应现象。随着年龄的增长，老年人对光线和颜色的感知能力下降，需要更长的时间来适应不同的光线和颜色，如从暗处到亮处或从亮处到暗处时需要更长的时间来适应。由于老年人存在视觉适应能力减弱的情况，所以对老年人进行照护时应注意：提供柔和的光线，避免强光的刺激；适当调整室内光线强度，以适应老年人的视觉需求；同时鼓励老年人多进行户外活动，以增强眼睛对光线的适应能力。

（2）感觉对比：是指两种不同的刺激物同时或先后作用于同一感受器，从而使感受性发生变化的现象。例如，先吃糖再吃橘子会觉得橘子比单独吃要酸。又如，对于老年人，食欲下降，可以通过增强食物的颜色对比度来促进进食兴趣，提高其食欲。

（3）感觉补偿：是指某种感觉缺失后，其他感觉的感受性增强而起到部分弥补作用的现象。例如，盲人可以通过听觉和触觉的高度发展来补偿视觉的缺陷，从而可以通过触摸阅读盲文，也可以熟练行走在盲道上。又如，对于老年人出现的听力下降或丧失，可以通过佩戴助听器等辅助设备，起到听力的补偿作用。

（4）联觉：是指一种感觉引起另一种感觉的现象。例如，红、橙、黄给人温暖的感觉，青、蓝、紫给人凉爽的感觉；同等质量的箱子，深色的比浅色的看着要重一些。联觉在老年患者康复治疗中具有广泛的应用前景和潜力。通过利用联觉现象，可以促进老年患者的认知功能恢复、改善情绪与心理状态、增强感官体验与生活质量以及辅助康复训练。例如，对于脑卒中后认知障碍的老年患者，可以通过播放特定的音乐，引导其产生联觉反应，进而改善其记忆力、注意力和语言功能。

（二）知觉

1. 知觉的概念　知觉是人脑对直接作用于感官的客观事物的整体属性的反映。知觉需要借助个体的知识、经验，把感受到的个别属性综合起来，从而形成对该事物整体的印象。看到一个苹果、闻到一股玫瑰花香等都是知觉现象。

感觉和知觉虽有区别，但又密不可分。感觉和知觉都是人脑对当前事物的直接反映，离开客观事物对感觉器官的直接作用，既不能产生感觉，也不能产生知觉。但感觉反映的是事物的个别属性，知觉则反映事物的整体属性，知觉是在感觉的基础上产生的，没有感觉，就没有知觉，感觉越丰富，知觉才越完整。

2. 知觉的种类　根据事物都有空间、时间和运动的特性，可把知觉分为空间知觉、时间知觉和运动知觉。

（1）空间知觉：指对物体的形状、大小、深度、方位等空间特性的反映。

（2）时间知觉：指对客观事物延续性和顺序性的反映。

（3）运动知觉：指对物体的静止和运动速度的反映。

3. 知觉的特性

（1）知觉的整体性：人的知觉系统具有把事物的个别属性、个别部分综合成整体的能力，这就是知觉的整体性。知觉的整体性不仅依赖于个体已有的知识、经验，还依赖于刺激物本身的结构特征，如刺激物的接近性、封闭性、连续性和相似性等。例如，在博物馆参观时，通过详细讲解展品的历史背景和文化意义，帮助老年人将各个细节信息整合为一个完整的认知体验，增强理解和记忆。

（2）知觉的选择性：人在感知客观世界时，总是有选择地把某些事物作为知觉的对象，而把周围的事物作为知觉的背景。这种把知觉对象从背景中区分出来的特性就是知觉的选择性。知觉中的对象和背景之间可以相互转化，而且互相依赖，心理学中的两可图形很好地说明了这一点。例如，在老年患者进行医疗检查过程中，可以引导其专注于医生的指示和身体的感受，忽略周围医疗设备的噪声，以减少焦虑和提升检查过程的舒适度。

（3）知觉的理解性：是指人在知觉过程中主动地运用已有的知识、经验对知觉对象作出解释的特性。知觉的理解性与人的知识、经验密切相关，正所谓"外行看热闹，内行看门道"，个体的知识、经验越丰富，个体知觉的事物就越完整。例如，看一张 X 线片，外行只看到一些明暗不同的图形，放射科医生则能看出健康与疾病。此外，言语指导可以帮助个体唤起过去的知识、经验，促进个体对知觉对象的理解。因此，在解释治疗方案时，医生使用通俗易懂的语言和生动的比喻，可帮助患者更好地理解疾病的本质和治疗的目的，增强患者的治疗信心和依从性。

（4）知觉的恒常性：是指人们在刺激适当变化的情况下对事物的知觉仍然保持稳定不变的现象。知觉的恒常性对人类的生存和发展具有重要的意义，能帮助人更好地适应环境和认知世界。知觉的恒常性在视知觉中表现得特别明显，主要包括大小恒常性、形状恒常性、亮度恒常性和颜色恒常性等。例如，尽管皑皑白雪在晚霞的映照下，呈现出一片红色，但是人对雪的知觉仍然是白色。

二、记忆

（一）记忆的概念

记忆是过去经历过的事物在人脑中的反映。从信息加工理论的观点来看，记忆是人脑对输入的信息进行编码、存储和提取的过程。记忆连接着人们心理活动的过去和现在，对保证人的正常生活起着重要作用。

（二）记忆的类型

1. 根据记忆的内容分类

（1）形象记忆：又称表象记忆，是指以感知过的事物的形象为内容的记忆。

（2）语词记忆：又称逻辑记忆，是指以概念、判断、推理等反映客观事物本身的意义和性质以及事物之间的关系为内容的记忆。

（3）情绪记忆：以体验过的情绪或情感为内容的记忆。

（4）运动记忆：又称动作记忆，是指以做过的动作或运动为内容的记忆。

2. 根据信息输入方式和储存时间长短分类

（1）感觉记忆：又称瞬时记忆，是指当客观刺激停止作用后，感觉信息在人脑中保留的瞬间印象。感觉记忆的信息存储量大，但存储时间非常短。感觉记忆中的信息只有经过注意选择后才能进入到短时记忆进一步加工。

（2）短时记忆：是指信息在头脑中保持在 1 分钟之内的记忆。短时记忆的信息存储量有限，一般为（7±2）个组块。组块是记忆单位，可以是一个字、一个词或短语，也可以是一个句子。

（3）长时记忆：是指信息在头脑中保持 1 分钟以上的记忆。与短时记忆相比，长时记忆的容量非常大。对短时记忆中的信息进行不断精细复述就会转入长时记忆，而保存在长时记忆中的信息在需要时又会被提取到短时记忆中。

（三）记忆的过程

记忆包括"记"和"忆"两个方面，可分为识记、保持和再现（再认和回忆）三个基本环节。识记和保持属于"记"的方面，再认和回忆属于"忆"的方面。

1. 识记　是指识别和记住事物的过程或者是对信息进行编码的过程。识记是保持和再现的前提，没有识记就不会有信息的储存以及对信息的检索和提取。

（1）根据有无识记目的，把识记分为无意识记和有意识记。无意识记是指事先没有预定目的，不需要意志努力的识记；有意识记是指事先有预定目的，并需要意志作出努力的识记。心理学研究表明，有意识记的效果优于无意识记。

（2）根据是否理解识记的内容，把识记分为机械识记和意义识记。机械识记是指单纯依靠机械的重复进行的识记，平时所说的"死记硬背"，就是指机械识记；意义识记是指在对事物理解的基础上进行的识记。心理学研究表明，意义识记的效果优于机械识记。

2. 保持　是指将识记所获得的知识、经验在头脑中储存和巩固的过程。保持是记忆的重要环节，借助于保持，识记的内容才得到进一步的巩固。保持也是实现再现的重要条件。但是，识记的内容并非都能永久地保存下来，因为在保持的过程中还会发生遗忘。遗忘是与保持相反的一种心理过程。

3. 再现　包括再认和回忆。再认是指经历过的事物再次出现时能够识别出来的过程。回忆是指经历过的事物不在面前时能在头脑中重现的过程。回忆比再认难，通常能回忆的一般能再认，但能再认的不一定能回忆。

（四）遗忘

1. 遗忘的概念　遗忘是指个体对识记过的事物不能保持或再现时出现错误。遗忘可分为暂时性遗忘和永久性遗忘两类。一时不能再认或回忆叫暂时性遗忘；永久不能再认或回忆叫永久性遗忘。

2. 遗忘的规律　德国心理学家艾宾浩斯最早对遗忘现象进行了研究。为了使学习和记忆尽量免受已有经验的影响，他采用无意义音节作为识记材料，把识记材料学到恰能背诵的程度，经过一定时间间隔后再重新学习，以重学时节省的诵读时间或次数作为记忆的指标。根据艾宾浩斯的实验结果绘成的曲线图，称为艾宾浩斯遗忘曲线，从中总结出的遗忘规律是遗忘的进程并不均衡，而是先快后慢。

3. 影响遗忘的因素　遗忘的进程不仅受时间的影响，还受其他多种因素的影响，主要有：

（1）学习程度：学习程度是指在学习的过程中正确反应所能达到的程度。一般来说学习程度越高，遗忘越少。过度学习是提高学习程度的有效方法。过度学习是指学习后的巩固水平超过刚能背诵的程度，过度学习达到 150% 时学习程度最佳。

（2）记忆材料的性质和数量：抽象且无意义的材料，相比形象具体的有意义材料遗忘得更快；材料的数量越多，遗忘得就越多。

（3）记忆材料的位置：在较长时间的记忆过程中，首尾位置的材料遗忘得较少，中间位置的材料遗忘得较多，这种现象主要是受到前摄抑制和倒摄抑制的影响。

（4）学习者个体的生理状态、动机、兴趣也会影响遗忘的进程。

📖 **知识拓展**

老年人记忆的特点

1. **记忆衰退**　老年人普遍经历记忆衰退，尤其是短期记忆和近事记忆。他们可能难以记住最近发生的事件、对话内容或新学的信息。长期记忆或远事记忆相对保持稳定，老年人通常能清晰回忆起过去的重要事件和经历。

2．记忆速度减慢　老年人处理信息并将其转化为长期记忆的速度减慢。这可能导致他们在学习新知识或技能时感到困难。

3．易受干扰　老年人的记忆容易受到外部因素的干扰,如噪声、多任务处理等。这可能导致他们在尝试回忆信息时遇到困难。

4．记忆准确性下降　随着年龄的增长,老年人的记忆的准确性可能有所下降。他们可能会混淆事件的时间顺序、地点或参与人员。

5．回忆困难　老年人在尝试从记忆中提取信息时可能会遇到困难。他们可能需要更多的时间来回忆信息,或者根本无法回忆起某些细节。

三、思维

(一) 思维的概念

思维(thinking)是人脑对客观事物的本质及其规律间接的、概括的反映。相比感知觉,思维揭示的是事物的本质特征和内部规律,具有间接性、概括性的特征,属于认识的高级阶段,即理性认识阶段。

(二) 思维的种类

1. 根据思维解决问题的方式分类

(1)动作思维:是在实际动作中进行的思维,其基本特点是思维与动作不可分,离开了动作,思维就难以进行。

(2)形象思维:是运用头脑中已有的表象进行的思维。它解决问题的方式是想象活动。

(3)抽象思维:又叫逻辑思维,是以概念、判断、推理等形式所进行的思维。抽象思维为人类所特有,也是个体思维发展的最高阶段。

2. 根据思维探索答案的方向分类

(1)聚合思维:是指从所给予的信息中得出逻辑结论的思维,其主要特点是求同。如医生通过多种手段收集患者的疾病信息以对疾病进行诊断。

(2)发散思维:是指思路向多方面扩散,力求寻找多种答案的思维。如"一题多解""一物多用"等。

3. 根据思维的创造性程度分类

(1)常规性思维:是运用已有的知识、经验,按照惯常解决问题的方式进行的思维。这种思维的创造性水平较低,一般缺乏新颖性和独创性。

(2)创造性思维:是用独创的、新颖的方法来解决问题的思维,是发明创造的思维方式。

(三) 思维的品质

1. 思维的广阔性和深刻性　是指思维活动的广度和深度,表现为能全面、深刻地考虑问题,并善于透过事物的表象而抓住事物的本质和规律。与之相反的品质是狭窄片面和肤浅简单。

2. 思维的敏捷性和灵活性　是指思维的反应速度和变通程度,表现为遇事能够准确、迅速地作出决断并在条件发生变化时能够随机应变。与之相反的品质是滞后迟钝和墨守成规。

3. 思维的逻辑性　是指在进行思维活动时能够遵循逻辑规律,条理清楚,层次分明。与之相反的品质是混乱含糊。

4. 思维的独立性　是指思考问题时有主见,能独立地分析和解决问题。与之相反的品质是依赖和盲从。

四、想象

（一）想象的概念

想象是大脑对已有的表象进行加工改造，进而形成新形象的过程。这是一种高级的复杂的认识活动。形象性和新颖性是想象的基本特征。想象是在感知的基础上，改造旧形象形成新形象的心理过程。

（二）想象的分类

按照想象活动有无目的性，可以将想象划分为无意想象和有意想象。

1. 无意想象　是指没有预定的目的、不由自主地产生的想象。无意想象是最简单、最初级的想象。梦和幻觉均属于特殊情况下产生的无意想象。

2. 有意想象　是指按照一定的目的、自觉地进行的想象。根据想象的创新程度又可分为再造想象和创造想象。再造想象是指根据言语描述或图形示意，在头脑中形成相应新形象的心理过程。创造想象是指根据一定目的和任务，在人脑中创造出新形象的心理过程。幻想是创造想象的一种特殊形式，是一种指向未来，并与个人愿望相联系的想象。

五、注意

（一）注意的概念

注意是人的心理活动对一定对象的指向和集中。注意并不是一个独立的心理过程，它伴随着各种心理活动而出现，以保证心理活动正常进行。指向性和集中性是注意的两个特征。

（二）注意的分类

根据注意是否有目的以及是否需要意志努力，可以把注意分为无意注意、有意注意和有意后注意三种。

1. 无意注意　是指没有预定目的、不需要意志努力的注意。引起无意注意的原因有刺激物的强度、对比度、运动变化、新异性，以及个体的需要、兴趣、情绪和精神状态等。

2. 有意注意　是指有预定目的，需要意志作出努力的注意。有意注意受诸多因素的影响，包括活动目的与任务、知识经验、性格及意志品质等，它的发生取决于人们已定的活动目的和任务。

3. 有意后注意　是指有预定目的，但不需要意志努力的注意，是在有意注意基础上发展起来的，是一种高级的注意。

（三）注意的品质

1. 注意的广度　也称注意的范围，是指在同一时间内能清楚把握的对象的数量。影响注意的广度的因素主要有知觉对象的特点、个人的活动任务和已有的知识、经验等。知觉对象越集中，排列越有规律，注意的广度越大；知觉活动的任务越多，注意的广度就越小；个体的知识、经验越丰富，注意的广度越大。

2. 注意的稳定性　是指注意保持在某一对象或某一活动上的时间长短特性。影响注意稳定性的因素有注意对象的特点、对活动的态度、个体本身的特点等。与注意稳定性相反的品质是注意的分散，即分心，是指注意离开了当前应该集中注意的对象，而被无关刺激所干扰的现象。

3. 注意的分配　是指同一时间内把注意指向于不同的对象。在实际生活中常要求人们的注意能够很好地分配。例如，医生需要一边和患者交谈，一边作检查记录。

4. 注意的转移　是指根据一定的目的，主动地把注意从一个对象转移到另一个对象，或由一种活动转移到另一种活动。注意转移的快慢和难易主要受原来活动吸引注意的程度、引起注意转移的新事物的特点和个体神经活动的灵活性等因素的影响。

第三节 情绪与情感过程

一、概述

（一）情绪与情感的概念

情绪与情感是人对客观事物是否符合自身需要而产生的态度体验。情绪与情感以个体的愿望和需要为中介。当客观事物符合个体的愿望和需要时，就会引起积极、肯定的情绪；反之就会引起消极、否定的情绪。

（二）情绪与情感的区别和联系

1. 情绪与情感的区别 情绪通常与个体的生理需要相联系，而情感通常与人的社会需要相联系；情绪是人和动物均具备的，情感则是人类独有的心理现象；情绪具有情境性和短暂性的特点，受情境影响较大，一旦情境发生变化，相应的情绪感受也就随之消失或改变，而情感则具有较大的稳定性和持久性，是人对事物稳定态度的反映，不为情境所左右；情绪具有明显的外部表现，而情感则内敛而深沉。

2. 情绪与情感的联系 情绪和情感相互依存、不可分离。稳定的情感是在情绪的基础上形成的，同时又通过情绪反应得以表达。

二、情绪与情感的分类

（一）情绪的分类

1. 根据情绪的内容分类 分为基本情绪和复合情绪。基本情绪又称为原始情绪，是人和动物所共有的，目前认为快乐、悲哀、愤怒、恐惧是人类最基本的四种情绪反应，简称为喜、怒、哀、惧。复合情绪是由基本情绪派生而来的复杂的情绪状态，如内疚、厌恶等。

2. 根据情绪的状态分类 分为心境、激情和应激。

（1）心境：是一种缓和、微弱而持久的情绪状态。心境具有弥散性，它影响着人的整体精神状态。良好的心境是心理健康的一个重要标准，它有助于工作和学习，能促进人的主观能动性的发挥，提高人的活动效率，并有益于人的健康。不良的心境使人意志消沉，降低人的活动效率，妨碍工作和学习，影响人的身心健康。

（2）激情：是一种强烈的、短暂的、具有爆发性的情绪状态。激情往往伴随着生理变化和明显的外部行为表现。如心跳加快、血压升高、捶胸顿足、手舞足蹈等。积极的激情可以激发内在的心理能量，成为行为的巨大动力，提高工作效率并有所创造；消极的激情状态下个体往往出现"意识狭窄"现象，认识活动范围缩小，理智分析能力受到抑制。老年人因脑血管老化或认知控制力下降等原因更易触发激情反应，但持续时间较短。

（3）应激：是出乎意料的、紧迫情况下所引起的个体急速而高度紧张的情绪状态。应激有积极作用也有消极作用。应激状态使有机体具有特殊的防御排险功能，能使人精力旺盛、动作灵活、思路敏捷，超水平发挥，能为平常所不能为。但有时又恰恰相反，高度的紧张、剧烈的生理变化也可能使人行为紊乱，影响正常水平的发挥。长时间处于应激状态，还会降低机体的免疫力，导致疾病的产生。

（二）情感的分类

1. 道德感 指人们用一定的道德准则评价自身或他人行为时所产生的情感体验。当思想和行为符合道德标准时便产生满意、肯定的体验，如爱慕、敬佩、赞赏、热爱等；不符合时便产生消极、否定的体验，如羞愧、憎恨、厌恶等。

2. 理智感 指人们认识和追求真理的需要是否得到满足时产生的一种体验。它与人的求知欲、好奇心、解决问题过程中出现的情绪等相关。

3. 美感　指个体根据一定的审美标准评价事物时所产生的情感体验,包括自然美感、社会美感、艺术美感三种。

三、情绪的表现与识别

(一)情绪的外部表现

情绪是一种内部的主观体验,但在其发生时又伴随着机体的外部表现,这些外部表现统称为表情,包括面部表情、姿态表情和言语表情三个方面。

1. 面部表情　是指通过面部肌肉和五官的变化来表现各种情绪。如高兴时眉开眼笑,忧愁时愁眉苦脸,紧张时面红耳赤等。

2. 姿态表情　是指借助全身姿态和四肢活动来表现各种情绪,可分为身段表情和手势表情。如开心时手舞足蹈,生气时捶胸顿足等。此外,手势也是一种重要的姿态表情,它通常和言语一起使用来表达喜欢、厌恶、接受和拒绝等。

3. 言语表情　是指通过语音、语调、语速等方面的变化来表现各种情绪。如悲哀时语调低沉、节奏缓慢,高兴时语调高昂、节奏加快等。

(二)情绪的生理变化

情绪是一种身心一体的反应,情绪产生的时候,除了会有外部表现之外,往往还伴随着生理的变化。

1. 呼吸系统的变化　在某些情绪状态下,呼吸频率、深浅等都会发生变化,这些变化可作为情绪变化的客观指标之一。人在平静状态下,正常呼吸频率约为每分钟 12～20 次;在愤怒或情绪激动时,呼吸频率可达每分钟 30～40 次。

2. 循环系统的变化　在情绪变化状态下,循环系统的活动一方面表现为心跳速度和强度的改变,另一方面表现为外周血管舒张与收缩的变化。如满意、愉快时,心跳节律正常;恐惧或暴怒时,心跳加速、血压升高。

3. 内、外分泌腺的变化　在不同的情绪状态下,内、外分泌腺会发生相应的变化。比如,人在悲伤时往往会流泪;恐惧、紧张时会出冷汗,同时肾上腺的活动增强,促进肾上腺素的分泌,引起一系列的机体变化,提高机体的适应能力。

第四节　意　志　过　程

一、概述

(一)意志的概念

意志是自觉地确定目的,并为实现目的而支配调节自己的行动,克服各种困难的心理过程。意志是人所特有的心理现象,是人类意识能动性的集中表现。人的意志与行动是紧密相连的,对行为具有调节和支配作用。

(二)意志的特征

1. 自觉确定行动目的是意志行动的前提　人类行为本身就是有目的、有步骤、有意识的行动,这是人与动物的本质区别。离开了自觉的目的,意志便失去了存在的前提。如患者为了早日康复自觉进行艰苦的康复训练,医生为了攻克医学难题忘我地工作。

2. 随意动作是意志行动的基础　人的行动可分为不随意动作和随意动作两种。不随意动作是指不受意志支配的、自发的运动,如眨眼、膝跳反射、胃肠活动等,属于无条件反射。随意动作是在不随意动作基础上，通过有目的的练习形成的，它受人的意志调节和控制，具有一定的目的性，如阅读、唱歌等。

3. 克服困难是意志行动的核心　并不是所有的自觉的、有目的的活动都是意志活动，它特指那些有难度的、需要克服困难的活动。因此，克服困难是意志行动的核心。个体在遇到困难时的表现是衡量其意志强弱的客观标准。

二、意志的品质

意志的品质反映了个体意志的优劣、强弱和发展水平。优良的意志品质包括了自觉性、自制性、果断性和坚韧性。

（一）自觉性

意志的自觉性是指个体在行动之前对行动目的具有全面而深刻的认识，能自觉确定行为目的，不轻易听信他人的建议，不屈服于外来压力。与自觉性相反的是受暗示性。

（二）自制性

意志的自制性就是指在意志行动中善于控制自己的情绪、约束自己的言行。主要表现为能够克服困难，迫使自己去执行已作出的决定；善于抑制与自己目的相违背的各种动机、愿望和情绪。与自制性相反的是任性和怯懦。

（三）果断性

意志的果断性是指能根据不断变化的情况，不失时机地采取决断并坚决执行。它是以勇敢和深思熟虑为前提条件的。与果断相反的是优柔寡断和武断。

（四）坚韧性

意志的坚韧性是指在行动中，百折不挠地克服困难，为实现预定的目的坚持到底。坚韧性集中表现为善于克服困难，不屈不挠，不达目的不罢休。与坚韧性相反的是退缩和动摇。一个具有坚韧性的医生，能够在专业上持之以恒，不断进取，成为医术高明的医生，为患者带来福祉。

第五节　人　格

一、概述

（一）人格的概念

人格（personality）一词源自拉丁文"persona"，原意是指古希腊戏剧演员在舞台上戴的面具，不同的面具体现了不同角色的特点。后来心理学借用这个词，指一个人的整体精神面貌，即具有一定倾向性的各种心理特征的总和。人格构成了一个人的思想、情感及行为的特有模式。

（二）人格的特征

1. 整体性　人格是多种心理特质在自我意识的凝聚作用下构成的一个有机整体，反映整体精神面貌。若人格失去了整体性，人格各成分间就犹如一盘散沙，表现为双重或多重人格。

2. 独特性　个体的人格是在遗传、环境、教育等先天和后天因素的交互作用下形成的，在不同先天和后天因素的作用下，形成了个体独特的心理特点。当然，人格的独特性并不意味着人与人之间的人格毫无相同之处，生活在同一社会群体中的人也有一些相同的人格特征。

3. 稳定性　是指个体的人格特征具有跨时间的持续性和跨情境的一致性。当然，这也并不意味着人格在人的一生中是一成不变的，随着生理的成熟和环境的改变，人格也可能产生或多或少的变化，这是人格可塑性的一面。正是因为人格具有可塑性，才能培养和发展人格。

4. 功能性　人格会影响一个人的生活方式，有时甚至会影响一个人的命运。正如人们常说的

"性格决定命运",这正是人格功能性的表现。

5. 社会性 人格的社会性强调人格是在社会化的过程中形成的,是社会的人特有的。可以说每个人的人格都打上了其所处的社会的烙印。不同社会的政治、经济、文化对个体有不同的影响,使人格带有明显的社会性。但不排除人格的生物性,人格的形成和发展也要受到生物因素的制约。个体的遗传因素为人格的形成和发展提供了前提。

二、人格心理特征

人格心理特征是指在心理活动过程中表现出来的比较稳定的特点,它集中地反映了人的心理面貌的独特性。人格心理特征主要包括能力、气质和性格。

（一）能力

1. 能力的概念 能力是个体在活动中表现出来的直接影响活动效率,并使人顺利完成某种活动所需具备的心理特征。能力总是和人完成一定的活动相联系的,离开了具体活动既不能表现人的能力,也不能发展人的能力。

2. 能力的分类

（1）一般能力:是指完成任何活动都必须具备的能力,是人共有的最基本的能力。如观察力、记忆力、注意力、思维力、想象力和语言能力等,都是一般能力。一般能力的综合体就构成个体的智力。

（2）特殊能力:是指在某种专门活动中所表现出来的能力。它只在特殊活动领域内发生作用,是顺利完成某种专业活动的心理条件。如画家的色彩鉴别能力和音乐家的节奏感知能力等都属于特殊能力。

3. 能力发展的一般趋势与个体差异

（1）能力发展的一般趋势:在人的一生中,能力发展的趋势因智力类型而异。流体智力(如逻辑推理、信息处理速度)12 岁前发展迅速,与年龄增长基本同步,一般在 20～30 岁达到顶峰,随后逐渐下降,60 岁后衰退较明显;晶体智力(如知识积累、经验判断)在成年后持续增长,至少维持到 60～70 岁,甚至更晚,且个体差异显著(如受教育程度、健康状况、认知训练的影响)。

（2）能力发展的个体差异:由于人的遗传素质、后天环境和所受教育以及从事的实践活动不同,人与人之间在能力上存在着个体差异。具体归纳为以下三个方面:

1）能力类型的差异:能力由各种各样的成分或因素构成,它们可以按不同方式结合起来,由此构成能力类型上的差异,因而人们在能力方面表现出各有所长、各有所短。

2）能力发展水平的差异:人的能力有大有小,各种能力都有高低的差异。若以智力来衡量,一般来说,智力在全人口中呈正态分布,"两头小,中间大",即大多数人的智力处于中等水平。

3）能力表现早晚的差异:人的能力发展有早有晚。有些人在儿童时期就显露出卓越的才华,称为人才早熟。有资料表明,早期成才的人以从事音乐、绘画、文学、体育、数学方面的人较多。而有些人能力表现较晚,即所谓"大器晚成"。

（二）气质

1. 气质的概念 气质是指表现在人心理活动的强度、速度、灵活性与指向性等方面的一种稳定的心理特征。气质相当于我们日常生活中所说的"脾气""秉性"。

2. 气质类型学说

（1）体液说:古希腊医生希波克拉底提出人体内存在四种体液:血液、黏液、黄胆汁、黑胆汁。四种体液所占比例的不同,决定了人的心理活动和行为表现。后来,罗马医生盖伦发展了希波克拉底的思想,将人的体液与人的气质联系起来,进一步确定了四种典型的气质类型:多血质、黏液质、胆汁质和抑郁质。这四种气质类型分别有着不同的特征,具体见表 2-1。

（2）高级神经活动类型学说:俄国生理学家和心理学家巴甫洛夫通过研究发现,高级神经系统的兴奋过程和抑制过程具有三种特性,即强度、平衡性和灵活性。巴甫洛夫根据这三种特性的结合,把高级神经系统活动划分成典型的四种类型,并认为高级神经活动类型是气质类型的生理基础,其对应关系见表2-1。通常情况下,个体在少年期神经系统表现为兴奋强、抑制弱;发展到中年期,神经系统的兴奋和抑制过程会逐渐平衡;到老年期,则兴奋弱、抑制强,具体则表现为沉着安静、冷淡迟缓。

表2-1 高级神经活动类型与气质类型

高级神经活动特征			高级神经活动类型	气质类型	主要表现特征
强度	平衡性	灵活性			
强	不平衡	灵活	兴奋型	胆汁质	直率热情、精力旺盛、勇敢果断、反应迅速强烈;但急躁易冲动、任性、易感情用事
强	平衡	灵活	活泼型	多血质	外向、敏捷、活泼、适应性强、兴趣广泛、善交际,感情丰富外露;但粗心大意、情绪多变、兴趣易转移、轻率散漫
强	平衡	不灵活	安静型	黏液质	安静稳重、耐心谨慎、自制力强、善于克制、话少、情绪稳定隐蔽;但固执、保守、刻板、反应缓慢、缺乏生气
弱	弱	弱	抑制型	抑郁质	敏感多疑、孤僻、悲观、多愁善感、不善交际;但感受性强,情绪体验深刻持久,富有同情心

3. 气质的评价

(1)气质并无好坏之分:每一种气质类型都具有其积极和消极的一面。例如,多血质的人活泼开朗,但又缺乏稳定性,情绪多变;胆汁质的人热情勇敢,但又急躁易冲动。所以我们要正确对待自己的气质类型,要注意克制自己气质的消极方面,发扬气质的积极方面,扬长避短,发挥自己的气质优势。

(2)气质不决定人的社会价值和成就水平:每一种气质类型的人都有可能在事业上取得成就。例如,俄国四位著名文学家中普希金属于胆汁质,赫尔岑属于多血质,克雷洛夫属于黏液质,果戈里属于抑郁质。

(3)气质是择业和人才选拔的依据之一:每种气质类型的人都有适合干的工作,只有人-职匹配的时候,其能力、主动性和创造性才能得到最大的发挥,工作的效果和绩效也最佳。

(4)气质影响身心健康:不同气质类型的人,由于其情绪兴奋性不同,适应环境的能力不同,进而会影响健康。情绪不稳定、易伤感、性急、易冲动等特征不利于心身健康,有些可成为心身疾病的易感因素。因此,克服气质中的消极方面,将有利于身心健康。

(三)性格

1. 性格的概念 性格是个体在社会生活过程中形成的,表现在对客观现实稳定的态度及与之相适应的、习惯化的行为方式上的心理特征。它是人格的核心部分,最能反映一个人的生活经历。

2. 性格的特征

(1)性格的态度特征:指个体对社会、集体、他人、自己及劳动的态度。例如,有的人关心社会、热爱集体,勤劳谦虚、认真负责;而有的人虚伪狡诈、冷酷无情、自卑懒惰等。

(2)性格的理智特征:指个体在认知活动中表现出来的心理特征,体现在感知觉、记忆、思维和想象等方面。例如,在感知方面,有的人观察仔细,有的人观察粗略;在记忆方面,有的人记忆速度快,有的人记忆速度慢。

(3)性格的情绪特征:指个体在情绪活动的强度、稳定性、持久性和主导心境等方面的心理特征。例如,有些人情绪很强烈,难以自控,有些人情绪稳定,有些人情绪起伏、波动大;有些人常处于愉快的情绪状态,有些人则经常郁郁寡欢。

（4）性格的意志特征：指个体在调节和控制自己行为方式方面的心理特征。自觉性、坚韧性、果断性、自制性等是主要的意志特征。

3. 性格的类型 性格的分类方法很多，比较有代表性的分类有以下几种：

（1）内倾型与外倾型：心理学家荣格根据人的心理活动倾向于外部还是内部，把人的性格分为外倾型和内倾型。外倾型的人兴趣和关注点指向外部客体，表现为活泼开朗、自由奔放、爱交际、独立性强、容易适应环境变化；内倾型的人兴趣和关注点指向主体自身，表现为感情深沉、处事谨慎、缺乏决断力、交际面窄、适应环境能力差。

（2）独立型与依存型：心理学家勒温根据个体独立性程度，把人的性格划分为独立型和依存型。独立型的人倾向于利用内在的、自身的参照物，具有独立判断事物、发现问题、解决问题的能力，关心抽象的概念和理论，在认知中具有优势；不善于社交，与人交往时也很少能体察入微。依存型的人要依靠外在参照物进行信息加工，因而容易受到环境或附加物的干扰，易受他人意见左右，过分注意、依赖他人提供的社会线索；好社交，与别人交往时能够较多考虑对方的感受，在人际交往中具有优势。

（3）A型、B型和C型：根据心身疾病的易罹患性将性格分为A型、B型和C型。A型性格是指个性急躁、求成心切、善于进取、争强好胜的一种性格。B型性格的人与A型性格的人相反，他们个性随和，生活较为悠闲，对工作要求较为宽松，对成败得失看得较为淡薄。C型性格的人把愤怒藏于心里加以控制，行为上表现出与别人过分合作，委曲求全，尽量回避冲突，不表现负面情绪，屈从于权威等。

4. 性格的评价

（1）性格具有后天性：性格是在后天生活过程中逐渐形成的，更多地受到后天环境因素的影响，具有较大的可塑性，会因家庭生活环境、个体生活经历、学校教育、同伴关系、自我觉察与成长等多种因素的影响而改变。

（2）性格具有好坏之分，能够影响成败：性格特征能够影响一个人的成败，如工作认认真真的人比工作马马虎虎的人更易获得事业的成功，因而性格有好坏之分，培养良好的性格更能助力个体获得成功。

（3）性格与气质有着一定的关联：性格与气质同属于人格心理特征，都可以区分人与人的不同，二者也有着一定的关联。如胆汁质与多血质的人多为外倾型的人，黏液质与抑郁质的人多为内倾型的人。

三、人格心理倾向性

人格心理倾向性是人格结构当中的动力系统，它决定着人对现实的态度，决定着人对认识活动对象的趋向和选择，主要包括需要、动机和兴趣等。

（一）需要

1. 需要的概念 需要是个体对自身生存和发展所必需条件的需求和渴望，是心理活动与行为的基本动力。个体通过需要和满足需要的活动，使体内环境与外界环境（主要是社会环境）保持平衡，以维持自身的生存与发展。

2. 需要的分类

（1）根据需要的起源分为生物性需要和社会性需要：生物性需要是维持个体正常的生命活动和延续种族所必需的。如饮食、睡眠、排泄等。社会性需要是人类特有的，是在社会实践中发展起来的高级需要。如交往、求知、审美等。

（2）根据需要的对象分为物质需要和精神需要：物质需要是指人对物质对象的需求，如对食物和水、书籍、住所、服饰等的需要。在物质需要中，既有生物性需要也有社会性需要。精神需要是指人对社会精神生活及其产品的需要，是人类特有的需要，如求知的需要、审美的需要、友谊的需要等。

3. 马斯洛的需要层次理论 美国心理学家马斯洛(Maslow)把人类的需要分为5个层次,由低到高分别为生理的需要、安全的需要、归属和爱的需要、尊重的需要和自我实现的需要。

(1)生理的需要:是指人类生存最基本的需要,如人对食物、水、睡眠等的需要。生理需要在人类各种需要中占有最强的优势,必须首先给予满足。

(2)安全的需要:是指个体对稳定、安全、受保护、能免除恐惧和焦虑等的需要。它体现在社会生活中的多方面,如生命安全、财产安全、职业安全、劳动安全、食品安全等。

(3)归属和爱的需要:是指一个人与他人建立感情的联系或关系,确立在团体中的地位的需要,包括被别人接纳、爱护和支持等需要。

(4)尊重的需要:包括自尊和希望受到别人尊重的需要。尊重的需要表现为希望自己功成名就,希望自己对环境、对他人是有影响力的,希望自己得到他人的尊敬和肯定。马斯洛研究发现,很多人终其一生都在追求被尊重的需要。

(5)自我实现的需要:是指个人成长与发展,发挥自身潜能、实现理想的需要,这是最高层次的需要,但人们达到自我实现的途径和方式各不相同。

对于上述五种需要,虽然层次有所不同,但这种层次顺序并非固定不变的。马斯洛认为,人的需要发展演进过程呈波浪式前行,高层次需要的出现是建立在低层次需要相对满足的基础上的,但并不是必须等到低层次需要得到完全满足后才会出现,较低一层的需要高峰过后,较高一层的需要就会产生优势作用。此外,各层次需要的产生与个体发育、发展紧密相连。在婴儿期,生理需要在其行为活动中占主导地位,随后会产生安全的需要、爱与归属的需要;自尊的需要在青少年和青年初期开始占优势,并日益强烈和迫切;到青年中、晚期后,自我实现的需要则占主导地位,并能够把个人的需要与社会需要相结合,使自己的行为活动内容更加丰富,更具有社会意义。

(二)动机

1. 动机的概念 动机是指引起和维持个体活动,并使活动朝向某一目标的内部动力。动机是在需要的基础上产生的,当需要与满足需要的条件相结合时,便上升为动机。动机是行为的直接推动力,有了动机便可能产生行为。

2. 动机的种类

(1)根据动机的性质可分为生理性动机和社会性动机:生理性动机是指在生理性需要的基础上形成的动机,如饥、渴、睡等动机;社会性动机是指在社会性需要的基础上形成的动机,如交往动机、学习动机、成就动机等。

(2)根据动机的来源可分为外部动机和内部动机:外部动机是指行为的推动力是由外力诱发出来的,如医生为了获得领导的认可而认真工作;内部动机是指由个体的内在需要引起的动机,如医生出于对患者的责任感而认真工作。

3. 动机冲突

(1)双趋冲突:两种对个体都具有吸引力的目标同时出现,而由于条件限制,只能选择其中一种目标时,人们往往会出现难以取舍的心理冲突,即双趋冲突。例如,"鱼我所欲也,熊掌亦我所欲也",但"鱼和熊掌不可兼得"就是典型的双趋冲突。

(2)双避冲突:个体同时面对两个威胁性目标都产生了逃避的动机,但由于条件限制必须选择接受其中一个时所产生的心理冲突,即双避冲突。如"前有悬崖,后有追兵"的左右为难、进退维谷的处境。

(3)趋避冲突:在对一个目标的追求过程中产生的兼具好恶的动机冲突,即趋避冲突。例如,患者想通过手术治疗疾病,但又担心手术的风险。

(4)多重趋避冲突:个体面对两个或两个以上的目标,且每个目标又分别具有趋避两方面时所产生的动机冲突,即多重趋避冲突。例如,两种手术方案,一种创伤小但费用较高,另一种费用低一些但创伤较大。

第六节 心理学基础理论

一、精神分析理论

精神分析理论属于心理动力学理论,是由奥地利的精神病学家弗洛伊德于19世纪末20世纪初在临床治疗实践的基础上创立的。他主张把无意识作为精神分析心理学的主要研究对象,并提出无意识理论、人格结构理论等。

(一)无意识理论

1. 意识 是指个体在觉醒状态下所能感知到的心理部分,能被自我意识所知觉,它只是个体心理活动的有限的外显部分。意识能保持个体对环境和自我状态的感知,对人的适应有重要作用。

2. 前意识 是指目前未被意识到,但在自己集中注意或经过他人的提醒下可以被带到的意识区域的心理活动和过程,存在于意识和潜意识之间。

3. 潜意识 又称为无意识,是指个体在觉醒状态下无法直接感知到的那一部分心理活动,包括原始冲动和本能,以及一些不被社会标准、道德理智所接受的、被压抑着的本能、冲动和欲望,或明显导致精神痛苦的过去的事件。潜意识虽然不被意识所觉知,但它是整个心理活动中最具动力性的部分,弗洛伊德认为它是各种精神活动的原动力。

> **📖 知识拓展**
>
> **弗洛伊德和《梦的解析》**
>
> 《梦的解析》是弗洛伊德创立精神分析理论的核心著作,该书提出"梦是潜意识欲望的伪装满足"这一核心观点,该书通过对梦的科学分析揭示了人类潜意识的运作机制。

(二)人格结构理论

弗洛伊德将人格划分为三个相互作用的部分,即本我(id)、自我(ego)和超我(superego)。

1. 本我 是人格结构中最为原始、最为隐秘和最不易把握的部分,它处于潜意识的深层,由先天的本能、基本欲望组成,是一切心理能量之源。本我遵循"快乐原则"进行活动,具有寻求本能欲望即刻被满足的倾向,其目的是消除人的紧张,它不受个体意识的支配,也不受外在社会规范的约束。

2. 自我 是人格结构中理性的、符合现实的部分,也是最为重要的部分,其成熟水平决定着个体心理健康的水平。它负责保持人的心理活动的完整性,协调人格结构中各部分之间的关系以及自身同外界环境之间的关系,遵循"现实原则"。

3. 超我 是人格结构中最文明和最有理性的部分,是从自我中分离并发展而来的,是道德化了的自我,遵循"道德原则"。

(三)心理防御机制理论

心理防御机制是精神分析理论的核心概念之一,由弗洛伊德提出,后经其女儿安娜·弗洛伊德系统研究逐渐成熟。它是指个体在面临挫折、冲突或压力时,潜意识里采取的应对策略,目的是减轻内心不安,以恢复心理平衡与稳定的一种适应性倾向。由于本我、自我和超我三者经常处于矛盾和冲突中,使人感到焦虑和痛苦,当自我受到超我、本我和外部世界的压力时,自我发展出一种机能,即用一定方式化解、缓和冲突对自身的威胁,使现实允许,超我接受,本我满足,从而减轻焦虑和痛苦。人类在正常和病态的情况下都会不自觉地运用心理防御机制进行自我保护,运用得当,可以暂时缓解焦虑,减轻痛苦,而过度使用则是一种病态表现。了解心理防御机制,有助于我们认识人的潜意识动机和适应现实的方法,也有助于了解患者症状的实质和心理病理机制,从而为开展有效的治疗或心理干预指明方向。下面介绍一些常见的心理防御机制：

1. 否认　是最原始的无意识防御机制，指拒绝承认现实以逃避痛苦。例如，一位老母亲在儿子去世后，仍每日准备饭菜等他回家。老伴多次告知儿子已离世，她仍坚持"孩子会回来"，甚至半夜为儿子留灯。

2. 压抑　是指当一个人受挫后，把那些痛苦的思想或体验压抑到潜意识中，像什么都没有发生过一样表现出正常的情绪状态和行为反应。例如，有一些曾遭受惊恐事件的人，会把那次经历忘得一干二净，无法再回想起来。

3. 投射　是指将自己内心中不能接受的欲望、感觉或想法转移到他人身上，以减轻内心的焦虑和痛苦。

4. 反向　是指由于道德和社会规范的约束，将潜意识中不能直接表达的欲望和冲动通过截然相反的方式表现出来，以减轻焦虑。例如，有的人明明非常担心自己的病情，却故意表现出无所谓的样子。

5. 转移　是指由于某种原因无法向某对象表达情感，将其转向相对较安全的对象上。例如，有的患者认为医生、护士没有很好地照顾自己，就将自己的愤怒转移到家属身上，经常无缘由地发脾气。

6. 抵消　是指以某种象征性的动作、语言和行为抵消已经发生的不愉快事件，以此弥补其内心的愧疚，解除焦虑。

7. 合理化　是指个人遭受挫折或无法达到目标时，用有利于自己的理由为自己辩解，以此缓解自己的焦虑，以保持内心的安宁。例如，有些学生将考试失利归咎于"题目太偏"。

8. 补偿　是指当个体因为自身原因无法达成目标时，改用其他方式来弥补。例如，老年人通过关注孙辈来补偿对子女离巢的失落感。

9. 退化　是指个体在受挫的时候，采用幼稚的方式来应对紧张情境的情况。例如，有的老年人退休后过度依赖子女，无论大小事情都要找子女为其解决。

10. 幻想　是指一个人遇到困难时，利用幻想的方式使自己脱离现实，满足在现实中无法满足的需要和欲望。

11. 幽默　是指当个体处于困境时，用幽默、诙谐的语言摆脱尴尬。幽默是一种积极、成熟的心理防御机制。

12. 升华　是指把社会不能接受的本能欲望导向更高级的、建设性的活动，被认为是最具有积极意义的建设性防御机制。例如，有人因从小对火灾好奇，后来成为专业的火灾调查员，将个人兴趣升华为职业成就。

二、行为主义理论

行为主义理论又称刺激 - 反应（S-R）理论，是由美国的心理学家华生（Watson）于 20 世纪初创立的。他提出心理学研究的对象不应是意识，而应是可观察、可测量的行为，并把 S（刺激）-R（反应）作为解释行为的公式。行为主义理论认为人的任何行为（包括适应行为、适应不良行为）都是通过学习获得的，其学习的基本方式包括经典条件反射、操作条件反射和观察学习。

（一）经典条件反射

在巴甫洛夫（Pavlov）以狗为研究对象的实验研究中，他发现当给一只饥饿的狗呈现食物时，狗便会分泌唾液。巴甫洛夫将这种在出生时便可发生的反应（见到食物分泌唾液）称作"无条件反应"（UCR），将这种能直接引发无条件反射的刺激物（食物）称作"无条件刺激物"（UCS）。巴甫洛夫发现，如果在呈现食物之前先响起铃声（铃声在这里称作"中性刺激"），几次配对呈现后，狗单独听到铃声也会分泌唾液，此时，一个经典条件反射便形成了。在这里铃声已成了食物即将出现的信号，此时被称作"条件刺激物"（CS），而听见铃声就分泌唾液，这种反应是在实验中习得的，称作"条件反应"

（CR）。因此，某一中性刺激，通过反复与无条件刺激相结合，最终成为条件刺激，引起了原本只有无条件刺激才能引起的行为反应的过程就是经典条件反射。在经典条件反射理论基础上形成的厌恶疗法、系统脱敏疗法等，现在已成为矫正病态行为的重要方法。

（二）操作条件反射

操作条件反射理论是由美国心理学家斯金纳（Skinner）等人通过动物实验建立的。实验在著名的斯金纳箱中进行。斯金纳将一只饥饿的老鼠放入斯金纳箱，老鼠在箱内到处探索。一次偶然的机会，它跳到一个杠杆上，将杠杆压了一下，食物自动落到盘子里被老鼠吃掉。随后，它又到处探索，只要它压一下杠杆，便会获得食物。逐渐地，老鼠减少了无效探索，越来越多地按压杠杆。最后，老鼠终于学会通过按压杠杆来获取食物，一个操作条件作用便完成了。即当某一行为（按压杠杆）出现时总能获得某种积极的结果（食物），则个体逐渐学会对这种行为的操作，这就是操作条件反射。与经典条件反射不同，操作条件反射重视行为的结果对行为本身的影响。在老年心理学的应用中，可以根据操作条件反射的原理塑造老年患者良好的行为，矫正不良行为。

📖 知识拓展

操作条件反射的类型

根据刺激性质及其变化规律的不同，可将操作条件反射分为以下几种类型：

1. **正强化**　是指个体的某一行为使积极的刺激增加，导致该行为逐渐增强的过程。如按压杠杆的行为使老鼠获得食物缓解饥饿，按压杠杆的行为增加，就属于正强化。

2. **负强化**　是指个体的某一行为使消极刺激减少，导致该行为逐渐增强的过程。如社交恐怖症的患者通过回避社交而使焦虑减轻，因此，强化了回避行为。

3. **消退**　是指个体的某一行为使原有的积极刺激减少，导致该行为逐渐减弱的过程。如儿童的良好行为如果得不到积极关注，则可能会逐渐减弱或消失。

4. **惩罚**　是指个体的某一行为使消极刺激增加，导致该行为逐渐减弱的过程。如在某种不良行为出现时给予电击等消极刺激，则可能减弱或消除这种不良行为。

（三）观察学习

观察学习是指通过观看其他人的行为和行为的后果（得到奖赏还是受到惩罚）而获得新行为的过程。以班杜拉（Bandura）为代表的社会学习理论学家认为，人类大多行为是在社会交往中通过对榜样示范行为的观察与模仿而习得的。与操作条件作用不同，人在观察学习中，可以不必作出外部反应（如模仿动作），也无须亲自体验强化，只要直接观察他人的行为，或通过观看电影、电视中人物的行为，便可获得新的行为。这是在替代性强化基础上发生的学习，故又称为替代性学习。因此，对有不良行为的人提供模仿学习积极行为的机会，就有可能改变其不良行为，重塑健康行为。

三、人本主义理论

人本主义心理学派是 20 世纪 50 至 60 年代在美国兴起的一种心理学思潮，被称为心理学的"第三势力"，与行为主义和精神分析并列为三大流派，以马斯洛和罗杰斯（Rogers）为主要代表人物。其核心思想是：强调人的独特性、自我实现和主观体验，主张每个人都是独一无二的存在，心理学应关注个体差异而非普遍规律；认为人天生具有实现自身潜能的内在驱动力，最终会趋向自我完善的状态；重视个体的情感、价值观和意义感，反对将人的行为简化为机械反应或潜意识驱动。

（一）马斯洛的需要层次理论

马斯洛认为，动机是人类生存和发展的内在动力，而需要是动机产生的内在源泉。需要的强度影响着动机的强度，但动机还受环境和个人认知的调节。人的需要按优势等级由低到高分为生理的需要、安全的需要、爱与归属的需要、尊重的需要和自我实现的需要五个层次。在需要的满足顺序方面,低层次需要部分满足后,高层次需要才成为主导动机。每一层次需要的满足,将决定个体人格发展的境界和程度。其中,自我实现的需要是人格发展的最高追求,但现实中多数人难以完全达到。他还提出高峰体验的概念,高峰体验是指人们进入自我实现和超越自我状态时所感受到一种非常豁达与极乐的瞬时体验。需要层次理论也存在争议,比如在社会实践活动中,并不是只有低级需要得到满足后才会产生高级需要,多种形式和多种层次的需要可能同时存在。

（二）罗杰斯的自我形成理论

罗杰斯认为刚出生的婴儿没有自我的概念。婴儿出生后,在与他人和环境的相互作用下,开始逐渐把自己区别出来,自我的概念开始形成并不断发展。儿童在环境中进行各种尝试,寻求成人的肯定和认可,寻求他人的关怀和尊重。这时候儿童发现只有做父母满意的事情才能得到他们的积极关注,父母的关怀与尊重是有条件的,儿童获得的自我价值感就是一种有条件的价值感,罗杰斯称之为"价值的条件化"。价值的条件化是建立在他人评价的基础上的,父母根据孩子的言行是否符合自己的价值标准来决定能否给孩子以关爱,儿童在不断的行为体验中,不自觉地将成人的价值观念内化,学会了摒弃自己的真实情感和愿望。当他的实际经验与自我概念不一致时,就会产生焦虑、烦躁等自我失调的表现。这种自我失调是人类适应不良的根源。因此,罗杰斯认为只有将原本不属于自己的、经内化而成的自我部分去掉,找回属于自己的情感和行为模式,才能充分发挥个人的潜能,成为一个健康完善的人。

四、认知理论

认知是一个人对事物的看法、态度及其思维模式。认知心理学的假设是一个人的认知过程会影响到他的情绪和行为,人们的行为反应不完全是对外在刺激作出的反应,更重要的是对这些刺激的心理加工过程。如同样的音乐,有的人能体会到美妙悦耳,有的人却昏昏欲睡。所以,无论什么样的心身疾病,都是认知加工过程的扭曲和误解导致的。与心理治疗有关的认知理论主要有艾利斯(Ellis)的情绪 ABC 理论和贝克(Beck)的情绪障碍认知理论。

（一）情绪 ABC 理论

美国心理学家艾利斯提出了情绪 ABC 理论,创立了合理情绪疗法(rational emotive therapy, RET)。艾利斯认为,人的情绪困扰并非由环境刺激事件引起,而是由人对事件的信念造成。所以,信念对于个人的情绪和行为起决定作用,由此提出了著名的情绪 ABC 理论。A(activating events)是引起情绪的诱发事件;B(beliefs)是个体对诱发事件所持有的信念,即个体对该事件的看法、解释和评价;C(emotional consequences)是个体由此产生的情绪和行为结果。通常人们认为是 A 直接引起 C,而事实并非如此,在 A 与 C 之间还存在中介 B。情绪 ABC 理论认为,事件 A 只是引起情绪和行为反应的间接原因,而人们对事件的看法 B 才是引起情绪和行为反应的直接原因。正如艾利斯所说:"人不是为事情本身所困扰着,而是被对这件事的看法困扰着。"不合理信念是情绪或行为障碍产生的重要因素,因此,艾利斯认为只有改变不合理的信念才能解决因此而带来的不良情绪和行为问题。

（二）情绪障碍认知理论

贝克提出的情绪障碍认知理论认为,心理障碍常常同特殊的、歪曲的思考方式有关,错误的认知过程和观念是导致不良情绪和行为的原因。在实践中他发现个体并不能感知自己的一些想法,这些想法是自动出现的,其内容大多为自责和自我批评,导致个体消极地去解释生活事件,把自我解释为没有价值。贝克假设这些信念是个体在早期生活中形成的,而且成为明显的认知图式。贝克认为情绪和行为的发生不是通过环境刺激直接产生的,而是借助于认知的中介作用。正常的认知产生正常的情绪和行为反应,异常的认知则产生异常的情绪和行为反应,认知歪曲导致情绪障碍。通过对大量患者的研究,贝克总结出一些常见的认知歪曲,如主观推断、选择性概括、错贴标签、极端思维、个性化等。

（李明芳）

思考题

1. 简述意志的四个品质。
2. 简述影响遗忘的因素。
3. 简述艾利斯的情绪 ABC 理论。

第三章
老年期心理健康及老年期心理

📖 **学习目标**

1. 掌握：心理健康的概念及标准；老年期心理健康的标准；老年期感知觉、记忆、语言与思维、智力的变化特征；老年期情绪特点及影响因素；老年期性格类型及性格改变原因。
2. 熟悉：心理健康维护的目标；积极老龄化的概念及内涵。
3. 了解：心理健康促进的策略；老年人认知功能改变的应对措施；老年人常见情绪管理方法；老年人的性格特点、性格类型及性格改变的应对措施。
4. 学会与老年人进行有效交流沟通的技巧，能够引导老年人合理宣泄情绪。
5. 具有尊重老年人的个体差异与情感需求的同理心，以及倡导积极老龄化的社会责任感。

当前我国老龄化趋势加剧，老龄化速度在全球范围内属于较快的国家之一，且将在长期一段时间内保持较高增速。心理健康直接影响老年人的生活质量和健康状况。随着年龄的增长，老年人可能会出现孤独、焦虑、抑郁等一系列心理问题。积极关注和理解老年期的心理健康，不仅能够帮助我们更好地洞察老年群体的内心世界，还有助于识别他们深藏的心理需求和问题，为我们实施心理干预和照护奠定坚实基础。

第一节 老年期心理健康

一、心理健康

（一）心理健康的概念

世界卫生组织（World Health Organization，WHO）在 1948 年把健康定义为："一种生理、心理和社会适应都完满的状态，而不仅仅是没有疾病和虚弱的状态。"该定义强调了健康的三个部分是相互影响的，生理健康是心理健康和社会适应力良好的基础和前提，而心理健康是生理健康、社会适应的动力和保证。

心理健康（mental health）是现代人健康的重要组成部分。国内外学者对心理健康的研究成果丰富，但是时至今日，学术界一直没有对这一概念进行较为统一的定义。WHO 对心理健康的定义：心理健康是指在身体、智能及情感上与他人的心理健康不相矛盾的范围内，将个人心境发展成最佳状态。综合来说，心理健康是指人的基本心理活动的过程内容完整、协调一致，即认识、情感、意志、行为、人格完整协调，能适应环境，与社会保持同步。

（二）心理健康的标准

1. 马斯洛心理健康 10 条标准 马斯洛提出的心理健康的 10 条标准有较广泛的影响力，包括：①充分的安全感；②充分了解自己；③生活目标切合实际；④与外界环境保持接触；⑤保持个性的完整与和谐；⑥具有一定的学习能力；⑦保持良好的人际关系；⑧情绪能作适度的表达与控制；⑨在不妨碍团体利益的前提下，有限度地发挥自己的才能与兴趣爱好；⑩在不违背社会道德规范下，个人的基本需要得到一定程度的满足。

2. 中国人心理健康标准 中国心理卫生协会通过文献调研、问卷调查与专家讨论，形成了中国人心理健康标准和评价要素，包括自我和谐（自我意识、生活学习能力、情绪健康）、人际和谐（人际关系和谐良好）及社会和谐（角色功能、环境适应）三个层面六个要素，见表3-1。

表 3-1　中国人心理健康标准

层面	要素	评价内容
自我和谐	（1）认识自我，接纳自我	①自我认知：了解自己，恰当地评价自己，有一定的自尊心和自信心 ②自我接纳：体验自我存在的价值，接受自己
	（2）自我学习，独立生活	①学习能力：具有从经验中学习、获得知识与技能的能力 ②生活能力：能够独立处理日常生活中大部分的衣食住行活动 ③解决问题的能力：能够利用知识、能力或技能解决常见问题
	（3）情绪稳定，有安全感	①情绪稳定：保持情绪基本稳定 ②情绪积极：以积极情绪为主导 ③情绪控制：能调控情绪变化 ④安全感：对人身安全、生活稳定等有基本的安全感
人际和谐	（4）人际关系和谐良好	①人际交往能力：具备基本社交能力，维持人际关系 ②人际满足：在互动中体验正常情绪并获得满足感 ③接纳他人：能接纳他人及交往中的问题
社会和谐	（5）角色功能协调统一	①角色功能：履行社会要求的角色规定 ②环境匹配：心理与行为符合所处环境 ③年龄匹配：心理与行为符合年龄特征 ④行为协调：在社会规范内实现个人需要的合理满足
	（6）适应环境，应对挫折	①接触现实：保持与现实环境接触 ②积极应对：面对和接受现实，采取积极行动 ③克服困难：正确面对与克服困难、挫折

（三）心理健康的判断原则

心理健康与不健康之间并没有绝对的界限。心理健康是一个动态、开放的过程，判断一个人的心理是否健康，应把握以下原则并作好综合性的评估：

1. 差异性原则 不同国家、地区及文化背景、传统习俗的群体心理测量常模不同，因此，判断个体心理健康应基于其人口学背景。

2. 动态性原则 心理健康状态随人的成长、知识经验的积累、环境的变换等发生变化，既可以从不健康转变为健康，也可以从健康转变为不健康。每个人的心理健康水平可能处在不同的等级，健康心理与不健康心理之间难以分出明确的界限，很多人可能处在所谓的非疾病又非健康的状态。因此，对个体心理健康的判断应把握动态性原则。

3. 稳定性原则 心理健康状态是较长一段时间内持续存在的良好心理状态和稳定、成熟的习惯性行为，不是短暂偶然的心理现象。判断心理是否健康时，应将行为与一贯表现联系起来评定，偶尔的不健康行为并不意味着心理不健康。

4. 整体性原则 心理健康是各要素的有机整合，当个体心理在某一方面不健康时，需要综合评估其对整体心理健康的威胁程度。

5. 发展性原则 心理健康标准反映的是社会对个体的一般心理要求。在同一时期，心理健康标准会因社会文化标准不同而有所差异,特定的社会文化对心理健康的要求,取决于这种社会文化对心理健康的各种特征的价值观。心理健康不是一个固定不变的状态,而是一个变化和发展的过程。

二、老年期心理健康的标准

进入老年阶段,身体功能的衰退不可逆转。身体各器官和组织细胞出现退行性病变,个体的运动能力、视觉、听觉、味觉、嗅觉、记忆力等各方面都有不同程度的退化。不可否认,伴随着老年人生理上的衰退,心理上相应地也发生着变化。根据世界卫生组织制订的心理健康标准,心理健康在不同年龄段间存在一定的差别,然而不同年龄段间的差异并非根本性的。一方面,老年期的心理健康标准既有和其他年龄人群心理健康标准的共同之处;另一方面,也需要考虑老年人的身心特点及影响因素。

结合世界卫生组织及国内外学者的研究,老年期心理健康标准主要体现如下:

1. 充分的安全感 其内涵是多方面多层次的,包括经济安全、环境安全、人身安全。而环境安全又包括社会环境安全、生态环境安全、家庭环境安全等方面。

2. 清晰的自我认知 充分了解自己,以积极的心态适应老年生活,包括自己的生理状况、自身能力、性格特点,了解自身的长处和不足等。

3. 持续的社会参与 与社会保持正常接触,对新事物有一定的适应力和接受力,适度参与社会生活。这一点是老年人预防孤独和寂寞、防止封闭自我的基本点。

4. 稳定的社交维系 能够建立和维持良好的社交网络,保持良好的人际关系。建立新的人际关系网络,以及维持已有的社会网络,有助于老年人寻找老年生活新的兴趣点,提高社交能力,建立和保持良好的人际关系,有效地参与社会生活。

5. 和谐的家庭关系 老年人与家人相处和睦,既包括夫妻间的关系,也包含代际间的关系。家庭和睦是保持老年人心理健康的重要方面,应正确处理好夫妻、亲子、隔代人等家庭关系。

6. 主动的终身学习 具有一定的再学习能力,能够在一定程度上发挥自身的能力、发展兴趣爱好。老年人的再学习也是老年人再社会化(继续社会化)的过程,能够学习和掌握新的价值观和生活行为模式,以便更好地适应变化着的社会生活。

7. 适度的情绪调控 保持个性的完整与和谐,情绪反应适度。避免出现情绪过度紧张,情绪反应强烈、易激动。

📖 **知识拓展**

《中国健康老年人标准》

国家卫生健康委于2022年发布了《中国健康老年人标准》(WS/T 802—2022),该标准中对于健康老年人的定义如下:健康老年人指60周岁及以上生活自理或基本自理的老年人,躯体、心理、社会三方面都趋于相互协调与和谐状态。其重要脏器的增龄性改变未导致明显的功能异常,影响健康的危险因素控制在与其年龄相适应的范围内,营养状况良好;认知功能基本正常,乐观积极,自我满意,具有一定的健康素养,保持良好生活方式;积极参与家庭和社会活动,社会适应能力良好等。中国健康老年人应满足下述要求:

(1)生活自理或基本自理。

(2)重要脏器的增龄性改变未导致明显的功能异常。

(3)影响健康的危险因素控制在与其年龄相适应的范围内。

(4)营养状况良好。

(5)认知功能基本正常。

(6)乐观积极,自我满意。

（7）具有一定的健康素养,保持良好生活方式。

（8）积极参与家庭和社会活动;

（9）社会适应能力良好。

三、心理健康的维护和促进

环境的变化及来自社会各方面的压力,都会使个体出现心理应激反应,严重时甚至会出现心理障碍。因此,心理健康需要维护和促进。一般来说,心理健康维护和促进的目标有两个方面:

1. 一般目标　即治疗心理疾病及改变适应不良行为,并设法尽早发现疾病的倾向,及时矫正或预防疾病的发生。

2. 高级目标　即保持并增进个人和社会的心理健康,发展健全的人格,使每个人都有能力适应变化的环境,同时应设法改善社会环境及人际关系,以防止或减少心理不健康的发生。

WHO 于 1986 年召开的第一届国际健康促进大会上发表了《渥太华宪章》,提出了健康促进的定义、内涵、行动领域和基本策略。健康促进是促使人们维护和提高自身健康的过程,是协调人类和环境关系的战略,它规定了个人和社会对健康所负的责任。

心理健康促进应从个人、家庭、社会和政策层面综合施策。个人应增强心理健康意识,培养积极的心态,学习心理调适的技巧,保持健康的生活方式,建立良好的人际关系。家庭要营造和谐氛围,加强沟通交流,提供情感支持,培养家庭成员共同的兴趣爱好。社会应加强心理健康教育与宣传,提供心理健康服务与支持,组织社会支持与互助活动,促进社会公平与包容,加强社区心理健康建设。同时,应加强服务体系建设,开展心理健康监测与评估,共同营造关注心理健康的氛围,从而提升全民心理健康水平。

四、老年期心理健康的维护和促进

（一）积极老龄化的心理健康观

积极老龄化（active aging）由世界卫生组织提出,其定义为:"优化健康、参与和安全机会的过程,以便随着人们年龄的增长提高生活质量和福祉。"这一定义强调了积极老龄化的三大支柱,即健康、保障和参与。

积极老龄化的心理健康观是一种全面、动态的健康理念,它强调老年人应享有全面的健康权利,包括躯体健康、心理健康和社会健康。该理念倡导老年人有健康的生活和贡献社会的机会,不仅关注老年人的生理健康,更重视老年人的心理健康和社会福祉,鼓励老年人积极参与社会活动,保持乐观心态,实现自我价值。具体而言,积极老龄化的内涵包括以下几个方面:

1. 生理健康　老年人应保持良好的身体状态,通过健康生活方式和适当的医疗服务管理慢性疾病,减少功能障碍。

2. 心理健康　老年人应保持积极的心态,拥有良好的情绪管理和应对压力的能力,以及积极的生活态度和自我价值感。

3. 社会参与　老年人应积极参与社会活动,包括家庭、社区和社会发展,通过参与获得存在感、满足感和价值感。

4. 自我实现　老年人应有机会实现个人潜能,无论是通过学习、工作还是志愿服务等途径,都能继续为社会作出贡献。

（二）老年期心理健康维护和促进的措施

老年期心理健康促进可以"积极老龄化"为框架,通过生理健康维护、心理功能强化、社会参与赋能、自我实现引领、环境与政策保障"五位一体"的策略,帮助老年人实现从"被动养老"到"主动创造"

的转变,让老年期成为生命价值再绽放的阶段。

1. 生理健康维护构建

(1)健康生活方式干预:可推广适老化运动(如太极拳、八段锦),增强身体功能与平衡能力;给予营养膳食指导,预防慢性病(如糖尿病、高血压)恶化对心理的负面影响。

(2)医疗支持与疾病管理:提供定期健康筛查与心理健康评估,实现身心共管;开展慢性病自我管理培训,可降低疾病失控带来的无助感。

2. 心理功能强化

(1)情绪管理能力建设:通过开设老年情绪调节课程(如正念冥想、艺术疗法),可缓解孤独感等负面情绪;建立"老年心理互助小组",通过同伴支持增强应对压力的韧性。

(2)认知功能保护与训练:推广认知训练工具(如记忆游戏等),延缓认知衰退;开展预防性心理健康教育,普及阿尔茨海默病的早期识别与干预知识。

3. 社会参与赋能

(1)搭建社区参与平台:可创建老年志愿服务中心,将老年人的经验、技能转化为社会资本;组织代际互动活动(如老少共学项目),减少社会隔离。

(2)强化家庭支持网络:通过开展家庭关系辅导,促进子女与老年人的情感沟通与相互理解;鼓励家庭成员支持老年人参与社会活动而非过度保护。

4. 自我实现引领

(1)拓展终身学习机会:建立社区老年大学,开设适合老年人的实用课程,也可开发线上学习平台,降低学习参与门槛。

(2)创新价值贡献渠道:搭建老年人才库,推动退休专家参与企业咨询、公益项目;支持老年人开展低体力需求的微型创业(如手工艺、文化传播)。

5. 环境与政策保障

(1)优化物理环境:推进公共空间适老化改造(如无障碍设施、社区活动中心),增强活动便利性;建设老年友好型社区,整合医疗、文娱资源,强化社会支持网络。

(2)完善社会保障制度:建立健全老年人心理健康服务网络,提供及时、有效的心理健康咨询和干预服务;完善相关制度,保障老年人的社会参与权利。

第二节　老年期认知功能特征

随着个体步入老年阶段,其生理功能、心理状态、生活环境以及人际关系等方面均会经历显著变化,这些变化往往导致老年人的心理平衡受到干扰,进而影响其身心健康。为了帮助老年人迅速适应变化后的生活条件,有必要深入研究老年人心理与生理变化之间的相互联系及其内在规律。了解这些知识,可以指导老年人参与适合其自身条件的、有意义的活动,主动帮助他们调整情绪和情感,将消极的心理状态转变为积极的心理状态。积极的心理状态对促进老年人的身心健康、延缓衰老过程、延长寿命以及提高晚年生活质量具有至关重要的作用。

一、老年人感知觉的变化及应对措施

(一)感知觉

1. 视觉

(1)视敏度:是指视觉系统分辨最小物体或物体细节的能力,也称为视力。20~60岁期间,视敏度呈现轻微下降趋势。50岁以后,晶状体的弹性和聚焦能力减弱,大多数人开始出现老视,眼睛对不同距离物体的调节能力下降,而到了60岁以后,视敏度的下降变得明显,包括静态视敏度下降和动

态视敏度下降。老年人视敏度下降不仅给他们在读书、看报、辨认商品标签等方面带来困难,还增加了他们出行的安全风险。

(2)视觉适应:明适应和暗适应能力下降是视觉感受性发生了变化。随着年龄增长,老年人视觉适应所需的时间日益延长,适应困难逐渐增大。相关研究表明,视觉感受性在22~43岁之间平均每年下降4%,老年人暗适应和明适应所需时间都明显长于青年人。这使老年人在夜里的活动受到限制,甚至容易发生危险。

(3)颜色视觉:颜色是光波作用于人眼所引起的视觉经验。老年人对光的感受性的降低使他们对颜色的辨别能力比青年人低25%~40%,而且对不同颜色的辨别力降低的程度也不一样,对蓝色、绿色的鉴别能力比对红色、黄色的鉴别能力下降得更明显。因此,老年人感觉世界更偏向黄色,这是由于晶状体随着年龄的增长而变黄。也有研究发现在手术切除晶状体后,患者仍感觉世界是微黄色的,这可能是由于神经系统发生了改变。

(4)视觉编码速度:老年人加工视觉刺激信息和准确识别物体所需要的时间较长。当他们观察的物体比较暗淡时,编码速度更慢。与年轻人相比,老年人在物体大小、空间关系、运动速度判断等方面也更容易出差错。

2. 听觉

(1)听力:老年人听力方面最常见的改变是听力下降,其中随年龄增长,老年人对高频声音的感受性下降最为明显,而对低频声音的感受性变化则不明显。在这点上,男性听力的改变大于女性,即男性听力相对较差。在对两个不同音调差异的识别方面,自25岁起人的音调识别能力开始下降,55岁以后下降明显,70岁以后下降得更为明显。这种变化主要反映在对高音调的识别上,低音调识别能力的保持好于高音调。

(2)言语听觉:听力的变化直接影响到老年人对言语的感知能力和理解能力。在和老年人讲话时,关键的部分要放慢语速,提高音量,多重复几次才能让其充分理解。老年人在言语理解的过程中,抗干扰的能力比青年人差得多。因此,讲话时周围的环境条件对老年人言语理解能力有着很大的影响,如空旷大厅中的回音、接打电话时的杂音。老年人听觉能力的下降还会影响他们对声音方位的判断。声音定位一般是根据两耳刺激的时间差、强度差等。听力的下降使老年人对声音的时间差和强度差判断不准确,从而难以辨别声音的来源。这会给老年人的日常生活带来一些困难。

听力下降,言语知觉能力和理解能力降低,使老年人与他人的沟通受到影响。当他们与他人沟通受到阻碍时,可能会慢慢减少沟通,这也不利于老年人的心理健康,容易引发一些负性情绪。

3. 味觉和嗅觉

(1)味觉:老年人味蕾的数量随着年龄的增加而减少,同时因唾液减少、嗅觉退化及神经功能下降,味觉敏感性普遍降低,但对不同味觉(如咸、苦)的影响程度存在差异。老年人负责味觉的脑中枢会发生明显的退行性病变,表现为神经细胞数量减少,神经纤维萎缩。其实,这些退行性病变从青年时代就已经在缓慢地进行了。人们日常吃到的东西,通常不是单一的味道,而是混合的。老年人对于许多复杂的混合味道的辨别能力也明显下降,他们对于平时食物成分的识别能力不如青年人,但健康老人通过饮食调整(如使用香料、酸味刺激)仍可保持较好的味觉体验。

(2)嗅觉:在老年退行性病变中,嗅觉受体神经元数量显著减少,嗅觉纤毛结构退化导致信号传导效率降低,嗅球内的神经元数量和结构也会发生变化,影响嗅觉信号的整合和处理。嗅觉中枢的神经元也会出现萎缩,导致嗅觉信息在大脑内的传递和处理速度变慢,准确性降低。因此,老年人对气味的敏感度降低,能够觉察出的最低气味物质浓度会升高,即需要更高的气味浓度才能感知到气味。

老年人味觉和嗅觉的变化对他们正常生活的影响不是很大。生活中对于食物的鉴别,味觉和嗅觉是同时起作用的。虽然味觉、嗅觉的功能退化了,但老年人还可以根据他们的生活经验或者食物的颜色、温度、形状等其他辅助信息来进行调整,可以弥补味觉和嗅觉功能的不足。

4. 躯体感觉　人体各部分的皮肤都会对触、压、痛、温度等刺激产生感觉。痛觉有些特殊，因为各种刺激无论是压、触，还是温度，都要超过一定的强度才会引起痛觉。皮肤感觉属于浅感觉，是身体外表受刺激产生的感觉。与之相对应的是深感觉，是躯体深部肌肉、关节受刺激或位置变换而引起的感觉。人们即使不看也知道自己的腿是弯曲还是伸直的，这就是由于深感觉在发生作用。除浅感觉、深感觉以外，还有特殊的内脏感觉，如胃排空时的饥饿感或吃饱后的胀满感，肠扭转时的腹痛等。在老年人中，这些感觉都发生一定的变化，呈现一些特点。

（1）皮肤觉：60岁以后的老年人，皮肤上敏感的触觉点数目显著下降，皮肤对触觉刺激产生最小感觉所需要的刺激强度，在年老的过程中逐渐增大。老年人不仅感觉的灵敏度变差，定位能力也显著减弱。

（2）温度觉：老年人的温度感知能力和青年人没有显著的差别，而老年人抵抗高温和低温的能力低于青年人。通常老年人在春秋季节还会穿着特别厚重，以保持体温。在季节交替的时候，温度经常会骤然变化，老年人要注意防寒保暖。

（3）痛觉：对于痛觉随年龄的变化，研究者的结论并不一致。一些研究结果认为，随着年龄的增加，痛觉的感受能力下降，因为老年人痛觉感受器减少了；另一些研究则发现老年人对于痛觉的敏感度并没有变化，但对老年人和青年人来说，疼痛的含义可能是不同的。例如，当老年人面对疾病所带来的疼痛时，他们觉得自己已经到了这样的年龄，有一些疼痛是正常的。所以，相比年轻人而言，影响老年人痛觉敏感度的因素更具有多样性。

在高龄老人中，由于感觉系统的退行性病变，肌肉、关节的深感觉和躯体平衡觉显著减弱。例如，一些老年人的肌肉、关节的深感觉反馈迟缓或不良，导致步履迟缓，而且经常容易摔倒。一些老年人的骨骼老化，容易发生骨折。

（二）感知觉变化的应对措施

1. 视觉变化的应对措施

（1）保证室内光线充足、柔和，避免眩光和阴影。在楼梯边缘、走廊扶手等位置使用明亮且对比度高的颜色进行标记，帮助老年人更清晰地识别周围环境，降低摔倒等意外的风险。活动区域不宜放置过多杂物，减少视觉干扰。

（2）鼓励老年人每半年进行一次视力检查，及时发现视力问题并采取相应措施。在阅读、看电视等活动时注意用眼卫生，避免长时间用眼导致视觉疲劳加剧。

（3）为有需要的老年人配备合适度数的老花镜，同时准备放大镜等辅助工具，方便老年人观察微小的物体或细节。老年人也可利用电子设备的辅助功能，如手机、平板电脑等设备的放大字体、语音读屏等功能，更便捷地获取信息。

2. 听觉变化应对措施

（1）在老年人活动场所采取隔音措施以减少噪声干扰，如安装双层玻璃窗、使用厚窗帘等。在与老年人交流或播放音频信息时，尽量保持声源与老年人耳朵的适当距离和方向，确保声音能够清晰地传入。在与老年人交谈时，选择安静、无回音的环境，避免在嘈杂的场所进行重要沟通。

（2）建议老年人每年进行一次听力检查，及时发现听力下降等问题，并根据检查结果采取相应的干预措施。提醒老年人尽量避免长时间处于高噪声环境中，如远离建筑工地、交通要道等噪声源。如果必须处于噪声环境中，要佩戴耳塞等防护用品，减少噪声对听力的进一步损伤。

（3）对于听力下降较为明显的老年人，根据听力损失程度和类型，为其适配合适的助听器，并指导他们正确使用和保养助听器。可为老年人配备带有灯光闪烁或振动功能的警示设备，如门铃闪烁灯、振动闹钟等，当声音信号无法被及时察觉时，通过视觉或触觉信号提醒老年人，确保他们不会错过重要的生活信息。

3. 味觉和嗅觉变化应对措施

（1）烹饪时注意使用新鲜的食材，并合理搭配各种调味料，以丰富食物的味道层次。同时，保持厨房的通风良好,减少油烟等异味的残留。避免在用餐环境中使用浓烈的香水、清洁剂等可能干扰嗅觉的物品,保持空气清新自然,使老年人能够更好地感知食物的气味,增强食欲。

(2)老年人应保持良好的口腔卫生习惯,减少口腔细菌滋生,保持口腔清洁和健康。当身体状况允许时,可适当进食一些具有刺激性味道的食物,如柠檬、姜片、薄荷等,以刺激味觉和嗅觉感受器,增强味觉和嗅觉的敏感性。鼓励老年人尝试不同风味、不同质地的食物,丰富味觉体验,激发食欲。

(3)为老年人准备一些特殊设计的餐具和容器,如带有刻度的量杯、颜色区分的餐具等,帮助其更准确地辨别食物的种类和数量。引导老年人使用嗅觉训练工具进行嗅觉训练,每天闻不同的气味样本,循序渐进地提高嗅觉的敏感度和辨别能力。

4. 躯体感觉变化应对措施

(1)在卫生间、厨房、楼梯等容易滑倒的区域,铺设防滑地砖或防滑垫,安装扶手等无障碍设施。根据季节变化和室内外温度情况,合理调节室内温度,避免温度过高或过低对老年人造成不适。为老年人准备舒适的床铺和座椅,选择合适的床垫、枕头和靠垫,以提供良好的支撑和舒适度,有助于改善老年人的睡眠质量和日常休息状态,减轻因躯体感觉退化带来的身体疲劳和不适。

(2)鼓励老年人进行适度的运动,如散步、太极拳、简单的关节活动操等,以增强肌肉力量、关节灵活性和身体的平衡能力。提醒老年人注意皮肤的保养,每天进行适当的皮肤清洁和保湿护理,使用温和的清洁用品和滋润的护肤品,防止皮肤干燥、皲裂等问题。同时,定期检查皮肤状况,特别是容易受到压迫和摩擦的部位,及时发现皮肤病变或异常情况,并采取相应的处理措施。帮助老年人建立规律的作息时间,保证充足的睡眠和适当的休息,有助于身体的恢复和感觉功能的维护。避免长时间的站立或久坐,适当进行体位变换,减轻下肢和腰部的压力,预防因躯体感觉退化导致的疲劳和不适。

(3)根据老年人的需求配备合适的辅助器具,如手杖、助行器、轮椅等,帮助其更安全、更方便地进行移动和活动。利用智能监测设备,如智能手环、智能床垫等,实时监测老年人的身体状况和活动情况。

二、老年人记忆的变化及应对措施

(一)记忆的变化

记忆是一个受主客观多种因素交互作用的复杂的认知系统,其老化从成年早期(20岁)已经开始,因而年龄不是唯一的影响因素,老年期并不意味着绝对的记忆衰退,需要具体分析,但总体而言老年人对记忆力下降问题的主诉多呈现出以下特点:

1. 记远不记近 近事记忆减退,远事记忆保持,但当近事记忆减退严重时也会慢慢影响到远事记忆,严重情况下还会出现遗忘症或记忆的丧失。所以,许多老年人对新近发生的事情经常记不住,而对那些很久以前的事情还能清楚记得。老年人记不住近来发生的事情,可能是短时记忆向长时记忆转化的过程中出现了问题。心理学家认为发生此类问题的原因有两种可能:一是老年人心理加工的能力不足,大脑中海马区域在记忆功能中有重要作用,当海马区的神经细胞发生老化时,就会产生记忆力下降的现象。二是老年人原有的记忆内容对新近内容造成干扰,使新近内容不能进入记忆网络中。

2. 记大不记小 老年人对有重大意义的事件记忆没有明显变化,但对生活中琐碎事情和无情景的机械记忆的内容记忆力明显下降,而且经常发生话到嘴边却说不出来的现象。这可能是由于脑组织和脑神经的退行性病变,神经系统和心血管系统的疾病造成诸如脑部供血不足等原因,也与个体的营养状况、文化水平和职业状况有关。

记忆的衰退给老年人的生活带来了很多不便,严重的记忆衰退还会影响老年人的工作能力,甚至是生活自理能力。老年人由于记忆力下降,会产生不良的情绪状态和自我认知失调,从而影响老年人的心理健康。

（二）记忆变化的应对措施

1. 环境调整与提示工具的使用 为老年人创造一个相对固定、安静的生活环境，减少外界干扰，使其能够更专注地进行记忆活动。例如，在家中保持家具摆放位置相对稳定，避免频繁更换，让老年人能够在熟悉的环境中更好地回忆和定位事物。设置一些提示板、便签等小工具，用于记录重要的事项和待办任务，如当天的饮食安排、药品服用时间等，方便老年人随时查看和记忆。此外，还可以通过日历、记事本等帮助老年人记录生活中的重要事件和信息，减轻大脑记忆的负担。

2. 作息规律、适度运动与加强营养 帮助老年人建立规律的作息时间，保证充足的睡眠和适当的休息，有助于大脑的恢复和记忆功能的维护。同时，鼓励他们进行适度的运动，如散步、打太极拳等，运动可以促进血液循环，增强大脑的氧气和营养供应，从而改善记忆能力。为老年人提供营养丰富的饮食，多摄入富含不饱和脂肪酸、维生素和矿物质的食物，如鱼类、坚果、蔬菜和水果等，这些营养物质对大脑健康有益，有助于维持良好的记忆功能。例如，深海鱼中的 ω-3 脂肪酸对大脑细胞的健康和功能维持具有重要作用。

3. 心理支持与社交活动 要理解老年人因记忆衰退可能产生的焦虑、沮丧等情绪，给予他们足够的耐心和理解。在与老年人沟通时，要多给予鼓励和肯定，避免因他们的健忘而批评或指责，让他们感受到被支持和理解。组织适合老年人的社交活动，如社区老年俱乐部、兴趣小组等，老年人可以通过与他人的交流和互动，锻炼记忆能力，同时也能获得情感上的支持和满足，减轻因记忆衰退带来的孤独感和心理压力。

4. 智能设备与辅助工具的应用 利用智能设备为老年人提供一些专门设计的记忆训练软件和应用程序，通过游戏化的方式进行记忆训练，如记忆卡片游戏、数字记忆挑战等。同时，智能设备还可以设置提醒功能，帮助老年人记住重要的事项和活动时间。为老年人配备录音笔、相机等外部存储设备，帮助他们记录生活中的重要事件和信息。例如，老年人可以通过录音笔记录下自己想要记住的对话或想法，或者使用相机拍摄照片，作为记忆的辅助工具，事后通过回顾录音和照片来强化记忆。

三、老年人语言和思维的变化及应对措施

与人类语言及高级认知功能相关脑区的衰退，是生理性衰老与病理性过程共同作用的结果。除了阿尔茨海默病这类神经退行性病变的影响外，遗传易感因素、心脑血管健康状况、慢性炎症状态以及心理社会因素等均可对认知功能的衰退产生影响。

（一）老年人的语言特征

1. 唠叨 是指人们对某一现象或事物以一种或多种类似的语言反复地、不间断地、较长时间地叙述表达。老年人的唠叨，不论对象是什么，也不论引发的"导火索"是什么，几乎都要向对方反复讲述自己的"过去经历"（包括过去的成功经验，也包括挫折、教训），其原因可能有：

（1）现实信息的缺失与新整合信息难以形成：由于老年期必然有生理功能衰退，很多老年人信息接收渠道较为封闭，由此造成身边现实信息的缺失。按照信息加工的原理，过去储存在大脑中的信息编码，必须与近期储存的信息编码相整合，才能形成新信息编码，从而使新的知识、新的思想等储存起来支配自己的思维。而老年人缺少这种"整合"，一旦只有过去的信息编码，就必然"支配"思维不断地重复过去。

（2）现实情感的缺失与其他弥补途径不通畅：由于老年人的活动范围日益缩小，而其情感需求仍然存在，于是二者之间会发生矛盾，导致一部分情感需求难以得到满足。本来各种情感需求之间可以相互弥补平衡，但是很多老年人不明白如何去平衡，于是便形成"情感渴求"的状态。这种状态一旦超过临界点就会导致心理障碍。在临界点范围内，主体会"自我保护"，不自觉地寻求"解渴"途径，多数老年人会选择其自身最大的"优势"（即具备较多的人生经验），所以通过不断地回忆过去来缓解自己的现实情感渴求。

2. 语言障碍 很多学者认为老年人主要衰退的是语言表达能力，而不是语言理解能力。对于老年人来说，语言功能障碍通常反映的是思维功能的障碍。老年人常见的语言障碍有"心里清楚，就是嘴上说出来很费劲"；经常将简单的词语说错成其他的词语（如把"手机"说成"相机"）；说着说着就不知道自己说了什么；突然不愿意说话了；一些文化修养较好的老年人突然之间写出的内容词不达意等。另外，阿尔茨海默病患者尤其会表现出语言功能障碍。

（二）语言变化的应对措施

1. 丰富信息渠道与情感支持 为老年人订阅报纸、杂志，或定期向他们分享时事新闻，帮助他们获取现实信息，减少因信息缺失导致的唠叨。同时，鼓励他们参与社区活动，拓展社交圈，增加与外界的交流和互动，获取更多新鲜信息和情感支持。安排老年人与老友或家人交流过去经历，既满足其情感需求，又避免其过度唠叨。同时，鼓励他们将过去经验整理成文字或口述让他人帮助记录，如写回忆录、制作家庭相册等，这有助于他们更好地整理和保存记忆，也能将经验传递给后代。

2. 心理疏导与兴趣培养 如果老年人的唠叨行为已经严重影响到他们的生活质量和家庭关系，可以考虑寻求专业心理咨询师或心理医生的帮助，进行心理疏导和干预，帮助他们调整心态，找到更健康的应对方式。鼓励老年人培养新的兴趣爱好，如绘画、书法、音乐等，转移注意力，提高生活满意度，同时也能促进大脑的活跃度，改善认知和语言功能。

3. 语言训练与康复 在日常生活中，家人可以与老年人进行简单的语言游戏，如猜谜语、词语接龙等，增加语言交流的乐趣。同时，鼓励他们多读书、多看报，积累词汇和语言知识，提高语言理解与表达能力。有严重语言障碍的老年人应进行康复训练，如发音练习、词汇扩展、句子构造等方面的训练，逐步提高语言表达能力。家人应学习与有语言障碍老年人沟通的技巧，如放慢语速、使用简单句式、给予充足反应时间等，避免因沟通不畅使老年人产生挫败感，提高沟通效果和互动质量。

4. 辅助沟通工具的使用 为老年人配备辅助沟通工具，如沟通板、图片交换沟通系统等，帮助老年人更清晰地表达想法和需求。对于文化修养较好的老年人，可以利用电子设备的文字转语音、语音转文字等功能，辅助他们进行沟通交流。

（三）老年人的思维特征

老年人思维能力衰退主要表现为理解能力差、思维活动敏捷性差、考虑问题欠周密等几个方面，以及记忆力减退。有研究表明，若不考虑时间因素，老年人的智力与青年人的智力相差无几，因此也有观点认为老年人只是在思维敏捷性方面不如青年人。老年人思维能力的衰退主要体现在以下四个方面：

1. 理解力 即对某个事物或事情的认识、认知能力，包括整体思考的能力、洞察问题的能力、想象力和类比力、直觉力等。理解力是衡量学习效益的重要指标。

2. 归纳能力 归纳是从一定数据、资料、事实中提炼出所需的信息、结论，把具象变成抽象，透过现象看本质。归纳能力指提炼信息、概括大意、透过现象看本质的能力。

3. 判断力 决定了人们对现实的态度、采取的行为方式。

4. 抽象思维能力 是人们在认识活动中运用概念、判断、推理等思维形式，对客观现实进行间接地、概括地反映的过程。

这些能力的衰退可能影响老年人的日常生活和独立性，理解这些变化有助于我们更好地帮助老年人，通过适当的训练和环境调整来减缓老年人的认知衰退，提高他们的生活质量。

（四）思维变化的应对措施

1. 认知训练与脑力锻炼 进行一些快速反应的训练可以激发大脑神经细胞活动，如简单的数学计算、猜谜语等，提高老年人思维的敏捷性，增强思维能力。也可通过解谜游戏、逻辑推理等锻炼老年人的逻辑思维能力。例如，"如果 A 大于 B，B 大于 C，那么 A 和 C 的关系是什么？"这类问题可以促进老年人进行抽象思维和逻辑推理。

2. 身体检查和营养摄入 定期为老年人进行全面的身体检查，包括神经系统、心血管系统等方面的检查,及时发现和治疗可能影响认知功能的疾病,如脑血管疾病、阿尔茨海默病等。同时,关注老年人的饮食和营养,保证摄入足量、均衡的营养素,以维持大脑的健康运作。

3. 社交互动与情感支持 鼓励老年人积极参与社交活动,如社区组织的文化活动、老年大学的课程等,与同龄人交流思想和经验,拓宽思维视野。在社交过程中,他们可以接触到不同的观点和信息,激发思维活力。同时,家人要给予老年人足够的关心和支持,与他们保持良好的沟通。倾听他们的想法和感受,鼓励他们表达自己的观点,让他们感受到被尊重和理解。这种积极的情感互动可以增强他们的自信心,促进思维能力的发展。

4. 个性化适应与辅助工具 在日常生活中,根据老年人的思维能力状况,适当调整任务的难度和复杂性。例如,在安排家务活动时,将复杂的任务分解为简单的步骤,让他们更容易理解和执行。利用科技产品和辅助工具帮助老年人应对思维能力的衰退。例如,使用智能手机的应用程序提醒他们重要的事项和活动时间,使用电子日历记录生活安排等。这些工具可以减轻他们的记忆和思维负担,提高生活的独立性和质量。

四、老年人智力的变化及应对措施

(一) 老年人智力的变化

大脑老化后,老年人的智力也发生了改变,但并非全面衰退的。从整体来看,老年人智力衰退是事实,然而,并非所有智力都受年龄增长的影响而衰退。老年人的智力是一个完整的结构,有的方面在衰退,有的方面却保持稳定。

在信息加工和问题解决过程中,运用逻辑、推理、归纳、演绎等来解决问题的能力,称为流体智力;与语言、文字、抽象逻辑思维及知识经验等有关的认知能力,称为晶体智力。随着年龄的增长,流体智力和晶体智力的变化是不同的。一般来说,流体智力会随着年龄的增长而逐渐下降,而晶体智力在人的一生中一直在发展,只是到 25 岁以后,发展的速度逐渐平缓。这主要是因为流体智力主要与神经系统的先天结构和功能特点有关,而晶体智力取决于后天的学习,与社会文化、教育和个人的经验有密切关系。注意力、感知觉、短时记忆和运动反应能力等简单的心理功能是流体智力的基础,受先天遗传因素影响较大,受教育文化影响较少,随神经系统的成熟而提高,在青少年期达到高峰。老年期大脑的生理结构和功能发生变化,会影响流体智力的水平。晶体智力与知识、经验等关系密切,记忆力如果没有大幅度损伤,一般不会出现明显下降。

(二) 智力变化的应对措施

1. 认知训练 鼓励老年人玩拼图、数独、桥牌等益智游戏,这些活动可以锻炼逻辑思维、空间认知和问题解决能力,有助于维持和提升流体智力。老年人学习新语言、绘画、音乐、编程等技能,不仅能丰富生活,还能增强大脑的认知能力和创造力,对晶体智力的发展也有积极作用。

2. 健康的生活方式 保证营养均衡,多摄入富含不饱和脂肪酸、维生素和矿物质的食物,如鱼类、坚果、蔬菜和水果等,这些营养素对大脑健康有益,有助于延缓认知衰退。鼓励老年人进行适量的有氧运动,如散步、慢跑、游泳、打太极拳等,运动可以促进血液循环,增加大脑供血供氧,有助于维持大脑的健康状态。保证充足的睡眠时间和良好的睡眠质量,有助于大脑的休息和恢复,促进脑细胞的生长,保持大脑活力。

3. 医疗保健 老年人应定期进行全面体检,及时发现潜在的健康问题,如心脑血管疾病、糖尿病、阿尔茨海默病等,这些慢性疾病可能会影响大脑健康和智力水平,做到早发现、早诊断、早治疗。要遵循医生的建议正确使用药物,不随意更改药物剂量或停药,特别是对于一些可能影响认知功能的药物,要严格按照医嘱使用。

4. 心理调适 老年人要树立积极的老龄观,保持乐观向上的心态,相信自己的价值和能力,不要因为年龄增长而自卑或消极,积极的心态有助于维持良好的智力状态。家属和社区要关注老年人的心理健康,及时发现并帮助他们解决心理问题,如焦虑、抑郁等,必要时提供专业的心理咨询服务。

第三节 老年期情绪特征

一、老年人情绪情感的特点

由于各自的人生经历、文化背景、生活环境、个性特征和行为需求存在差异,老年人的情绪状态也会不一样。同时,由于生理上的变化、社会交往和社会角色的改变等,老年人在情绪情感方面会呈现出一些不同于其他年龄段的特点。

1. 消极情绪情感逐渐增多 老年人比较容易产生消极的情绪情感体验,常常会感到身体状态明显不如以前。由于生理功能下降,老年人容易受到疾病的困扰,而且疾病通常会持续较长时间,致使老年人长时间处于消极情绪之中。由于工作环境和角色的变化,老年人容易产生适应障碍。一些子女忙于自己的事业和家庭,没有时间陪伴老年人,老年人往往感到孤独、寂寞和空虚。此外,高龄阶段还会面临丧偶的痛苦等。这些都使得老年人容易产生消极情绪,而且影响时间较长,很多老年人一旦进入消极情绪便难以自拔。

2. 情绪体验比较深刻持久 老年人情绪体验的强度和持久性主要和老年人的神经中枢有较高的唤醒水平有关。研究表明,老年人的消极情绪并不随年龄的增长而降低,往往表现得比较持久。虽然老年人的经验比较多,对于熟悉事物的适应水平较高,但是碰到使其激动的事件,仍然能像年轻人一样爆发出强烈的情绪,而且情绪一旦被激发,就需要较长的时间才能恢复平静。

3. 情绪表达方式较为内敛含蓄 老年人对于自己的情绪表现和情感流露更倾向于控制。老年人日常生活中常常会掩饰自己的真实情感,不喜形于色。随着年龄的增长,老年人在性格方面往往有一个由外向到内向转变的倾向。因此,老年人在情绪表达方式上较为内敛含蓄,这与老年人长期的生活经验有关。当然,也有不少老年人知识经验丰富,容易看到事物的另一面(好事坏的一面和坏事好的一面),其情绪体验很少表现为纯粹的肯定或否定,而是能够客观、冷静地分析事物。

二、影响老年人情绪情感的因素

1. 随着需要的变化而发生变化 随着生理功能的下降,老年人会不可避免地出现各种健康问题或疾病。疾病的出现、人际关系的变化等都会导致老年人产生一些消极情绪。

2. 随着经济状况的变化而发生变化 当老年人的生活质量逐步提升,日子越过越好时,他们往往会对生活心怀感恩,感到满意,更容易产生积极乐观的情绪。反之,若老年人的生活不尽如人意,他们便容易陷入悲伤、痛苦之中,被消极负面的情绪所笼罩。

3. 随着居住条件和社区环境的变化而发生变化 如果老年人的居住条件和社区环境不理想,长期处于该环境中,可能会导致老年人出现焦虑、烦躁等不良情绪,甚至影响身心健康;随着居住条件的改善、社区建设的发展、生活服务的加强,老年人感受到社会和家庭对他们的关心与尊重,会产生满足感和幸福感。

4. 与家庭状况及家庭成员情况有密切关系 当子女生活顺遂、事业有成且对父母孝顺有加,家庭氛围温馨和睦时,老年人内心会涌现出强烈的满足感、快乐与幸福感。相反,若子女在生活或事业上遭遇挫折与困境,家庭关系紧张,老年人则很容易陷入消极情绪,常常会感到内疚、失望,甚至伤心与痛苦。

5. 与社会角色的变化有密切关系 退休后,由于环境和角色的改变,老年人可能一时难以适应新生活,从而产生失落、空虚、孤独、寂寞、焦虑与抑郁等心理障碍。适应过程的长短因人而异,主要与老年人的性格特征、能力、价值观等因素有关。如果老年人性格开朗外向、适应能力较强,且对退休有正确的认识,他们可能较快适应。相反,一些老年人适应过程较长,甚至可能会出现"退休综合征"。若这种不良心理状态持续时间过长且无法得到调整,有可能发展为较为严重的心理障碍。

三、老年人常见的不良情绪及对健康的影响

生理和心理的衰退、家庭婚姻的变化、社会角色的变化、经济收入的降低等常常会使老年人的情绪处于紧张状态。一般认为,适度的负面情绪反应是正常的,如果能处理得当,不会对人的生活造成影响。但是,如果负面情绪得不到合理的宣泄与调节,则会影响人的生活、身体和心理,使心理健康受损,甚至导致身体疾病。

1. 抑郁情绪 表现为情绪持续低落,兴趣减退,自我评价低,常伴随失眠、食欲缺乏、疲劳感;可能出现非典型症状,如躯体疼痛(头痛、背痛)、疑病倾向或"假性痴呆"(思维迟缓,易被误认为认知衰退)。

长期抑郁会抑制免疫系统,降低淋巴细胞活性,从而增加感染风险和癌症复发概率;抑郁使体内皮质醇水平升高,导致血管内皮损伤,增加心肌梗死风险;抑郁还与海马体萎缩相关,显著提高阿尔茨海默病的发病风险。

2. 焦虑情绪 表现为过度担忧健康、经济状况或子女问题,伴随心悸、出汗、颤抖等躯体症状,严重者可能出现广泛性焦虑(持续紧张)或急性惊恐发作(呼吸急促、濒死感)。焦虑常与抑郁同时存在,二者在症状上有某些类似之处,如睡眠障碍、食欲改变、注意力难以集中、易怒等;但二者也有明显的不同,抑郁的基本心境是情绪低落,焦虑的基本心境是害怕、不安和紧张。

长期的抑郁和焦虑会导致自主神经紊乱,交感神经过度激活可能引发高血压、心律失常。同时,情绪与疼痛感知之间存在交互作用,不良情绪会加剧慢性疼痛症状。此外,慢性焦虑还会影响消化系统,导致胃酸分泌失调,增加胃溃疡和肠易激综合征的发病率。睡眠障碍也是焦虑情绪的常见表现,入睡困难或早醒会加剧疲劳,形成"焦虑—失眠—认知下降"的恶性循环。而且过度焦虑可能导致行动迟疑,如害怕摔倒而减少活动,反而增加了跌倒的概率。

3. 孤独感 表现为社交萎缩后产生被遗弃感,常伴随无意义感、自我封闭,可能通过过度关注健康或频繁联系子女等行为掩饰孤独。

长期孤独可引发持续的心理压力,激活交感神经 - 肾上腺髓质系统,促使促炎细胞因子(如 IL-6、TNF-α)释放,加速动脉粥样硬化进程。长期孤独使大脑社交相关区域(如颞叶)活动减少,导致认知功能下降,增加痴呆的风险。

4. 愤怒与敌意 老年人因身体受限、代际矛盾等易产生挫败感,表现为易怒、敌意或攻击性行为,也可能以"被动攻击"形式表现,如沉默抗拒、拒绝配合治疗。

相关研究显示,在愤怒情绪爆发后的 2 小时内,心肌梗死风险增加 4.7 倍,脑卒中风险会增加 3 倍,已有心脑血管疾病突发史的人风险更高。慢性愤怒状态会提高肾上腺素水平,导致胰岛素抵抗,使糖尿病恶化。因此,老年人应重视情绪管理,及时调节不良情绪,以维护整体健康。

四、老年人情绪管理

让老年人学会管理自己的情绪,以健康积极的心态度过晚年生活,可以从以下几方面考虑:

(一)觉察自我情绪

老年人对于自己的情绪状态应始终保持一定程度的警觉性,及时发现不良情绪,就可以及时地想办法疏解,使自己处于良好的精神状态和生活状态,避免郁积成疾。为此,建议老年人或其家属从以下几个方面提高或帮助提高老年人对于情绪的自我觉察能力,发现不良情绪能及时加以调节。

1. 养成整理情绪的习惯 定期整理自己的情绪,在遭遇重大事件后,更要注意及时整理情绪。

2. 掌握自己的情绪活动规律 摸索出情绪低潮期和高潮期的规律,并找出有针对性的对策,增强情绪调节的预见性。

3. 对不良情绪进行归类 按情绪的强度、持续时间、影响力把不良情绪进行归类,为化解不良情绪奠定基础。

4. 学会理性分析情绪产生的原因　情绪产生后,人往往会处在非理性的状态中,但事过之后,应心平气和地分析情绪产生的原因,为以后更好地控制情绪提供依据。

（二）合理宣泄情绪

情绪是一种由客观事物与人的需要相互作用而产生的包含体验、生理反应和表情的整合性心理过程。个性的不同导致宣泄情绪的方式也不同。外向者倾向于采用直接的宣泄方式,如哭、倾诉甚至攻击性行为;内向者更倾向于间接发泄或"憋"在心里,如摔打东西、生闷气、不与人说话等。消极情绪堆积多了,时间长了,往往会产生爆发性的不良后果。另外,情绪宣泄的方式还和个体的性别、年龄、身份、受教育程度等因素密切相关。

因此,选择适当的地点、时间、场合,用恰当的方式宣泄不良情绪,缓解心理压力,才能避免不必要的"负重前行",保证"轻装上阵",这是获得健康心理的重要方面。常用的情绪宣泄方法如下:

1. 哭泣　在经历创伤性事件时,哭泣可作为释放紧张和痛苦情绪的有效手段,有助于缓解心理压力。在适当的场合放声大哭,这是一种积极有效的排除紧张、烦恼、郁闷、痛苦情绪的方法。

2. 叫喊　在私密或适宜的环境中大声叫喊,可作为一种情绪宣泄手段,用以排解负面情绪。可以利用宣泄室或者一些空旷的地方,通过大声地叫喊来宣泄不良情绪,但一定要注意选择适当的时间和场所。

3. 活动　面对消极情绪时,老年人可能会回避活动,这种回避行为可能会导致情绪进一步恶化,形成恶性循环。为了打破这一恶性循环,老年人可积极参与下棋、散步、家务劳动、唱歌、跳舞等各种有益的活动,这些活动能够促进情绪的积极转变,提供情感发泄或注意力转移的途径,增强社会参与感和自我价值感,缓解孤独和绝望。

4. 表达　情绪表达被视为一种有效的情绪调节手段,尤其适用于老年人群。个体通过书写日记的方式进行自我对话,将内心深处的不满、焦虑和愤怒等情绪毫无保留地表达出来。这一过程不仅促进了情绪的清晰化和自我理解,而且书写行为本身即是一种情绪释放,有助于减轻内心压力。也可通过社交谈心,选择一个富有同情心、理解力和公正感的倾诉对象进行深入交流。在这一过程中,个体能够自由地分享自己的感受和忧虑,并能从对方那里获得情感支持和建设性的建议,从而缓解情绪紧张,提升心理舒适感。

（三）适度控制情绪

合理宣泄情绪是缓解情绪、减轻心理冲突的短期策略。然而,为了长期情绪稳定,还需采取更深层次的控制情绪的方法。

1. 冷处理法　在潜在冲突情境中,可通过降低语调、减缓语速和避免身体前倾等行为,减少紧张气氛,控制情绪升级。此法通过培养冷静解决问题的习惯来抑制消极情绪的爆发。如发怒前,先从1数到10再开口,以加强自我克制。

2. 转移控制法　面对不可避免的痛苦,个体应主动将注意力转移到积极、有意义的活动上,以减少外界刺激的影响。这包括有意识地转移注意焦点,从消极情绪转向愉悦情绪,或改变环境以减少情绪刺激,从而促进情绪的积极转变。

3. 理智控制法　通过认知重评,即对消极情绪的潜在后果进行理性分析,来控制情绪反应。可以通过对情绪起源进行深入分析、克制冲动、寻求缓解情绪的方法或问题解决策略,来调节情绪。

第四节　老年期性格特征

一、老年人的性格特点

1. 谨慎与保守　随着年龄增长,个体通过长期生活实践积累了丰富的知识,其风险规避倾向逐渐增强。根据卡尔滕森（Carstensen）的社会情绪选择理论，老年人因感知时间有限性，更倾向于追求情感稳定而非新奇刺激，这种心理机制与其对安全性需求密切相关，所以老年人在决策过程中会表现出显著的认知保守性，偏好采用已验证的行为模式，对新事物的接受速度较慢。

2. 怀旧与依赖 埃里克森心理社会发展理论指出，老年期的核心任务是实现自我整合，通过人生回顾建构生命意义。生理功能衰退与社会角色剥离可能引发老年人出现存在性焦虑，促使其通过情感锚定维持心理连续性。具体表现为喜欢回忆过去的经历，对传统和熟悉的事物有较强的依赖性，可能对现代科技或新环境感到不适应。

3. 固执与坚持 老年人在长期的生活积累中形成了自己的价值观和行为模式，所以老年人群的认知重构成本显著高于青年群体，对改变的适应能力较弱。维持固有观念也是老年人抵御社会地位变化带来的自我效能感削弱的重要策略，具体表现为在面对新观念或新方法时，老年人可能表现出较强的固执和坚持，不愿意轻易改变自己的想法。

4. 敏感与多疑 随着身体功能的衰退和健康问题的增加，老年人对自身和周围环境的变化更加敏感，视力和听力的下降使得老年人对外界信息的感知变得不准确，容易产生误解和多疑。具体表现为容易对他人的话语或行为产生误解，对周围环境的变化感到不安，可能表现出多疑和不信任。

5. 温和与宽容 根据毕生发展观理论，老年人的情绪调节能力并非退化，而是通过长期经验积累实现优化。大五人格研究显示，宜人性维度随年龄增长呈上升趋势，反映了老年人对和谐人际关系的优先关注。部分老年人在经历了漫长的人生后，对生活的起伏和人际关系有了更深的理解，性格逐渐变得温和和宽容，对他人和自己的要求不再苛刻，能够以平和的心态面对生活中的困难和矛盾。

二、老年人的性格类型

我国著名的老年心理学家姜德珍综合国内外学者的有关研究，将老年人的性格分为以下五种类型：

1. 成熟型或健康型 这类老年人对自己的人生、事业感到满意，对生活容易知足，对家庭和社会持肯定态度，能够适应老年期的生物性和社会性变化。他们以科学的态度理解现实，积极面对生活，性格开朗，感情真挚，热爱生活，和蔼可亲。他们能积极思考，从事有意义的活动，保持社会交往，善于调节情绪，对挫折和丧失，甚至死亡，不感到苦恼与恐惧。

2. 安乐型或悠闲型 这类老年人接受现状，安于现状，能顺应角色变化，选择适合自己的休闲生活，满足于现状，对现状或未来无计划，无所追求，只求悠闲自得的生活。他们缺乏进取精神，物质上希望得到别人的帮助，精神上希望得到别人的安慰，不太关心他人。

3. 防御型或自卫型 这类老年人自我防卫性强，对自身的衰老和外来的不幸采取防卫机制来应对，用紧张的工作和不停的活动来回避老年期的丧失与空虚，无暇思考未来和死亡，对工作有责任感，有事业心，忙碌地过日子。

4. 愤怒型或攻击型 这类老年人不满现状，性格粗暴、跋扈、唯我独尊；对自己的一生感到懊恼，怨恨自己一事无成，把失败归于客观原因；不承认自己衰老，自我闭塞，对人对事均无兴趣，甚至常有对立情绪。

5. 自责型或抑郁型 这类老年人与愤怒型或攻击型的老年人相反，把隐藏在内心深处的攻击指向自己，把遭遇的不幸和失败归于自己，常自责自罪，对一切事物持悲观、沮丧、失望甚至绝望的态度。

三、老年人性格改变的原因

1. 生物学衰老 躯体各系统及器官功能的显著衰退构成老年人个性变化的物质基础。随着年龄增长，生物学层面的退行性病变（如感觉器官功能下降、神经系统的功能减退等）逐渐显现，直接影响个体的认知、情绪调节及行为模式。这种生物学基础的变化不仅是生理层面的衰退，也是心理和行为变化的重要诱因。

2. 衰老的主观体验　基于生物学衰老的客观变化,老年人主观体验到强烈的衰老感知。这种感知可能引发对未来生活积极性的下降,表现为对未来的希望感减弱以及对环境适应能力的降低。心理学研究表明,主观感知到的衰老感与个体的情绪状态和行为选择密切相关,进一步影响个体的心理适应能力。

📖 知识拓展

主观年龄

　　主观年龄是个体对自己年龄的主观认知和感受,它反映了一个人对自身在生理、心理和社会层面的综合评价。主观年龄和实际年龄之间存在一定的差异。例如,一个60岁的人可能觉得自己像40岁,而一个20岁的人可能觉得自己像30岁。

　　主观年龄受多种因素影响,包括心理状态、健康状况、生活方式和社会角色等。研究发现,主观年龄与幸福感、健康状况和寿命之间存在显著关联。主观年龄比实际年龄低的人往往身体健康状况更好,脑部功能较好,且不容易出现炎症,甚至可能增加长寿的概率。主观年龄越大的人越容易出现抑郁症状,生活幸福感较低,甚至寿命也可能较短。

　　通过改善心理状态、增强身体健康、丰富生活经历等方式,个体可以调整自己的主观年龄,让自己在心理上感到更年轻、更有活力。这种调整不仅有助于提升个体的幸福感,还可能对个体的整体生活质量产生积极影响。

---

3. 与社会生活脱离　社会的快速发展可能导致老年人在社会结构中被边缘化,以及退休导致的社会角色的转变使老年人的社会生活发生变化。随着社会适应能力的下降,老年人对他人行为和情感的敏感度减弱,表现出更强的内倾化倾向,如独来独往或深居简出。这种内倾化倾向进一步削弱了其社会活动能力,加剧了与社会的疏离感。

4. 社会文化因素　社会文化环境的快速变迁加剧了老年人的代际隔阂。部分老年人因无法适应社会发展的节奏而陷入对往事的追忆,形成代沟现象。此外,家庭结构的转变等导致老年人在家庭中的角色和地位发生变化。这种角色转变可能引发老年人出现一些负面的想法,如认为自己给他人带来负担,表现为意志消沉和心理适应障碍。

5. 濒临死亡的心理压力　死亡作为老年人不可回避的问题,对其心理状态也会产生影响。一方面,同龄人和亲友的相继离世加剧了老年人对死亡的感知;另一方面,生物学衰老和主观衰老体验使老年人对躯体变化和疾病症状高度敏感,进一步增强其对死亡的预见性。这种对死亡的恐惧可能引发存在性焦虑,即使生活条件优越,老年人仍可能表现出对生命短暂性的深刻感叹。

四、老年人性格改变的应对措施

1. 持续学习与技能提升　持续学习是延缓老年人认知功能衰退的重要策略,同时有助于丰富其精神世界。学习新知识或技能(如计算机操作、外语或艺术活动)能够激活神经可塑性,增强认知储备。鼓励老年人参与老年大学或社区教育课程,通过系统化学习提升适应能力与心理韧性。

2. 社会参与　社会参与是缓解老年人孤独感、增强归属感与自我价值感的关键途径。通过志愿服务、兴趣小组或社区活动,老年人能够建立新的社会联系,提升社会支持网络的密度。社会互动不仅能改善心理健康,还能通过增强自我效能感促进积极老龄化。

3. 维护身体健康　定期进行体育锻炼(如散步、打太极拳、游泳等)是维持老年人身体健康的基础,同时对情绪调节与延缓衰老具有显著作用。研究表明,身体活动通过促进内啡肽、5-羟色胺、多巴胺等神经递质释放可有效改善情绪状态,还能增强心肺功能,促进血液循环,提高身体的代谢水平。健康的身体是积极老龄化的基础。

4. 家庭支持与情感沟通　家庭支持对老年人心理调适具有重要作用。家庭成员应通过开放的沟通渠道关注老年人的情感需求,提供情感支持。家庭系统中的情感支持能够显著缓解老年人的孤独感与焦虑情绪,提高其生活满意度。

5. 心理健康干预 老年人的心理健康问题(如抑郁、焦虑)需通过多维度进行干预。建议老年人定期进行心理评估,必要时寻求专业心理咨询或治疗。

(李龙飞)

思考题

1. 老年期心理健康的标准有哪些?请列举并简要说明。
2. 老年期记忆变化的主要特点是什么?请结合实例解释。
3. 如何帮助老年人进行情绪管理?请提出具体策略。
4. 老年人的性格类型有哪些?请简述其特点。
5. 结合中国健康老年人标准,分析老年人应如何实现积极老龄化。

第四章

老年期生活变化及老年人心理

学习目标

1. 掌握：老年期生理变化（感知觉功能下降、记忆力下降）对心理状态的具体影响。
2. 熟悉：老年生活事件对老年人心理的影响；老年人常见的社会适应问题，以及这些心理问题的典型症状、潜在危害、影响因素、应对措施。
3. 了解：人际关系对老年人心理的影响；老年期生活变化的应对与调节方法。
4. 学会分析老年人心理问题的原因，并提出相应的应对策略。
5. 具有对老年人心理健康的敏感性和同理心，能够积极支持老年人的社会参与和心理调适。

案　例

孙某，男，62 岁，国家机关退休干部，工作时勤勤恳恳操劳了几十年，为本市发展作出了很大贡献。刚退休时，他很不习惯，每天仍早起，吃完早饭就拎着公文包往外跑，每次都是老伴提醒他已退休，他才恍然大悟，接着便颓然坐在沙发上，一言不发，情绪低落，还经常唉声叹气。孙某觉得退休后生活变得单调乏味，整日无所事事，甚至出现了失眠、食欲减退等躯体症状。

根据以上资料，请回答：

1. 孙某出现这些症状的主要原因是什么？
2. 针对孙某的情况，可以采取哪些措施帮助他缓解症状，更好地适应退休生活？

老年期通常伴随着身体器官组织的退行性病变和心理方面的相应改变，衰老现象逐渐明显。从医学、生物学的角度，60 岁或 65 岁以后为老年期，其中 80 岁以后属高龄期，90 岁以后为长寿期。老年期的生活变化是一个复杂的过程，受到个体、家庭、社会等多重因素的影响。老年人在退休后面临的社会角色转变和经济状况变化会对他们的心理健康产生显著影响。感知觉和记忆力的减退、思维能力的变化，以及慢性疾病的负担，都对老年人的心理健康构成挑战。

第一节　衰老对老年人心理的影响

衰老不仅影响老年人的身体健康，也影响着他们的心理状态。随着年龄的增长，老年人会经历生理、认知和情感的变化，这些变化可能导致老年人出现孤独感、抑郁、焦虑等心理问题，不仅影响老年人的生活质量，还可能导致一系列社会问题。

一、感知觉功能下降对老年人心理的影响

感知觉是个体心理发展过程中最早出现的心理功能，也是最早衰退的心理功能。老年人感知觉功能下降主要表现为视力、听力减退，味觉、嗅觉退化，皮肤感觉迟钝，以及对周围环境的危险因素

反应不敏感等。感知觉功能下降对老年人心理健康的影响是全方位的,涉及情绪、自我认知、社交活动、生活自理能力、认知功能以及对衰老的主观感受等多个方面。这些影响相互交织,形成了一个复杂的负面影响网络,严重影响了老年人的心理健康和生活质量。

(一)情绪方面的影响

1. 视听觉障碍引发孤独和焦虑　感知觉功能下降,尤其是视听觉障碍,对老年人的情绪能够产生显著的消极影响。视听觉障碍不仅单独对情绪产生负面影响,而且当两者同时出现时,这种影响会进一步加剧。患有视听觉障碍(视物模糊和听不清)的人,其抑郁症和慢性焦虑症的发病率显著高于常人。从日常生活的角度来看,视听觉障碍使老年人在社交和日常活动中面临诸多困难。视力减退可能导致老年人在外出时难以识别熟悉的面孔或环境,增加了他们对周围世界的陌生感和不安全感。而听力下降则使他们在与他人交流时感到吃力,难以理解对话内容,从而导致社交互动的减少。这种社交隔离进一步加剧了老年人的孤独感和焦虑情绪。

2. 味觉和嗅觉减退导致情绪低落　味觉和嗅觉的减退可以影响老年人的情绪。在抑郁症患者中,味觉减退是一个常见的症状,患者常常感到吃东西味如嚼蜡,所有食品味道都一样,甚至只是为了填饱肚子。这种味觉的减退不仅减少了老年人对食物的享受,还可能进一步影响他们的情绪状态。此外,嗅觉减退也与情绪低落有关。味觉和嗅觉的减退不仅仅是生理功能的下降,还可能与情绪低落之间存在复杂的相互作用。从生理机制的角度来看,味觉和嗅觉的感知与大脑中的情感中枢密切相关。这些感觉信号在传递过程中会经过大脑的多个区域,包括杏仁核、海马体等,这些区域与情绪调节密切相关。因此,味觉和嗅觉的减退可能通过影响这些脑区的功能,进而导致情绪低落。此外,味觉和嗅觉的丧失还可能影响老年人对生活的热情和兴趣,使他们更容易陷入消极情绪之中。

(二)自我认知方面的影响

1. 感知觉功能下降导致自我价值感降低　随着年龄的增长,老年人的感知觉功能逐渐下降,这使他们常常觉得自己"不如从前",从而导致自我价值感的降低。老年人的视力和听力下降后,他们会在日常生活中遇到诸多困难,如难以看清报纸上的文字、听不清电视节目中的对话等。这些困难让他们觉得无助,进而使部分老年人可能产生自卑感。此外,感知觉功能下降还可能使老年人在与他人的比较中处于劣势地位。当他们看到身边的人感知觉功能正常,能够轻松地完成各种活动时,他们可能会觉得自己不如他人,这种比较进一步加剧了他们的自卑感。一些人认为感知觉敏锐是年轻人的特征,而感知觉功能下降则是衰老的标志。这种观念使得老年人在感知觉功能下降后,容易觉得自己受到忽视,从而进一步降低他们的自我价值感。

2. 消极自我认知影响心理健康　当老年人觉得自己不如从前,产生自卑感和自我价值感降低时,他们更容易陷入抑郁、焦虑等消极情绪之中。这种消极情绪不仅影响老年人的心理健康,还可能进一步影响他们的身体健康。抑郁情绪可能导致老年人的免疫力下降,增加患病的风险。

消极自我认知还可能影响老年人的行为和生活方式。当他们觉得自己无助时,可能会减少社交活动,避免与他人交流,从而导致社交隔离,进一步加剧孤独感和抑郁情绪。同时,消极自我认知还可能使老年人失去生活的信心和动力,减少日常活动的参与度,这种行为的改变不仅影响了他们的生活质量,还可能进一步影响他们的心理健康。

(三)社交活动方面的影响

1. 听力下降减少社交频率　听力下降使老年人在与他人交流时面临诸多困难,这种交流障碍导致老年人在社交场合中感到尴尬和无助,进而减少社交活动的参与频率。在家庭聚会或朋友聚餐中,听力下降的老年人可能无法跟上大家的谈话节奏,逐渐失去参与讨论的兴趣,甚至选择沉默不语。随着时间的推移,他们可能会主动减少参加此类社交活动的次数,以避免因听力问题而产生的尴尬和不适。这种社交参与度的降低不仅减少了老年人与外界的互动机会,还可能导致他们与亲朋好友之间的关系逐渐疏远。

听力下降还可能使老年人在公共场合感到不安全和不自信。在乘坐公共交通工具时,他们可能无法听清报站声,担心错过下车地点;在商场购物时,可能难以听清销售人员的介绍,从而影响购物体验。这些不愉快的经历进一步削弱了老年人参与社交活动的意愿,使他们更倾向于待在熟悉的环境中,减少与外界的接触。

2. 社交隔离导致抑郁情绪 社交活动的减少和社交隔离是导致老年人抑郁情绪的重要因素之一。随着听力下降导致的社交频率降低,老年人与外界的联系逐渐减少,孤独感显著增加。这种社交隔离不仅剥夺了老年人从社交互动中获得的情感支持和心理满足,还使他们失去了与他人分享生活经验和情感的机会。老年人在社交活动中能够与他人交流自己的感受、分享生活中的喜怒哀乐,这种情感交流有助于缓解压力、增强心理韧性。然而,当社交活动减少时,他们失去了这种情感宣泄的渠道,负面情绪不断积累,最终可能导致抑郁情绪的产生。此外,社交隔离还可能使老年人失去对生活的兴趣和动力,进一步加剧抑郁情绪。

社交隔离对老年人心理健康的影响是多方面的,除了导致抑郁情绪外,还可能引发焦虑、认知功能下降等其他心理问题。长期处于社交隔离状态的老年人可能会对周围环境产生过度的担忧和恐惧,担心自己被他人忽视或排斥,从而产生焦虑情绪。同时,社交活动的减少也意味着老年人接受外界信息和刺激的机会减少,这可能对他们的认知功能产生负面影响,加速认知衰退的进程。

(四)生活自理能力方面的影响

1. 触觉、温度觉下降增加生活困难 感知觉功能下降,尤其是触觉和温度觉的下降,给老年人的生活自理带来了诸多不便。随着年龄增长,老年人的皮肤触觉敏感度降低,对物体表面的粗糙度、硬度等感知能力减弱。在日常生活中,他们可能难以准确判断物体的质地,抓握物品时容易出现抓不稳的情况,增加了物品滑落和摔碎的风险。同时,温度觉的下降也使老年人对温度变化的感知变得迟钝。他们可能无法及时察觉环境温度的变化,导致在寒冷天气中未能及时增添衣物而受凉感冒,或在炎热天气中未能及时采取降温措施而中暑。此外,在洗澡、使用热水等场景中,老年人可能因对水温感知不准确而面临烫伤或着凉的风险。这些生活中的小困难逐渐累积,使老年人在完成日常自理活动时面临更多挑战,需要他人的帮助和照顾。

2. 生活困难影响心理状态 当老年人因感知觉功能下降而频繁遇到生活困难时,他们会产生强烈的无力感和挫败感。无法独立完成穿衣、进食、洗漱等基本生活活动,会使他们觉得自己变得无能和依赖他人,这种感受严重打击了他们的自信心和自尊心。生活自理能力受限的老年人更容易出现焦虑、抑郁等负面情绪。他们可能会对自己的未来感到担忧,担心自己成为家庭和社会的负担,这种担忧进一步加剧了他们的心理压力。此外,生活自理能力的下降还可能使老年人失去对生活的控制感和自主性。他们需要依赖他人来完成日常活动,这种依赖关系可能导致他们感到自己失去了对自己生活的掌控权。这种失控感会使老年人产生无助感,从而进一步影响他们的心理健康。

(五)认知功能方面的影响

1. 感知觉功能下降加速认知衰退 视觉和听觉是老年人获取外界信息的主要途径,当这些感知觉功能下降时,信息输入的效率和质量大幅降低。视力减退的老年人在阅读书籍、观看电视或识别环境中的标识时会遇到困难,这限制了他们获取知识和文化娱乐的机会。同样,听力下降的老年人难以听清对话内容,影响理解他人言语,导致他们在交流中获取的有效信息减少。这种信息输入的减少使得大脑的认知加工活动缺乏足够的刺激,从而影响了认知功能的维持和发展。从神经生理机制的角度来看,感知觉功能与认知功能在大脑中存在密切的联系。感知觉信息的传递和处理需要经过大脑的多个区域,如大脑皮质的感觉区、联合区等,这些区域同时也是认知功能的重要基础。当感知觉功能下降时,大脑中相关的神经通路和神经元活动会受到影响,进而波及与认知功能相关的神经网络。感知觉功能下降不仅仅是认知衰退的一个伴随现象,还可能直接加速了认知衰退的进程。

感知觉功能下降还可能引发老年人的心理应激反应,进一步影响认知功能。视力和听力的减退可能导致老年人在日常生活中频繁遇到困难和挫折,这些困难会引发他们的焦虑和紧张情绪。长期的心理应激状态会释放大量的皮质醇等应激激素,导致神经元的损伤和功能障碍。因此,感知觉功能下降不仅直接减少了信息输入,还通过引发心理应激反应间接影响认知功能,加速认知衰退的进程。

2. 认知衰退与感知觉功能下降的相互作用 感知觉功能下降与认知衰退之间存在着复杂的相互作用关系。一方面,感知觉功能下降加速了认知衰退,另一方面,认知衰退也可能进一步加重感知觉功能下降,形成一个恶性循环。

认知衰退的老年人在信息处理、注意力分配和记忆能力等方面存在缺陷,这使得他们在感知觉信息的获取和加工过程中面临更大的困难。认知衰退的老年人在面对复杂的视觉场景时,可能难以准确识别和理解其中的细节和含义,他们可能需要更长的时间来集中注意力,且容易受到外界干扰,导致感知觉信息的获取不完整或不准确。此外,记忆能力的下降也会影响老年人对感知觉信息的存储和回忆,进一步削弱了感知觉功能的有效性。

二、记忆力下降对老年人心理的影响

老年人的记忆力下降,尤其是近期记忆能力下降是常见的现象。这种记忆障碍可能导致老年人在日常生活中频繁遇到挫折,如忘记重要的约会或重复询问同样的问题。研究发现,记忆力减退与老年人的抑郁情绪有显著关联,记忆力越差,抑郁情绪越严重。此外,记忆力下降还可能导致老年人产生自我怀疑和自卑感。

1. 记忆力下降容易引发老年人出现悲观心理 老年人的记忆力下降与悲观情绪之间存在显著关联。记忆力减退会导致老年人因忘记日常小事而频繁抱怨自己,这种自我抱怨的行为与悲观情绪的产生有直接关联。

2. 记忆力下降对老年人自尊心和自信心的影响 记忆力下降可能导致老年人在日常生活中遇到挫折,这种反复的失败体验可能会导致他们对自己的能力产生怀疑,从而降低自尊心和自信心。这种自尊心的下降可能会导致老年人更加消极地看待自己的生活,增加悲观情绪的产生。

3. 记忆力下降与老年人抑郁症状的关系 记忆力下降的老年人更容易出现抑郁症状,如持续的情绪低落、兴趣减退等。随着记忆力的减退,老年人可能需要依赖他人来完成日常任务,这可能会使他们感到无助和沮丧。此外,记忆力下降可能会影响老年人的工作和学习能力,进一步限制他们的社会参与和个人发展,从而影响他们的生活质量和生活满意度。

4. 记忆力下降容易导致老年人情绪不稳定 老年人的记忆力下降与情绪波动之间存在着密切的联系。记忆力下降可能导致老年人对日常事务的处理能力下降,从而增加了对自身能力的怀疑和不安全感,这些因素都可能导致情绪波动。

情绪不稳定对老年人的心理健康有着显著的负面影响。长期的焦虑和抑郁不仅会影响老年人的情绪状态,还可能导致他们的社交活动减少,进一步加剧孤独感和被社会孤立的感觉。此外,情绪不稳定还可能影响老年人的睡眠质量,导致身体健康状况下降。

5. 记忆力下降可能增加老年人的孤独感 随着记忆力的下降,老年人在社交活动中可能会遇到更多困难,这些情况会导致他们减少社交活动,从而增加孤独感。孤独感被认为是老年人心理健康的一个重要风险因素。长期的孤独感不仅与抑郁和焦虑等心理健康问题有关,还可能影响老年人的睡眠质量和身体健康。此外,孤独感还可能加剧老年人的认知衰退,影响他们的记忆力和注意力。社会支持是缓解老年人孤独感的重要资源。拥有强大社会支持网络的老年人通常能够更好地应对孤独感。然而,记忆力下降可能会影响老年人与家人和朋友的关系,从而减少他们获得社会支持的机会。研究表明,记忆力减退的老年人在社会支持量表上的得分显著低于正常老年人。这表明记忆力下降可能会削弱老年人的社会网络,减少他们的社会支持,进而增加孤独感。

6. 记忆力下降可以影响老年人的自我认知 记忆力下降可能使老年人开始怀疑自己的能力,感到自己不再像以前那样有能力和独立。这种对自身能力的怀疑可能会导致他们产生无用感或成为家庭负担的感觉。这种自我认知的负面变化可能会进一步影响他们的自尊心和幸福感。这种变化不仅影响了他们对自己能力的看法,还可能导致他们感到沮丧和无助。

记忆力下降是认知障碍的一个重要早期信号，尤其是与阿尔茨海默病等神经退行性病变有关。老年人记忆力的持续下降可能预示着更严重的认知功能损害，这种损害不仅影响记忆，还可能涉及语言、视觉空间能力、执行功能等多个认知领域。这些认知障碍的出现可能会进一步加剧老年人的心理负担，使他们在心理上更加脆弱和无助。认知障碍不仅影响老年人的记忆和思维能力，还可能导致他们出现情绪和行为问题，进一步影响他们的心理健康和社会功能。

第二节　人际关系对老年人心理的影响

人际关系是老年人心理健康的重要支持。随着退休、子女离家等生活事件的发生，老年人的社交圈可能缩小，因此容易导致孤独和社会隔离。良好的人际关系能够提供情感支持，帮助老年人应对生活中的挑战，而关系紧张则可能加剧心理压力。

一、积极的人际关系对老年人情绪状态的正面影响

积极的人际关系对老年人情绪状态的正面影响体现在多个方面，能够减少老年人的孤独感。积极的人际关系能够提供情感支持，帮助老年人更好地应对生活中的压力和挑战，从而减少抑郁和焦虑情绪的发生。研究表明，与孩子、兄弟姐妹和社交网络成员间冲突减少的老年人，其心理健康水平显著提高。积极的人际关系还能够增强老年人的自尊和自我效能感，对于维持积极的情绪状态和整体心理健康至关重要。

二、老年人的社交能力变化与情绪调节

随着年龄的增长，老年人的社交能力经历了显著的变化，这些变化在情绪调节方面表现得尤为明显。研究表明，老年人在社交互动中更倾向于避免冲突，减少情感反应。这种能力的提升有助于老年人维持积极的情绪状态，减少负面情绪的影响。这种情绪调节能力的提升，与老年人社交经验的积累和认知能力的成熟有关。老年人在长期的社交实践中学会了如何更好地管理自己的情绪，有助于他们维持心理健康，提高生活质量。

情绪调节能力对老年人心理健康的影响是多方面的。有效的情绪调节能够帮助老年人减少抑郁和焦虑的症状，有助于老年人保持良好的社会功能。老年人通过有效的情绪调节，能够更好地参与社会活动，与他人建立和维持积极的人际关系。情绪调节能力还与老年人的生活满意度和主观幸福感密切相关。能够积极调节情绪的老年人，其生活满意度和幸福感水平较高。此外，情绪调节能力的提升对老年人的认知健康也有积极的影响。

三、婚姻与友谊对老年人心理健康的支持作用

积极的人际关系，尤其是良好的婚姻关系和友谊，对老年人的心理健康具有显著的支持作用。良好的婚姻关系能够为老年人提供稳定的情感支持和实际帮助，这在应对生活中的挑战和压力时尤为重要。友谊同样提供了一种社会联系的渠道，有助于老年人获得归属感和社会认同。这些都是维持心理健康的重要因素。

四、家庭结构变化对老年人心理的影响

随着家庭结构的小型化和核心化，空巢老人在社会中愈发普遍。空巢老人指的是那些子女不在身边的老年人，他们可能会感到孤独。这种孤独感不仅影响老年人的心理健康，还可能引发一系列身体问题。

家庭结构的变化不仅影响老年人的居住模式，还可能导致他们在家庭中的角色和地位发生变化。

一些老年人在家庭中仍然扮演着重要角色,如照顾孙辈,这可能会让他们感到更有价值和满足。然而,也有一些老年人在家庭中的角色逐渐边缘化,这可能导致他们产生失落感和自卑感。

五、家庭支持对老年人心理健康的作用

家庭支持对老年人心理健康的作用是多方面的,其中对自尊和情绪的影响尤为显著。自尊是个体评价自己的价值和能力的一种感受,对老年人而言,自尊水平的高低直接影响其心理健康状态。收入水平和居住水平是影响幸福感的重要因素,而家庭支持在其中起到了中介作用,良好的家庭支持能够提升老年人的幸福感。家庭支持还对老年人的情绪状态有积极影响。在面对生活中的压力和挑战时,家庭的支持能够为老年人提供必要的情感慰藉,减少孤独感和无助感,从而降低抑郁和焦虑等负性情绪的发生。

家庭支持通过提供情感慰藉、增强社会联系和提升老年人自我价值感等方式缓解老年人的负性情绪。子女的情感支持能够使老年人感受到被关爱和重视,这种情感上的满足有助于提升老年人的心理健康水平,减少抑郁情绪的发生。此外,子女与父母的互动交流也有助于缓解老年人的负性情绪,给老年人带来更好的心理体验,有助于维持其尊严感、价值感、自我效能感,从而改善老年人的心理健康状况。

六、社会参与和人际关系网络对老年人心理健康的影响

社会参与和人际关系网络在老年人心理健康中扮演着重要的角色,并且两者之间存在显著的相互作用。

社会参与被认为是降低老年人抑郁症状的有效途径。社会参与和家庭支持之间存在着显著的交互作用,两者的结合能够更有效地降低抑郁症的发生。与没有进行社会参与的老年人相比,有社会参与行为的老年人的抑郁程度更低,心理健康水平更高。进一步的研究发现,社会参与对老年人心理健康的影响存在异质性,随着年龄的增长,老年人进行社会参与的比例逐渐降低,但是社会参与对老年人的心理健康的提升作用却逐渐增强。社会参与能够为老年人提供更多的人际交往机会,增强其社会联系,从而改善心理健康。研究表明,与家人、朋友和邻居等保持良好的人际关系可以显著提高老年人的生活满意度和主观幸福感。此外,社会参与还能增加老年人的社会资本,包括社会信任和互助网络,这些都是心理健康的重要保护因素。社会参与程度越高的老年人,其人际关系网络越广泛,心理健康水平也越高。

社会参与在人际关系网络与心理健康之间起部分中介作用,即人际关系网络在心理健康的预测作用中起积极的促进作用。有研究表明,城市退休老年人的心理健康与人际关系网络、社会参与均成正相关关系,这说明社会参与不仅直接影响老年人的心理健康,还通过改善人际关系网络间接提升老年人的心理健康水平。人际关系网络中的支持和互动为老年人提供了情感慰藉和社会认同,这些都是维持心理健康的重要因素。此外,人际关系网络还为老年人提供实际帮助和信息支持,增强他们应对生活压力的能力。进一步分析显示,人际关系网络中的负面关系,如冲突和不和,对老年人的心理健康有负面影响。与家人和朋友的冲突会增加老年人的心理压力,导致抑郁和焦虑症状。因此,改善人际关系网络的质量,减少冲突,对于提升老年人的心理健康至关重要。

七、代际互动对老年人心理健康的影响

代际互动在为老年人提供情感支持方面发挥着重要作用。代际互动主要通过家庭内部互动及社区和机构互动等方面增强老年人的情感支持。家庭是老年人获得情感支持的主要来源。祖父母与孙辈之间的互动,如共同游戏和照料,能够增强家庭成员间的情感联系。社区活动和教育培训项目为老年人与年轻人提供了交流和互助的机会,这种跨代交流有助于老年人获得更广泛的社会支持。通过参与社区活动,老年人能够感受到社会的关怀和尊重,从而提升其情感支持和心理健康水平。

代际互动不仅在情感支持方面发挥作用,还在维护老年人认知功能方面具有积极影响。代际互动有助于老年人保持大脑的活跃性和灵活性。老年人与年轻人一起学习新科技、玩益智游戏等能够刺激大脑的不同区域,增强神经连接。代际互动使老年人能够不断接触新的观念和信息,提高应对复杂情境的能力。这种认知储备的增强有助于老年人适应社会变化和科技进步,从而维持较高水平的心理健康。

第三节　老年期生活事件对老年人心理的影响

老年期生活事件对老年人心理的影响是复杂和多维的,需要综合考虑生理、心理和社会因素。退休、丧偶等生活事件对老年人的心理具有重大影响。这些事件可能带来经济、社会角色和日常活动的变化,需要老年人进行心理调适。适应这些变化的能力直接影响老年人的心理健康和生活满意度。应对这些影响的策略应包括提供情感支持、增强社会参与、保持健康的生活方式和积极的应对机制。家庭成员、社会服务和医疗保健提供者应共同努力,为老年人提供必要的支持和资源,以帮助他们应对这些挑战,保持良好的心理健康状态。

一、退休对老年人心理的影响

1. 退休的心理预期对心理的影响　退休是老年人生活中的一个重要转折点,其对老年人心理的影响早在退休前就已开始显现。许多老年人在临近退休时会经历复杂的心理预期,这些预期既包括对退休生活的美好憧憬,也包括对未来的不确定和担忧。部分老年人对退休生活充满期待,他们将退休视为一种解脱,认为退休可以摆脱工作的压力和束缚,有更多的时间去做自己喜欢的事情,如旅游、读书、学习新技能等。然而,也有不少老年人对退休生活感到焦虑和不安。他们担心退休后会失去经济收入和社会地位,甚至会失去与社会的联系。这种担忧在一些工作繁忙、社会地位较高的老年人中更为明显。

老年人对退休的心理预期还受到个人性格、职业特点、家庭状况等多种因素的影响。性格开朗、兴趣广泛的老年人往往对退休生活持更积极的态度;而性格内向、生活单一的老年人则更容易产生消极情绪。此外,从事高技能、高责任感工作的老年人在退休前可能会更难调整心态,因为他们对自身职业角色的认同感更强。

2. 退休后日常生活节奏改变对心理的影响　退休后,老年人突然拥有了大量空闲时间,这使得他们需要重新学习时间管理。然而,许多老年人在退休初期难以适应这种变化,导致时间管理不当,进而产生空虚感。在工作期间,老年人的时间被工作安排得满满当当,每天都有明确的任务和目标。退休后,他们失去了这种明确的时间安排,需要自己规划每天的活动。然而,由于缺乏经验和目标,许多老年人在退休后发现自己不知道如何安排时间。由于时间管理不当,许多老年人在退休后会感到空虚和无聊。他们可能会发现自己整天无所事事,不知道该做什么。这种空虚感会进一步加剧他们的心理压力和情绪问题。空虚感越强,老年人的焦虑、抑郁等负面情绪也越明显。

退休后,老年人的日常活动安排也发生了显著变化。他们需要适应从工作状态到闲暇状态的转变,这对他们的心理和行为模式都产生了影响。在工作期间,老年人的日常活动主要围绕工作展开,如参加会议、处理文件、与同事交流等。退休后,这些活动逐渐减少,他们需要重新安排自己的日常活动。一些老年人可能会选择参加兴趣班,进行健身活动或与朋友聚会等。然而,许多老年人在适应新的活动安排过程中会遇到各种困难。他们可能会发现自己难以找到适合自己的活动,或者对新的活动缺乏兴趣。在适应新的日常活动安排过程中,老年人可能会面临心理压力。他们可能会担心自己无法适应新的生活节奏,或者担心自己在新的活动中表现不佳。这种心理压力会进一步影响他们的心理健康。

3. 退休后的社会角色转变对心理的影响 社会角色的转变是老年人在晚年生活中不可避免的经历，这一过程对他们的心理状态会产生较大的影响。在心理学中，社会角色是指不同性别、年龄、身份和社会地位的人所应遵循的一整套为大众所期望的社会行为模式。它反映了个体在社会生活以及各种人际关系中所处的位置。每个不同的角色都按照其特定的地位和所处的情境，遵循社会对角色的期望而行事。从某种意义上说，老年人的社会适应问题本质上就是社会角色适应问题。在人的社会角色中，最主要和最常见的角色包括家庭角色、性别角色、年龄角色和职业角色等。老年人在退休后，将面临社会角色的巨大转变。如果不能适应这些角色的变化，及时采取措施进行自我调适，老年人的生活质量将受到显著影响。

（1）从职业角色变为闲暇角色：老年人在退休后，最显著的角色变化是从职业角色转变为闲暇角色。在城市中，绝大部分老年人在退休后即进入闲暇角色，虽然有少数老年人仍在谋职或返聘，但其职业角色只是他们生活中极其微弱的部分，主要表现仍为闲暇角色。而在农村，由于经济条件和劳动习惯的限制，老年人往往处于职业角色和闲暇角色的双重角色中，但最终仍要进入完全的闲暇角色。这种角色转变对老年人的心理产生了多方面的影响。职业角色的丧失不仅意味着失去了工作中的成就感，还意味着失去了与同事的日常互动和社交支持。这种突然的空闲时间可能会让老年人感到无所适从，产生孤独感和失落感。许多老年人在退休后会经历一段心理调整期，他们需要重新寻找生活的意义和价值，适应从忙碌的工作状态到相对悠闲的生活状态的转变。老年人如果不能顺利适应这种转变，可能会出现情绪低落、焦虑甚至抑郁等心理问题。

（2）从主体角色变为依赖角色：退休前，老年人通常是家庭的主体角色，承担着家庭的重要责任和决策权。然而，退休后，他们逐渐从主体角色演变为依赖角色。随着年龄的增长，这种依赖程度会越来越高。这种角色转变对老年人的心理影响尤为显著。从主体角色到依赖角色的转变，意味着老年人需要逐渐放弃长期以来的主导地位，接受自己在家庭中角色的变化。这种变化可能会引发老年人的自我怀疑和不安全感，他们可能会担心自己成为家庭的负担，从而产生心理压力。此外，依赖角色的增强还可能导致老年人在家庭决策中的话语权减弱，进一步影响他们的心理状态。如果家庭成员不能给予足够的理解和支持，老年人可能会感到被边缘化，进而产生孤独和无助感。

（3）从配偶角色变为单身角色：步入老年期，失去配偶的可能性日益增大。一旦配偶丧失，剩下的一方即进入单身角色。配偶的丧失对老年人的心理影响是巨大的。配偶不仅是生活中的伴侣，更是情感上的重要支持。失去配偶后，老年人不仅需要面对孤独和寂寞，还需要重新调整自己的生活方式和心理状态。这种角色转变可能会导致老年人出现强烈的失落感和无助感，甚至可能引发抑郁等心理问题。此外，单身角色的适应还需要老年人重新建立社交网络，寻找新的情感寄托，这对许多老年人来说是一个巨大的挑战。

二、生病住院对老年人心理的影响

生病住院对老年人而言，不仅意味着身体上的痛苦，更伴随着心理上的重大挑战。老年人在住院期间可能会经历焦虑、恐惧、孤独和抑郁等负性情绪。这些情绪不仅影响老年人的心理健康，还可能影响其生理恢复过程。在住院期间，老年人可能会表现出对病情的过度关注、对治疗的不信任以及对生活的悲观态度。这些行为表现可能导致他们不配合治疗，影响治疗效果和康复进程。此外，老年人可能会因为长时间的卧床休息而导致身体功能下降，进一步加剧了他们的焦虑和无助感。

三、丧偶对老年人心理的影响

丧偶对老年人来说不仅意味着失去了长期的生活伴侣，也意味着失去了情感上的重要支持。丧偶老年人的心理健康水平有所下降，特别是农村地区的老年人，丧偶的影响更为显著。

丧偶对老年人来说是极大的心理打击，可能导致悲伤、孤独等负面情绪。丧偶后，老年人可能会出现多种行为表现，如失眠、食欲下降、社交活动减少等。这些行为表现不仅影响了老年人的生活质量,还可能加剧他们的健康问题。这些生理变化可能会导致老年人的免疫力下降,增加患病的风险。丧偶效应(widowhood effect)表明,在伴侣去世后的三个月内,老年人的死亡风险会增加近一倍。

四、与子女关系的变化对老年人心理的影响

随着家庭结构的变化,越来越多的老年人面临着独居或与子女分开居住的情况。这种居住安排的变化对老年人的心理健康产生了显著影响。独居或与子女分开居住的老年人可能会表现出对日常生活的不满和缺乏兴趣。他们可能减少社交活动,更多时间独自在家,这可能导致他们的社交技能和社交网络逐渐退化。此外,由于缺乏子女的日常照料和支持,这些老年人可能在生活自理方面遇到困难,如饮食、做家务和健康管理等。独居或与子女分开居住可能加剧老年人的孤独感和抑郁症状。

五、经济收入变化对老年人心理的影响

退休金作为老年人退休后的主要经济来源,对维持其经济安全感至关重要。经济收入变化对老年人心理影响显著。收入下降使老年人面临经济压力,产生焦虑、自卑等消极情绪,影响自我认知,可能会减少社交活动,进而加剧孤独感和抑郁情绪,还可能加速认知衰退,增加对衰老的消极感受。而收入增加则会给老年人带来积极影响,能提升生活满意度和幸福感,增强自我价值感,促进社交参与,缓解老年人对衰老的消极感受。

第四节 老年期社会适应问题及心理特征

社会适应良好是世界卫生组织关于心理健康的标准之一。研究表明,适量的刺激对于个体的生存和发展是有益的,但过多、过强、过久的心理压力或刺激可影响人的身心健康,导致心因性精神障碍、心身疾病、神经症以及诱发或加剧躯体疾病。人到老年进入衰退期,不良的刺激更容易带给老年人一系列社会适应方面的困扰,如何提高老年人的社会适应能力也越来越受到社会各界的重视。

一、老年人社会适应与心理健康

社会适应是个体在与社会环境相互作用的过程中,努力追求与社会环境保持和谐平衡关系的一种动态过程,同时也是一种体现这种平衡关系所呈现的状态。社会适应涵盖了心理机制、心理结构和心理功能三个关键方面。对于老年人而言,他们自身与社会环境的协调程度,往往通过其内部生理与心理的和谐程度来判断。适应性障碍是一种心理障碍,主要发生在易感个体遭遇日常生活中的不良刺激时,由于其适应能力不足,进而引发生理、心理等方面的严重不良反应。这种障碍以情绪障碍为主要表现,同时常伴有行为或生理功能的紊乱,严重影响个体的社会适应能力,导致学习、工作、生活以及人际交往等方面受到一定程度的损害。在老年人群中,适应性障碍较为常见,通常是由环境的改变、职务的改变或生活中某些不愉快的事件,再加上患者本身存在的不良个性等因素共同作用而引发的一系列心身反应或功能减退。

与其他年龄段相比,老年期面临着诸多独特的挑战,如社会角色的变化、人际交往的变化以及生理功能的衰退等。与此同时,现代社会飞速发展,人们生活环境和生活方式不断更新,这些都对老年人的适应能力提出了更高的要求。老年人需要在心理和行为上作出更多的调整,以实现与环境的和谐共处。从具体内容来看,老年人的社会适应主要涵盖以下四个方面。首先是基本生活适应,面对生理变化和健康状况下降带来的日常生活问题,老年人需要保持良好的生命状态,以应对生活中的各种挑战。其次是人际关系适应,面对社会角色和人际交往圈层变化所产生的特殊交往问题,老年人应能够与他人保持沟通和交流,并主动建立和维持良性的人际关系,以丰富自己的社交生活。再

次是精神文化适应，老年人需要能够应对社会整体环境的改变，顺应思想、观念以及各种文化现象的新旧更替，保持对社会发展的关注和理解。最后是个人发展适应，除了满足基本的生理需求外，老年人还应在现实社会生活中发挥自身潜能、提升自我价值，实现个人的全面发展。

二、老年人社会适应的影响因素

老年人社会适应问题的原因可以归结为物质性因素和非物质性因素两大类。物质性因素主要涉及经济问题所引发的贫困，以及居住条件、照料条件、身体自理状况、饮食起居等方面的困难；非物质性因素则涵盖家庭关系、人际关系、性格特点、家庭变故、婚姻质量、自我接纳等方面的问题。不同的原因对老年人社会适应的影响方式和程度各不相同，相应的照护策略也应有所区别。

1. 经济条件 经济基础和物质生活状况对老年人的社会适应水平有着直接且重要的影响，同时也决定了其精神生活的层次。经济条件优越的老年人，往往能够对生活拥有较高的自主支配权，他们通常更加乐观、自信，也更愿意主动接纳与自己观点相冲突的新事物或新观念。相比之下，经济条件较差的老年人，更容易感受到生活的诸多不如意，精神倦怠的情况也较为常见，对新事物的接受往往较为被动。

2. 健康水平 健康水平是影响老年人社会适应的先决条件。随着年龄的增长，老年人不可避免地会出现生理功能衰退、慢性疾病侵扰以及日常生活能力下降等情况。然而，在相同年龄段的老年人中，身体健康状况的个体差异仍然较大。相对而言，健康状况良好的老年人，往往能够更加轻松地适应社会环境的变化，而健康出现严重问题的老年人，与社会环境的协调程度则相对较差，他们在面对生活中的各种挑战时，往往会面临更多的困难和压力。

3. 家庭状况 子女的生活和工作状况同样是影响老年人社会适应的关键因素之一。当子女的工作和生活状况良好时，老年人通常没有后顾之忧，心情放松，情绪也更加积极乐观，从而更容易适应社会环境。相反，如果子女的事业和生活状况不如意，老年人就会承受较大的压力，消极情感也会相应增多，这无疑会对其适应社会环境产生负面影响。此外，家庭是否和睦、与家人的情感是否融洽，也对老年人的心理健康有着至关重要的影响。一个充满关心和照顾的家庭，即便没有丰厚的物质条件，也能让老年人感到比较满意，从而在心理上能更好地适应社会环境。

4. 主观感受 老年人对自己生活状态的自我评价和满意程度，即主观幸福感，是其社会适应不可或缺的重要因素。老年人通常会依据自己设定的标准，对整体生活质量进行评价。那些积极交往、身心平衡的老年人，往往对整体生活的满意程度较高。在现实生活中，我们常常发现，经济条件一般的老年人，有时反而比经济条件好的老年人更为自得其乐。这主要是因为这类老年人的幸福感较强，在生活中体验到的积极情感较多，正所谓"知足常乐"。相反，如果老年人在生活中体验到较多的负面情感，就会降低对生活质量的主观评价，进而影响其生活满意度，使其在社会适应过程中面临更多的困难和挑战。

三、老年人常见的社会适应问题

（一）退休综合征

1. 主要表现 退休综合征是指老年人由于退休后不能适应新的社会角色、生活环境和生活方式的变化而出现的焦虑、抑郁、悲哀、恐惧等消极情绪，或者因此产生偏离常态的行为的一种适应性的心理障碍，这种心理障碍往往还会引发其他生理疾病，影响身体健康，主要表现为焦虑、抑郁和躯体不适。

焦虑主要表现为心烦意乱、坐卧不安，行为重复，小动作多，无法自控；犹豫不决，不知所措；偶尔出现强迫性定向行走，注意力不集中；容易急躁和发脾气，性格变化明显；对任何事都不满或不快，做事缺乏耐心；敏感、多疑，当听到他人议论工作时，常觉烦躁不安，猜疑是否有意刺激自己。平素颇有修养的老年人，也会一反常态不能客观地评价外界事物；严重者会出现高度紧张、恐惧感，伴失眠、多梦、心悸、出汗、阵发性全身燥热等症状。抑郁主要表现为情绪低落、沮丧、郁闷、意志消沉、萎靡不振；有强烈的孤独感、失落感和衰老无用感，对未来生活失去信心，感到悲观失望；行为退缩，兴趣减退，不愿主动和人交往；懒于做事，严重时个人生活不能自理。躯体不适主要表现为头晕、头痛、失眠、胸闷或胸痛、腹痛、乏力、全身不适等症状。

2. 影响因素

（1）退休前缺乏足够的心理准备：进入老年期，人体各器官处于衰老、退化阶段。如果对退休这一重大生活事件缺乏足够的心理准备，就会产生强烈的情绪波动。这种情绪波动很容易破坏人体稳定的内环境，导致内分泌功能紊乱、中枢神经功能失调，进而影响身体健康。

（2）退休前后生活境遇反差过大：工作时紧张忙碌，退休后突然变得无所事事，同时伴随着经济水平下降、社交活动减少、生活变得单调。这种工作、生活、环境的突然改变，会使老年人产生短暂的情绪反应，如果老年人不能适应现实生活，顺应角色转变，完成自我调适，就可能出现一些偏离常态的心理和行为，甚至由此引发其他疾病。

（3）性格缺陷或适应能力差：由于个性上的原因，有些老年人难以适应退休所带来的生活变化，容易出现心理失调。

（4）社会支持系统缺乏：我国传统的家族观念和家庭结构具有良好的社会支持作用，有利于促进身心健康。家庭成员、经常往来的亲戚朋友、有着良好关系的团体成员以及各种社会关系网，都能为老年人提供必要的社会支持。反之，如果缺乏这些社会支持，老年人就会因缺少精神寄托而出现心理失衡，甚至引发退休综合征。

（5）价值感丧失：有些老年人离开原来的工作岗位后会突然感到失去了人生价值，这种巨大的心理落差会让他们产生强烈的无价值感，如果不能及时调整，长期处于这种状态，也会导致心理失调。

（二）高楼住宅综合征

高楼住宅综合征是指长期居住在城市高层闭合式住宅中的老年人，由于很少与外界交往、缺乏户外活动，从而引发的一系列生理和心理异常反应。这一综合征多见于高龄老年人，尤其是那些因身体不便而深居简出的老年人。它不仅影响老年人的身体健康，还可能导致严重的心理问题，甚至引发家庭矛盾。

长期居住在高楼住宅中的老年人，若因各种原因活动量减少，则身体功能会逐渐下降。他们往往难以适应气候的变化，表现为体质虚弱、面色苍白、四肢乏力等。此外，他们还可能出现躯体化症状，如睡眠障碍、心慌气短、头痛、食欲减退、消化不良等。这些生理问题不仅降低了老年人的生活质量，还可能进一步引发肥胖症、骨质疏松症、糖尿病、高血压及冠心病等慢性疾病。心理方面，高楼住宅综合征的表现更为显著。由于缺乏社交活动和外界刺激，老年人常感无所事事，他们的情绪变得不稳定，容易烦躁不安、消沉抑郁。一些老年人还可能出现悲观、孤僻、不愿与人交谈、难以与人相处等表现。社会交往的减少也是高楼住宅综合征的重要表现之一。患高楼住宅综合征的老年人，不愿与邻里往来，户外活动减少，人际交往变得愈发稀少，这种孤立状态不仅影响老年人的心理健康，还可能导致家庭关系紧张，进一步加剧他们的心理负担。

（三）空巢综合征

近年来，随着人口老龄化进程的加快和家庭功能的弱化，空巢家庭的数量不断增加，空巢问题也日益受到社会的关注。由于年龄增长和身边缺少子女的照顾，空巢老人在心理和生理上都面临着诸多挑战，逐渐成为社区卫生服务中需要重点关注的群体。

空巢老人比一般老年人更容易产生孤独和寂寞感，具体表现为精神空虚、无所事事、情绪不稳、消沉抑郁、烦躁不安、孤独悲观、社会交往少等。这些心理问题不仅影响老年人的生活质量，还可能导致各种躯体症状或疾病，甚至诱发老年期痴呆、老年期抑郁症等精神或心理疾病。由于缺乏子女的照顾和陪伴，空巢老人的日常生活和健康管理面临诸多困难。他们可能因为孤独而忽视自身的健康问题，导致慢性疾病得不到及时治疗，进一步影响身体健康。此外，长期的孤独和心理压力还可能引发或加重一些生理疾病。社会支持系统的缺乏是空巢综合征的重要诱因之一。尽管我国传统的家族观念和家庭结构具有良好的社会支持作用，但随着家庭规模的小型化和子女外出工作，这种支持作用逐渐减弱。家庭成员、经常往来的亲戚朋友、有着良好关系的团体成员以及各种社会关系网，都能为老年人提供必要的精神支持。反之，如果缺乏这些社会支持，老年人就会因缺少精神寄托而出现心理失衡，进而引发空巢综合征。

四、老年人社会适应的应对措施

老年人的社会适应是一个动态的过程，受到个人与环境的共同影响。当环境发生变化时，老年人可能会出现情绪失调与行为变化，如失眠、焦虑、抑郁、逃避现实、回避社交等。为了帮助老年人更好地适应社会变化，不仅老年人自身需要不断调整，社会及家庭也应积极创造条件，从物质支持、照料服务、精神关怀等多方面入手，为老年人提供全方位的支持和帮助。

（一）健全制度保障

1. 完善养老保障制度框架设计　构建相对完备的老年人社会保障和社会福利体系，从而增强老年人的安全感。通过科学合理的制度设计，确保老年人在经济、医疗、养老等方面的基本需求得到稳定保障，为他们的晚年生活筑牢根基。

2. 出台优惠政策　鼓励社会团体、企业单位和个人积极参与养老事业，动员全社会关心、支持、参与养老服务。加强老年疾病预防、保健、心理干预和应急帮助等工作，加大对特殊困难老年家庭的扶助力度。通过优惠政策的引导，激发社会各方力量的积极性，形成全社会共同助力养老的良好局面，为老年人提供更全面、更贴心的服务。

3. 壮大志愿者服务队伍　积极组织并扩大志愿者服务队伍，推动志愿者服务常态化、制度化。同时，加强养老服务人员的培训，促进服务队伍专业化、职业化，改革养老模式，完善养老照护体系，为老年人适应社会提供坚实的政策支持和物质保障。通过志愿者服务和专业养老服务的有机结合，为老年人提供多样化的帮助和支持，提升他们的生活质量和幸福感。

（二）完善社会服务体系

1. 建立满足老年人需求的服务体系　根据老年人的特点和特殊需求，建立健全物质帮助和社会服务体系，为老年人提供方便、舒适的养老环境。通过精准识别老年人的需求，提供个性化的服务，让他们在物质和精神上都能得到充分的满足，从而更好地适应社会环境。

2. 完善社区养老和居家养老模式　进一步完善社区养老和居家养老模式，使老年人在应对各种社会问题时，能够得到充分的社会服务支持和辅助，从而更好地适应社会环境。社区养老和居家养老模式的完善，不仅能够为老年人提供便捷的生活照料，还能让他们在熟悉的环境中保持社交活动，增强他们的归属感和幸福感。

（三）加强家庭精神慰藉

1. 发挥家庭的重要作用　居家养老历史悠久，家庭不仅能够保障老年人的物质生活，对老年人的精神生活也具有不可替代的作用。尽管一些养老机构正在兴起，但家庭在今后长时期内仍将是老年人生活的主要场所和精神的重要寄托。家庭作为老年人最坚实的后盾，应充分发挥其在老年人生活中的重要作用，为老年人提供全方位的支持。

2. 提供全方位的精神支持　家庭成员应给予老年人全方位的悉心照顾和情感关爱，帮助他们消除在社会适应过程中的心理和情感压力，获得精神上的满足。家庭成员的理解、关心和支持是老年人在面对生活挑战时最强大的力量。家庭的温暖和关怀能让老年人感受到家的温度，增强他们的心理韧性，更好地应对社会变化。

（四）提高老年人自我应对能力

1. 善于规划生活　老年人应善于规划自己的生活，对身体突发不适作好心理准备。老年人可以事先与子女、亲友、邻居、社区工作者、单位同事等沟通，以便在紧急情况下能够及时获得帮助。合理的生活规划和应急准备可以让老年人在面对生活中的各种突发情况时能够更加从容,减少焦虑和不安。

2. 增强心理自立 克服孤独感的有效途径是寻找精神寄托,增添新的生活内容,提升生命的意义。例如,及时调整心态,顺应现实。心情不好时,可以向儿女或朋友倾诉,使不良情绪尽快得到疏解;保持合理的期望,做到知足常乐;夫妻间互相体谅、互相扶持;不过分依赖或干预子女。通过这些方法,帮助老年人增强心理自立能力,更好地应对生活中的各种挑战。

3. 扩大社交,发挥余热 鼓励老年人通过社交活动和学习新知识来保持积极的生活态度,增强他们的社会参与感和成就感,从而更好地适应社会环境,享受充实的晚年生活。

第五节 老年期生活变化的应对与调节

老年期的生活变化需要综合性的应对与调节策略。通过实施均衡的饮食、适量的运动、充足的睡眠、定期的体检、安全的居家环境改造、积极的心理调适、社会参与、终身学习以及兴趣培养等措施,老年人可以有效地应对生活的变化,提高生活质量,增强社会参与感和自我价值感。这些策略不仅有助于老年人保持身心健康,还能促进他们的社会融合和代际交流,从而实现积极老龄化的目标。

一、生理变化的应对与调节

1. 均衡饮食 均衡饮食对老年人来说至关重要,它不仅能够提供必需的营养成分,还有助于预防和管理慢性疾病。根据《中国居民膳食指南(2022)》,老年人应保证每日摄入充足的蔬菜、水果和全谷物。建议老年人每日摄入蔬菜 300～500g,水果 200～350g,全谷物和杂豆 50～150g。这些食物富含膳食纤维、维生素和矿物质,有助于维持老年人的身体健康和免疫功能。

此外,老年人应减少高盐、高糖和高脂肪食物的摄入,以降低慢性疾病如心血管疾病和糖尿病的风险。世界卫生组织(WHO)建议成人每日盐摄入量不超过 5g,添加糖摄入量不超过总能量的 10%。遵循这些建议,老年人可以更好地控制血压和血糖,减少慢性疾病的发生风险。

2. 规律运动 规律的运动对于老年人来说,不仅能增强心肺功能和肌肉力量,还能提高认知功能和心理健康。老年人应选择适合自己身体状况的运动方式,如步行、游泳、瑜伽和力量训练,并注意运动的时间、强度等,以避免运动损伤。老年人应根据自己的体能和健康状况,制订合理的运动计划。

3. 充足睡眠 充足的睡眠对老年人的身心健康至关重要。老年人应保持规律的睡眠时间表,并创造一个安静、舒适的睡眠环境,以提高睡眠质量。若面临失眠等睡眠问题,老年人应寻求专业建议或进行相关治疗。

4. 定期体检 定期体检对于老年人来说是一个重要的健康管理措施。它有助于及时发现和处理潜在的健康问题,尤其是对于已确诊的慢性疾病,如高血压、糖尿病等,定期体检可以使慢性病患者的生存质量显著提高。老年人应根据医生的建议,定期进行血压、血糖、血脂等相关指标的检查,并严格按照医嘱进行疾病管理。

5. 居家安全 居家安全是老年人生活中不可忽视的一环。通过对居住环境进行适当的改造,如安装扶手、调整地面防滑程度等,可以减少摔倒等意外发生的风险。选择舒适的家具和装饰品,提高生活质量,有助于老年人保持独立生活的能力。

二、心理变化的应对与调节

1. 保持积极的生活态度 积极的生活态度对老年人的心理健康有着显著的正面影响。积极的生活态度不仅能帮助老年人更好地应对生活中的挑战,还能提升他们的生活质量。

2. 社交活动 社交活动是老年人心理健康的重要支持。鼓励老年人参与社区活动和兴趣小组，对于提升他们的心理健康水平至关重要。

3. 心理支持 心理支持对于缓解老年人的心理压力和焦虑情绪至关重要。认知行为疗法等心理疗法已被证明对缓解老年人的焦虑和抑郁症状有效。为老年人提供易于获取的心理支持服务，对于改善他们的心理健康具有重要意义。

三、社会变化的应对与调节

1. 适应角色转变 随着年龄的增长，老年人会经历从职业角色到退休角色的转变，这一转变对个体的心理健康和社会功能会产生重要影响。为了帮助老年人适应角色转变，减少心理问题的发生，家庭、社会和相关机构应给予他们更多的关注和支持。家庭成员可以多与老年人沟通交流，关心他们的心理需求；社区可以组织各种适合老年人的活动，为他们提供社交平台；相关机构可以开展心理健康教育和咨询服务，帮助老年人调整心态。这些措施可以帮助老年人积极规划退休生活，发现新的生活目标和价值。

2. 保持经济独立 经济独立对老年人的自尊和自主性至关重要。为了保持经济独立，老年人需要合理进行财务规划，包括制订预算、节省开支和投资。

3. 传承经验 老年人通过传承经验可以继续为家庭和社会作出贡献，这不仅增强了他们的社会参与感，还有助于代际之间的理解和尊重。家庭可以通过组织家庭聚会、共同参与一些项目，为老年人提供传承经验的机会。同时，学校和社区也可以邀请老年人作为讲师，分享他们的专业知识和生活技能。

四、学习能力的保持与提升

1. 建立终身学习的理念 终身学习对老年人来说是一种积极的生活方式，它有助于保持认知活力和提高生活质量。终身学习不仅能够促进大脑健康，预防认知衰退，还能够增强老年人的社会参与感和自我实现感。研究表明，终身学习可以降低老年期痴呆的发病率，提高老年人的认知功能。

2. 提供多样化的学习方式 为了满足不同老年人的学习需求和偏好，提供多样化的学习方式是必要的。在线学习平台的兴起为老年人提供了便捷的学习途径，老年大学和社区教育课程也是老年人学习的重要途径。老年人可以根据自己的兴趣和节奏选择合适的学习内容和方法。

3. 设定学习目标 设定明确的学习目标对老年人来说至关重要，它有助于老年人保持学习的动力和方向。学习目标的设定应基于个人的兴趣和生活需求，同时要考虑目标的可实现性。通过将大目标分解为小目标，老年人可以更容易地跟踪学习进度，并在实现每个小目标时获得满足感和鼓励。这种逐步实现目标的过程不仅有助于提高学习效率，还能够增强老年人的自信心和自我效能感。

五、继续社会化与社会融入

1. 积极参与社会活动 积极参与社会活动对于老年人来说是维持社会联系和提升生活质量的重要途径。社会活动不仅能够帮助老年人增强社会归属感，还能提供结交新朋友的机会，扩大社交圈子。鼓励老年人参与志愿者服务、文化娱乐等活动，对于他们的心理健康具有积极影响。

2. 关注社会热点 老年人通过关注社会热点和时事新闻，可以保持与社会的联系和认知活力。参与社会讨论和表达观点也有助于老年人掌握话语权、获得参与感。老年人应通过阅读报纸、观看新闻节目或参与在线讨论等方式，保持对社会热点的关注并参与讨论。

3. 利用社会资源 充分利用社会资源对于老年人的生活质量和心理健康有着重要影响。此外，了解并享受政府和社会组织为老年人提供的各种服务和福利，如医疗保健、养老服务等，可以帮助老年人提高生活满意度和幸福感。因此，老年人应当积极了解和利用各类社会资源，以提高自身的生活质量和心理健康水平。

六、兴趣培养与娱乐休闲

1. 发掘和培养新兴趣 兴趣培养是老年人生活质量提升的重要方面。根据中国老年教育协会的调查,超过 60% 的老年人表示有兴趣尝试新的爱好和兴趣。这些新兴趣不仅包括传统的绘画、书法、园艺、烹饪等,也包括现代的摄影、计算机操作、外语学习等。一项针对老年人新兴趣培养的研究显示,参与新兴趣活动的老年人在社交、认知和情感方面都有显著提升。通过参加兴趣小组或俱乐部,老年人可以与志同道合的人一起学习和交流,这种社交互动有助于提高他们的生活质量和心理健康。

2. 保持原有的兴趣爱好 对于已经形成的兴趣爱好,如阅读、听音乐、旅行等,老年人应继续保持并深入发展。通过参加相关的培训课程或活动,老年人可以提升自己的技能水平,同时也能获得更多的社交机会和成就感。此外,保持原有的兴趣爱好还有助于老年人维持自我认同,这对于他们的心理健康至关重要。

3. 合理安排休闲时间 合理安排休闲时间对于老年人的身心健康非常重要。老年人可以根据自己的身体状况和兴趣爱好,选择散步、打太极拳、做瑜伽等轻松愉悦的活动来放松身心。此外,合理安排休闲时间还意味着老年人需要平衡好休息和活动,避免过度劳累或过度闲散,这对于维持他们的身心健康和生活质量至关重要。

（徐 佳）

思考题

1. 感知觉功能下降对老年人心理状态的影响有哪些?
2. 社会角色转变和家庭结构变化对老年人心理的影响有哪些?

第五章
老年期的家庭生活及心理特征

学习目标

1. 掌握：老年期常见家庭类型的分类依据与特点、再婚老年人的心理特点。
2. 熟悉：老年人婚姻家庭稳定性的影响因素。
3. 了解：空巢老人的心理变化。
4. 学会分析老年期家庭关系，运用正确方法维护老年期家庭关系和谐。
5. 能够分析老年人不同的心理状况，解决常见老年期婚姻家庭关系问题。

家庭是社会稳定与发展的基石，老年人的婚姻与家庭状况对其生活质量和身心健康有着重要影响。本章将深入剖析老年期家庭生活的变化，为老年人及其家庭提供有益的启示与指导，助力他们在人生的暮年收获温暖、和谐与幸福。

第一节　老年期婚姻家庭变化及心理特征

随着人口老龄化的加剧，老年期婚姻家庭状况日益受到关注。老年期家庭结构呈现多样化，这种结构变化的背后涉及诸多重要因素。剖析老年期婚姻家庭变化的内在逻辑，探讨老年期心理特征，对于构建与维护老年期和谐的家庭关系有着重要意义。

一、老年期家庭结构变化

（一）家庭结构

家庭结构是指家庭成员间的代际构成与亲属关系形态，核心要素包括代际层次、成员数量和居住安排。根据代际层次和亲属关系，家庭可分为核心家庭（父母与未婚子女）、主干家庭（两代以上且每代仅有一对夫妇）和联合家庭（同代多对夫妇）等基本类型。

（二）老年期家庭结构

老年期家庭结构指家庭生命周期中主要成员进入老年阶段后的组织形式。老年期家庭结构的主要特征是代际简化、规模收缩（户均人口降至2~3人）和居住分离，但代际之间仍保持"分而不离"的互动模式。老年期是家庭发展的重要阶段，其结构变化受到三大因素影响：人口结构转型（低生育率、高龄化）、城镇化加速和居住观念转变。

老年期家庭结构性变化不仅影响着家庭养老功能实现的方式，更深刻影响着代际关系的维系模式，促使传统的"反馈式"代际关系向更加多元的"协商式"关系转变。

二、老年期主要家庭类型

老年期家庭各类型并非静态不变的，而是存在动态转化的，主要的家庭类型如下：

（一）核心家庭

根据伊芙琳·杜瓦尔（Evelyn Duvall）和布伦特·米勒（Brent Miller）于1985年提出家庭生命周期理论，核心家庭在发展过程中呈现形态演进。

1. 完整核心家庭　也称为标准核心家庭，是由一对夫妇及其未婚子女组成的家庭。其特点主要包括：双重职能，父母需要同时履行经济供给和子女教养；典型挑战，父母面临着工作-家庭平衡的压力，双职工父母可能会出现角色超载；社会功能，家庭日常互动能够传递社会规范。作为社会的基本单元，核心家庭在个体社会化过程中发挥着重要作用。

2. 夫妇核心家庭（couple-only household）　又称空巢夫妇家庭，是指子女成年离家后由老年夫妇二人组成的家庭形态。《中国人口普查年鉴2020》的数据显示，夫妇核心家庭在65岁以上家庭中占比达31.2%。该类型家庭的特点主要包括：家庭结构显著简化，代际互动频率由日常接触转变为周期性探望；社会网络重构，原有以子女为中心的社会网络在子女离家后需要重构，老年人通过社区活动、老年大学等渠道建立新的社交支持系统；婚姻关系的存续，配偶的存在提供了重要的情感支持和日常生活互助，研究证实有配偶的老年人抑郁症状发生率比独居者低。这种家庭形态既是家庭生命周期的自然阶段，也反映了代际居住模式变化的趋势。

（二）主干家庭

主干家庭是我国传统的多代同堂模式，是指老年人与已婚子女及其后代共同居住的家庭结构。这种多代同堂的结构既具有优势也面临挑战。在积极方面，代际同住可以实现资源互补：老年人能够运用丰富的生活经验协助照料孙辈、分担家务，在贡献家庭的同时获得价值感；年轻子女则可提供经济支持，减轻长辈负担；孙辈的陪伴也为老年人带来情感慰藉。然而，代际差异也可能会引发各种矛盾，这些矛盾主要体现在三个方面：一是传统和现代教育理念的分歧；二是消费观念、生活习惯等的差异；三是家庭决策权的代际转移，老年人从决策者转变为协助者。主干家庭通过建立明确的代际边界（如制订家务分工表、设立家庭会议制度、家庭决策权渐进式过渡等），可以逐步解决这些矛盾，实现家庭成员的和谐共处。随着社会变迁，现代主干家庭正从传统的"家长制"向更加平等的"协商式"代际关系转变。

（三）联合家庭

联合家庭作为多代共居的扩展家庭形态，是指老年人与两个及以上已婚子女及其家庭成员共同组成的家庭单位。这种家庭类型在一些传统文化浓厚的地区或家族观念较强的群体中比较多见。其典型特征表现为家庭成员共同居住，形成多层次的代际关系网络。在联合家庭中，家庭成员共同应对生活中的困难和挑战。例如，共同承担家庭的重大开支，实现互助共济；在照顾老年人和孩子方面实现分工协作。然而，联合家庭中人际关系复杂，容易产生矛盾。不同家庭之间可能存在利益冲突、生活空间拥挤、家务分担不均等问题，维持家庭和谐稳定离不开老年人的智慧和经验。当代联合家庭正经历现代转型，呈现出"形式分居-功能联合"的新形态，如通过数字化手段维系联系（微信群等），在保留传统联合家庭互助功能的同时适应现代生活方式。

（四）独居家庭

独居家庭是指老年人独自居住，没有配偶或子女共同生活的家庭类型，主要包括终身未婚、离异未再婚或丧偶后独居等类型。独居老年人在生活中完全依靠自己，需要具备较强的自理能力和自我管理能力。他们在经济上要独立规划和管理，确保生活费用充足；在生活方面，要自己负责饮食、健康管理等。独居老年人面临的最大挑战是孤独感和缺乏情感支持，长期的独处可能导致心理问题，如抑郁、焦虑等。此外，安全问题也是独居老年人需要面对的一个重要方面，如可能会遇到突发疾病无人知晓等情况。各方应该关注独居老年人，推进适老化改造，社区应建立定期探访制度，鼓励他们发展兴趣爱好或加强社会参与，如参加社区活动、志愿者服务等。

三、老年人婚姻家庭特征

（一）老年人婚姻特点

老年期婚姻呈现稳定性与动态性并存的典型特征。有理论研究显示，老年期婚姻呈现独特的 U 形质量曲线，这种"晚年婚姻复苏"现象主要源于角色压力减轻（子女离巢后冲突减少）、情感支持深化（日均交流时间增加）、共同记忆积累（共享生活史提升亲密感）。

1. 稳定性　老年期的婚姻状况展现出一定的稳定性趋向。长期的共同生活经历促使夫妻间形成了深度的情感，以及相互依赖的心理。夫妻双方协同应对经济压力、子女养育、社会变化等诸多生活考验，这些共同应对困境的历程是彼此间的情感纽带，在一般外界因素的冲击下能够维持稳定。

2. 动态变化　随着年龄增长，个体身体功能出现不可避免的衰退，老年时期婚姻状况呈现出动态变化。退休这一重大的生活阶段转变同样会对婚姻的稳定性产生不可忽视的影响。

（二）老年人家庭角色转变

1. 经济层面　老年人从家庭经济的核心支撑力量逐步成为资源管理者。其特征包括收入结构变化、消费重心转移、代际经济流动。老年人退休后，退休金与个人积蓄成为主要经济来源，老年人需要依据自身的健康状况、生活预期以及家庭整体经济状况制订科学合理的财务规划，确保晚年生活质量。

2. 家庭决策层面　老年人的影响力逐渐从主导决策地位向辅助决策或参与决策角色过渡。在与子女的家庭事务互动中，他们需要尊重子女的意见，避免过度凭借传统家长权威强行干预，特别是在子女的职业发展、家庭组建以及教育子女等方面，老年人更多地扮演着提供经验参考、情感支持的角色。

3. 代际互动层面　老年人在与孙辈的关系中承担着独特的角色功能。一方面，他们在孙辈的成长过程中承担部分照顾责任，如日常接送、生活照料等基础工作。另一方面，在孙辈的教育与价值观传承方面，老年人与子女之间需要构建起有效的沟通与协作机制。老年人凭借自身丰富的人生经验，能够为孙辈的成长提供独特的教育资源，但同时也需要与子女在现代教育理念与方法上达成共识，避免因教育观念差异引发家庭内部矛盾与角色冲突。在这一角色转型过程中，老年人易产生心理不适与适应障碍。为有效应对这一挑战，老年人可积极主动地参与各类老年教育课程、社交活动以及兴趣小组，通过学习新知识、拓展社交网络、培养新的兴趣爱好等方式，重新构建自我价值体系与社会角色认同，实现从传统家庭角色向现代老年角色的平稳过渡。

（三）老年人情感需求

老年人对于伴侣之间的情感互动抱有深切而持久的渴望，夫妻双方共同积累的回忆成为情感的珍贵宝藏，他们期望在日常生活中能够时常回味与分享这些回忆，通过日常的交流互动、情感倾诉以及共同参与休闲活动等方式，持续强化彼此间的情感联结，从而在家庭内部营造出温馨、和谐且富有情感滋养力的氛围。

1. 亲子关系　老年人对子女的情感需求呈现出多维度特征。他们渴望得到子女在情感上的尊重与理解，期望子女能够认可他们在家庭中的历史贡献以及在子女成长过程中的付出。在日常生活中，老年人希望子女能够主动关心他们的身心健康状况，定期通过电话、家庭聚会、陪伴出行等方式进行情感交流与互动。这种情感需求的满足对于老年人而言，不仅是一种家庭温暖的体验，更是其自我价值感在家庭层面得以确认的重要途径。

2. 情感表达　受传统文化价值体系中内敛、含蓄的情感表达范式以及个体性格差异的双重影响，老年人在婚姻家庭中的情感表达往往呈现出非直接性与隐晦性特征。他们更倾向于借助日常行为细节来传递情感信号，如精心准备子女喜爱的食物、默默关注孙辈的成长需求并在背后提供支持等。这种情感表达模式要求家庭其他成员具备敏锐的情感感知能力与积极的情感回应意识。子女作为家庭中与老年人情感互动的重要主体，应当主动学习解读老年人情感表达背后的真实需求，通过主动关心、耐心倾听、积极陪伴等方式给予及时且有效的回应,从而在家庭内部构建起良性循环的情感互动生态系统,促进家庭情感关系的和谐稳定发展,增强家庭整体的凝聚力与向心力。

四、老年人的心理特点

老年期是人生发展的最后阶段,老年期人群的心理特征呈现出独特的动态变化模式。

(一)认知变化

老年人普遍表现出感知觉系统的渐进性衰退,其中视觉和听觉的退化最为明显。记忆系统呈现出选择性变化的特点,近期记忆能力减弱,远期记忆保持效果较好,这种"近事遗忘、远事保留"的现象是老年期认知功能的典型特征。老年人的思维能力下降,但并非全面衰退,他们更倾向于运用积累的生活经验来解决问题,这种经验依赖型的思维模式在一定程度上弥补了信息处理速度的下降。

(二)情绪变化

老年人能够更长时间地维持愉快情绪,并更快地从负面情绪中恢复。老年人会主动选择那些能带来积极体验的活动和社交关系。然而,老年期也是情绪障碍的高发阶段,这提示我们需要特别关注老年人的心理健康状况。

(三)人格变化

老年期人格发展呈现出稳定性与可变性并存的特点,核心人格结构保持相对稳定。老年人通常会变得更加内省,更注重生命意义的探索和整合。社会角色的重大转变,如退休和子女离家,促使老年人必须重新调整自己的社会定位和人际关系模式。在这个过程中,心理弹性成为关键的保护因素,良好的社会支持网络、积极的应对策略以及持续的学习活动都能有效提升老年人的适应能力。

(四)生活方式变化

随着退休这一重大生活事件的到来,老年人的生活方式往往会发生显著变化。原有的工作节奏和社交模式被打破,子女独立离家又进一步改变了家庭结构,这些转变给许多老年人带来了适应挑战。部分老年人退休后仍保持高强度活动节奏,忽视健康管理;还有一些老年人存在作息紊乱、暴饮暴食等行为。这两种适应不良模式会使慢性病发病率提升,所以建立科学的生活规律非常重要,老年人需在社交活动、休闲娱乐与健康管理间寻求平衡,通过适度锻炼、规律作息和均衡饮食来维持身心健康。

五、特殊老年人的心理特点及老年期的性心理特征

1. 丧偶老年人的心理特点 丧偶是老年人面临的重大心理挑战,丧偶老年人的心理反应通常经历五个阶段:震惊期、哀伤期、愤怒期、抑郁期和接受期。这一过程可能伴随强烈的孤独感、情绪波动和生活适应困难。针对丧偶老年人的心理调适,需要建立多层次支持系统:家庭层面,子女应加强陪伴,协助老年人处理日常事务,并耐心倾听其情感表达;社区层面,组织社交活动,提供心理咨询服务,促进老年人的社会连接;社会层面,完善心理援助热线,加强养老机构与专业心理服务的协作。通过综合干预,帮助老年人逐步调整心态,重建生活秩序,实现心理适应。

2. 再婚老年人的心理特点 再婚老年人常面临复杂的心理适应过程,主要表现为以下方面:①怀旧与现实的冲突:既难以割舍与原配的情感记忆,又需适应新的婚姻关系;②信任建立困难:因过往婚姻经历而对新的亲密关系保持谨慎;③家庭角色适应压力:需重新调整作为配偶及继父母的身份;④社会舆论负担:可能面临亲友偏见或新社交圈的融入困难。

为促进再婚老年人的心理适应,可采取以下措施。①情感疏导:尊重过往情感,同时引导老年人积极经营新关系;②信任重建:通过坦诚沟通与共同规划增强安全感;③家庭整合:明确角色边界,鼓励渐进式家庭融合;④社会支持:参与社交活动,减少外界偏见的影响。家庭与社会应协同配合,帮助再婚老年人实现心理平衡与生活幸福。

3. 老年期的性心理特征 老年期的性心理变化受生理衰退与心理需求双重影响:生理层面,性

激素水平下降导致性功能减退,可能引发焦虑或自卑;心理层面,性需求更多表现为情感亲密与伴侣支持,是老年人自我整合的重要部分。维护性健康的建议如下:①科学认知:普及性健康知识,帮助老年人理性看待生理变化;②开放沟通:鼓励伴侣间坦诚交流需求,探索适合的亲密方式;③社会支持:破除对老年性话题的偏见,提供专业咨询与健康教育服务。通过综合干预,促进老年人性心理健康,提升生活质量。

第二节　老年期家庭关系的维护及问题应对方法

案　例

张爷爷和王奶奶结婚已经 40 多年了。退休后,两人的生活节奏发生了很大变化,矛盾也逐渐增多。张爷爷喜欢安静地看书、下棋,王奶奶则热衷于参加社区的各种文艺活动,还经常拉着张爷爷一起。张爷爷觉得这些活动很吵闹,浪费时间,而王奶奶觉得张爷爷不理解自己,对自己的生活毫无兴趣。有一次,社区组织了一场老年夫妻沟通讲座,他们一起参加了。讲座中提到夫妻之间要尊重彼此的兴趣爱好,并且要学会坦诚地表达自己的感受。回家后,王奶奶主动找张爷爷谈话,从那以后,他们之间的关系有了很大改善。王奶奶会在参加活动前先询问张爷爷的意愿,张爷爷也会在王奶奶活动结束后,认真听她分享活动中的趣事。他们还一起制订了一个时间表,合理安排各自的活动和共同相处的时间。

根据以上资料,请回答:

1. 在上述案例中,张爷爷和王奶奶最初的沟通问题出在哪里?请结合老年夫妻沟通特点进行分析。

2. 从张爷爷和王奶奶沟通转变的过程中,你认为老年夫妻有效沟通有哪些关键要素?

一、夫妻关系的维护

夫妻关系构成老年期家庭关系的核心架构,其稳固性与发展态势深刻影响着老年人的心理健康状况以及整体的生活满意度。研究表明,老年夫妻关系的满意度在多维度因素的交互作用下形成,其中情感沟通的效能、共同兴趣的契合度以及相互尊重的践行水平尤为关键。

(一)有效沟通

夫妻之间的有效沟通是构建深厚情感联结的核心桥梁。

1. 倾听　在老年夫妻的日常互动中,专注的倾听技巧是构成良好沟通的关键要素。例如,当一方分享日常经历时,另一方若能全身心投入倾听过程,通过适时的眼神交汇、轻微的点头示意以及积极的回应性话语等方式,如"嗯,我明白""这确实挺有意思的",充分传达对讲述者的尊重与理解,将极大地促进情感的交融与深化。反之,若倾听者表现出心不在焉或随意打断讲述者的谈话,极易引发讲述者的情感失落,进而对夫妻关系产生负面影响。

2. 坦诚　在表达自身情感时,坦诚亦不容忽视。鉴于老年人的成长经历与性格特质,其情感表达可能倾向于含蓄内敛,但在夫妻关系中,清晰无误地传达内心感受能有效避免误解。例如,当一方对另一方的行为存在不满时,若采用指责性或隐晦的表达形式,往往容易引发对方的抵触情绪或误解;而以平和、理性且直接的方式阐述自身感受与需求,则更有助于问题的妥善解决以及感情的良性维护。

老年夫妻应深刻认识到沟通方式对关系质量的直接影响,积极主动地学习与运用有效的沟通技巧,以实现夫妻关系质量的持续提升。

(二)共同兴趣

共同兴趣在老年夫妻关系中发挥着积极的作用。共同兴趣能够为夫妻双方搭建起共同参与活动的有效平台,显著增加互动交流的频率与深度,进而强化情感纽带。共同兴趣使老年人在精神层面拥有丰富的共同话题与目标追求,为平淡的生活注入了新的活力与色彩,从而有力地促进了感情的保鲜与升温。

因此,老年夫妻应积极主动地发掘与培养共同的兴趣爱好,并持之以恒地共同参与各类相关活动,为夫妻关系的持续稳定发展注入源源不断的动力。

(三)相互尊重

相互尊重构成老年夫妻关系和谐稳定的核心准则。夫妻双方在漫长的共同生活历程中相互给予情感与物质等多方面的付出,尊重对方的付出成果以及个体需求乃是维持关系平衡与稳定的重要保障。

1. 日常生活中的尊重 在日常生活的具体情境中,相互尊重体现于诸多细微之处。例如,尊重对方的作息规律,若一方习惯早睡早起,另一方则应秉持自觉意识,竭力避免在对方休息时段制造不必要的声音干扰,做到尊重他人。

2. 家庭决策层面的尊重 在家庭决策层面,平等协商机制彰显了对彼此意见与决策权的尊重。例如,在家庭重大事务如房产购置或装修决策过程中,双方应充分给予对方表达观点与诉求的机会,共同权衡利弊得失,审慎作出决策,而非单方面强行决定。

老年夫妻在日常生活中始终如一地践行相互尊重原则,方能营造出和谐融洽、温馨和睦的家庭氛围,确保夫妻感情得以长久稳固维系。

二、子女关系的维护

老年期老年人与子女的关系经历了较大的转变,从抚养教育子女的主导性角色逐渐过渡到与成年子女构建新型互动关系的阶段。这一过程中,老年人需要适应家庭结构的变化,调整心理状态,并与子女建立动态平衡的相互支持关系。

(一)支持与引导

在子女面临婚姻、职业等重大人生节点时,老年人作为家庭中的重要成员,应发挥情感支持与经验引导的作用。

1. 职业挫折中的支持 老年人可凭借丰富的人生阅历,为子女提供鼓励与切实可行的建议,帮助子女分析问题本质,增强子女应对挫折的信心;通过分享自身年轻时应对工作挑战的经历,引导子女树立积极乐观的心态。

2. 婚姻生活中的角色定位 老年人应尊重子女的婚姻自主选择,主动融入新家庭,体现对子女的关爱与支持;以开放心态接纳新家庭成员,避免过度介入子女婚姻生活,同时发挥积极引导作用,促进家庭和谐。

(二)代际协调与平衡

在经济支持、家务分担等方面,代际间容易产生矛盾,需要通过沟通与协商实现平衡。

1. 经济支持的协调 老年人可能期望子女提供更多经济支持,而子女因购房、教育等经济压力难以完全满足老年人的期望。双方应坦诚沟通,老年人理解子女的经济困境,子女在能力范围内给予老年人必要的经济支持,如定期购置生活必需品或承担部分医疗费用。

2. 家务分担的协商 老年人受传统观念影响,可能期望家庭成员共同分担家务,而子女因工作繁忙难以完全满足,双方可通过平等协商,制订可行的家务分担方案。例如,子女在周末或节假日多承担家务,或通过聘请家政服务解决家务分担问题,实现双方需求的平衡。

老年人与子女关系的动态平衡需要双方共同努力。老年人应积极调整心理状态,适应家庭结构的变化。老年人与子女的这种相互支持的关系不仅有助于家庭和谐,也为老年人的晚年生活提供了情感保障。

三、其他家庭关系的和谐构建

其他家庭关系,如婆媳关系、翁婿关系、祖孙关系等,同样需遵循相互尊重、理解与支持的基本原则。

(一)婆媳关系

婆媳关系是家庭关系网络中的一个复杂且敏感的环节,其和谐程度对家庭整体氛围的营造以及家庭关系的稳定发展具有较大影响。构建和谐的婆媳关系需要从角色期望、沟通技巧和情绪管理等方面入手,以促进双方的理解与包容。

婆媳关系的紧张往往源于双方对彼此角色期望的差异与潜在冲突。①传统与现代的角色期望差异:在传统家庭中,婆婆对媳妇的角色期望通常包括承担较多的家务劳动、遵循传统家庭礼仪等;现代社会中,媳妇更注重个人发展权利与自主意识,对家庭角色的认知与婆婆的期望存在明显分歧。②家庭决策中的冲突:在家庭决策过程中,婆婆可能倾向于凭借生活经验主导决策,而媳妇则更强调平等协商与科学理性决策。这种角色期望的差异若未能妥善处理,容易引发家庭矛盾。③社会文化背景的变化:随着女性社会地位的提升和传统家庭观念的转变,婆媳双方需要重新审视并调整自身的角色期望,以适应家庭关系的动态变化。

构建和谐的婆媳关系需要从沟通技巧和情绪管理两方面入手,以促进双方的理解与包容。

1. 沟通交流 沟通是改善婆媳关系的核心要素,尊重、理解与包容是沟通的基本原则。

(1)尊重差异:婆媳双方应认识到彼此成长于不同的社会文化环境与家庭背景,应尊重对方的观点与行为习惯。

(2)积极倾听:在育儿理念、家务分工等问题上,双方应积极倾听与交流,共同探寻适合家庭实际情况的解决方案。

2. 情绪管理 情绪管理是避免矛盾升级、促进关系改善的关键。

(1)理性控制情绪:当分歧出现时,双方应避免冲动争吵,通过深呼吸、暂时离开冲突现场等方式冷静情绪,再进行理性沟通。

(2)温和表达:婆婆在表达对媳妇行为的不满时,应以温和理性的语气表达看法与感受,避免情绪化的指责。媳妇也应积极回应,作出适当调整。

(3)选择沟通时机:避免在情绪激动的峰值时段进行沟通,选择双方情绪平稳的时机进行交流,有助于问题的妥善解决。

婆媳关系的和谐构建需要双方共同努力,通过有效的沟通与情绪管理,化解角色期望差异带来的冲突。婆媳双方应相互尊重、理解、包容,共同营造和谐的家庭氛围。这不仅有助于家庭关系的稳定发展,也为家庭成员的幸福生活提供了重要保障。

(二)翁婿关系

翁婿之间应致力于构建平等、尊重的良性关系模式,共同为家庭的幸福美满愿景努力奋斗。例如,翁婿之间可以共同参与一些户外活动,如钓鱼、登山等,增进彼此的了解和感情。

(三)祖孙关系

祖孙关系则具有独特且珍贵的情感价值与教育意义,老年人能够通过关爱孙辈传递家族文化与家庭温暖,孙辈的纯真无邪与蓬勃活力亦能为老年人带来积极向上的心理滋养与情感慰藉。例如,老年人可陪伴孙辈进行游戏玩耍、学习探索活动,分享自身的人生故事与经验智慧,促进孙辈的健康成长与家庭文化的传承。

老年期家庭关系的维护构建是一个系统性、综合性的复杂工程,需要全体家庭成员共同参与、协同努力。家庭是老年人情感的核心依托与心灵港湾,良好的家庭关系有助于老年人保持积极乐观的心理状态,享受幸福美满的晚年生活。同时,社会应大力加强家庭关系教育,积极弘扬和谐家庭文化理念,为老年人营造和谐稳定的家庭环境提供有力的外部支持。

第三节　空巢老人的心理评估与调适

一、概述

空巢老人是指无子女或子女成年后相继离开家庭，老年人独自居住生活的群体。在当今社会发展进程中，随着人口老龄化加剧以及家庭结构的小型化趋势愈发明显，空巢老人的数量不断增多。这种家庭结构的转变，使得空巢老人面临着独特的生活情境与心理境遇。

（一）空巢老人常见的心理问题

1. 自我价值感低　老年人自我价值感降低是空巢阶段常见的心理适应问题，主要表现为三个层面的价值危机：①职业层面：退休导致老年人出现"生产性价值萎缩"，专业技能失去应用场景；②家庭层面：子女独立使直接照料老年人的时间减少，传统养育价值被弱化；③社会层面：身体功能衰退导致社区活动参与率下降，社会认同感受到冲击。多维价值危机常引发特定的心理防御表现：通过频繁回忆过往成就获得补偿性满足；拒绝必要帮助以维持尊严感；伴有自我贬低的想法。

2. 失落感　随着子女独立离家，老年人会经历明显的"角色真空期"，这种失落感常伴随着特定的行为特征。例如，精心保存子女旧物，过度关心子女生活细节，节日期间的抑郁情绪加重。研究显示，失落感的程度与子女联系频率成显著负相关，且女性老年人的情感体验更为强烈。

3. 孤独感　由于子女离家、社交圈缩小，空巢老人常常会感到孤独，这种孤独体验往往伴随着被遗忘感和无用感，特别是在传统节日期间表现得更为明显。

4. 衰老感　老年人自我感觉精力和体力迅速衰退，力不从心。老年期机体各器官功能随着年龄的增长逐渐衰退，并且呈现出进行性、不可逆的变化。老年人离开原有的工作环境，和子女分开，接受新事物的能力下降，理解力减退，衰老感会进一步加剧。

5. 抑郁症　典型表现包括持续情绪低落、兴趣减退、睡眠障碍等，严重者可能出现自杀意念。空巢老人普遍缺乏精神安慰，有些老年人认为子女对自己的关心不足，子女只顾个人利益，自己为子女付出了一生，但是没有得到相应的回报，心理落差大，容易患抑郁症。流行病学调查显示，空巢老人抑郁症状检出率较非空巢老人高，老年抑郁症是引起老年人自杀的最主要原因。

6. 焦虑症　主要表现为对健康状况的过度担忧，如频繁担心突发疾病无人知晓或得不到及时救治；对独居安全的恐惧，包括害怕遭遇意外或诈骗等。这种焦虑情绪往往与身体功能自然衰退、慢性疾病困扰等因素形成恶性循环，当老年人身体不适时会加重心理担忧，而持续焦虑又会进一步损害身体健康。合并两种以上慢性疾病的空巢老人，其焦虑症状严重程度比健康老年人要高。社会支持系统薄弱也会加剧焦虑，缺乏子女日常陪伴的老年人更容易产生不安全感。

（二）空巢老人的心理评估

精准且全面的心理健康评估不仅是空巢老人个体心理关怀的起始点，更是构建科学有效心理支持体系的基石。常用的评估方法如下：

1. 标准化心理量表　常用的标准化心理量表包括老年抑郁量表和孤独感量表。老年抑郁量表特别适用于筛查轻度抑郁和情绪障碍；孤独感量表测量主观孤独体验，具有良好的信效度指标。这些量表操作简便，适用于社区筛查和临床初步评估，使用时需注意结合访谈观察，排除躯体疾病的影响，评估结果可为制订个性化干预方案提供依据。

2. 非量表评估方法　包括日常行为观察、结构化访谈、生态瞬时评估法、投射测验等。

（1）日常行为观察：专业人员或家属可通过对空巢老人日常行为的细致观察获取有价值的心理信息。在社交行为方面，观察老年人是否主动参与社区活动、与邻里的交流频率与深度等。例如，若一位原本热衷于在社区老年舞蹈队活动的老年人逐渐减少参与次数甚至退出，可能暗示其心理状态发生了变化。在生活自理行为上,留意老年人的个人卫生习惯、饮食规律等。如老年人突然变得不修边幅、饮食随意,可能与心理困扰有关。

(2)结构化访谈:采用结构化访谈方式与空巢老人进行深入交流。访谈内容涵盖老年人对家庭关系的感受、对未来生活的期望与担忧、近期生活中的重大事件及心理影响等。例如,询问老年人"子女离家后,您对家庭氛围与亲情维系的感受如何?""您对自己未来的健康与生活保障有哪些具体的期望或担忧?"通过老年人的回答,挖掘其潜在的心理问题与情感纠结。

(3)生态瞬时评估法:借助现代移动技术,如智能手机应用程序,在自然情境下对空巢老人的心理状态进行实时评估。例如,定时推送一些关于情绪、社交感受等方面的简短问题,让老年人及时回答。通过收集老年人在日常生活不同时段、不同场景下的心理数据,能够更精准地捕捉其心理状态的动态变化,了解其情绪波动与特定生活事件或环境因素之间的关联。

(4)投射测验:运用一些经典的投射测验工具,让老年人对一些模糊的刺激图像或情境故事进行描述和解释,从他们的反应中分析其潜意识中的情感冲突、心理需求和自我认知。例如,在主题统觉测验中,老年人根据给定的图片讲述故事,通过分析故事中的人物关系、情节发展等元素,洞察老年人内心深处对家庭、社交关系以及自身角色的认知与情感态度。

(三)空巢老人常见心理问题预警

1. 生理方面

(1)睡眠异常:空巢老人心理问题常常在睡眠方面有所体现。可能表现为入睡困难,如长时间躺在床上却无法进入睡眠状态;睡眠中断,夜间频繁醒来且难以再次入睡;或者嗜睡,白天过度困倦且难以保持清醒。这些睡眠问题可能与老年人内心的焦虑、孤独或抑郁情绪密切相关。

(2)饮食紊乱:包括食欲减退,对以往喜爱的食物失去兴趣,进食量明显减少;或者出现食欲亢进、过度进食以填补内心的空虚或情绪困扰。此外,饮食习惯的突然改变,如偏好高糖、高脂肪食物,也可能是心理问题的外在表现。

(3)慢性疲劳与躯体不适:持续的身体疲劳感,即使在充足休息后仍难以缓解,常伴有头痛、肌肉酸痛、胃肠功能紊乱(如胃痛、便秘或腹泻)等躯体症状。这些生理不适可能是心理压力与不良情绪在身体上的映射。

2. 心理与行为方面

(1)情绪失调:情绪波动幅度增大,容易出现焦虑情绪,表现为对日常生活琐事过度担忧、紧张不安;烦躁易怒,对周围环境刺激耐受性降低;情绪低落且持续时间较长,失去对生活的热情与乐趣,常伴有无助感与绝望感。

(2)社交退缩:原本活跃的社交行为明显减少,不愿参加社区聚会、老年社团活动等;与亲朋好友的联系频率大幅降低,甚至拒绝接听电话或回复信息;在社交场合中沉默寡言,缺乏主动交流的意愿与行为。

(3)认知功能波动:可能出现记忆力减退,尤其是对近期发生事情的遗忘增加;注意力难以集中,在阅读、看电视等日常活动中容易分心;思维迟缓,反应速度下降,对新事物的学习与理解能力减弱。这些认知功能的变化可能与心理问题引发的大脑神经功能变化有关。

对空巢老人心理健康状况进行全面综合评估,需使用多种评估工具与方法,并密切关注各类预警信号。这有助于早期发现心理问题,及时制订并实施有针对性的干预措施,为空巢老人的心理健康保驾护航,提升其晚年生活质量。

二、空巢老人心理调适的方法

(一)认知行为疗法

认知行为疗法在帮助空巢老人进行心理调适方面效果显著。认知行为疗法的学者认为,人的情绪和行为并非由事件本身直接决定,而是受个体对事件的认知和评价所影响。空巢老人往往对子女离家、生活变化等事件存在消极认知模式，如认为自己被子女抛弃、生活失去意义等。干预步骤如下：

1. 识别消极思维　引导老年人意识到"子女离家是他们成长和独立的正常过程，并不代表抛弃自己"。

2. 引导思维转变　引导老年人用积极的思维替代消极思维，鼓励老年人思考独立生活的好处，如自由安排时间、发展个人兴趣等。

3. 开展行为训练　制订规律的生活作息表，鼓励老年人参加社交活动、运动锻炼等。例如，安排老年人每天早晨进行适量的散步或太极拳练习，既能改善身体状况，又能增加与他人接触的机会。

（二）社会支持

社区在这方面发挥着关键作用，可组织各类活动，如成立空巢老人互助小组，让老年人之间相互交流、分享经验、互相支持；举办文化娱乐活动，如戏曲表演、书法绘画展览等，丰富老年人的精神生活；开展健康讲座，提高老年人的健康意识和自我保健能力。志愿者陪伴也是重要形式之一，志愿者可以定期探访空巢老人，陪他们聊天、购物、就医等，给予情感关怀。

（三）互联网技术

在线心理咨询平台可以让老年人方便地获得专业心理咨询师的帮助，解决心理困扰；社交平台互动使老年人能够与远方的亲友保持密切联系，分享生活点滴，缓解孤独感。例如，一些老年人学会进行视频通话后，与子女、孙辈随时交流，感觉距离拉近，心理得到慰藉。

通过以上多元策略与干预方法，可以有效帮助空巢老人进行心理调适，提升他们的生活质量。

三、家庭在空巢老人心理关怀中的作用

家庭成员在空巢老人心理关怀中承担着不可替代的责任。

（一）定期沟通

定期沟通是关键，子女应根据自身情况，制订合理的沟通计划，如每周至少与父母通电话或视频聊天一次，了解老年人的生活状况、心理需求。在沟通中，不仅要关注老年人的物质生活，更要关心他们的精神状态，耐心倾听老年人的心声，给予积极回应。例如，当老年人讲述日常琐事时，子女应表现出兴趣，分享自己的看法，让老年人感受到被重视。

（二）组织家庭活动

节假日团聚和家庭旅行等活动对老年人的心理具有积极影响。团聚时，全家共同准备饭菜、一起庆祝节日，营造温馨的家庭氛围，让老年人感受到家庭的温暖和亲情的浓厚。家庭旅行则为老年人提供了新的体验和回忆，增强了家庭凝聚力。例如，一家人一起去郊外踏青、参观名胜古迹，老年人在与家人的互动中享受天伦之乐，心情愉悦。

（三）鼓励老年人参与决策

鼓励老年人参与家庭决策也是提升其自我价值感和归属感的重要方式。在家庭事务中，如家庭装修、子女教育等重大问题上，征求老年人的意见，让他们觉得自己仍然是家庭的重要一员，对家庭事务有影响力。即使老年人的意见可能不完全符合实际情况，也要给予尊重和感谢，让老年人感受到被尊重和被需要。

📖 **知识拓展**

肠道菌群与空巢老人心理健康的关联研究

越来越多的研究发现肠道菌群与心理健康之间存在密切联系。有学者正在探索通过调节肠道菌群来改善空巢老人的心理健康。例如，一些实验性研究尝试给空巢老人补充特定的益生菌，观察其情绪、认知功能等方面的变化。初步结果显示，某些益生菌可能有助于减轻焦虑情

绪,提高睡眠质量,这为从生理角度改善空巢老人心理状态提供了新的思路,也为未来开发基于肠道菌群的心理干预措施提供了科学依据。

空巢老人的心理健康需要多方面的关注和支持。社会各界应该一起努力,为空巢老人提供全方位的心理帮助,让他们能够积极应对生活中的变化,保持乐观的心态,享受幸福的晚年生活。同时,家庭要成为关爱空巢老人的核心力量,要发扬中华民族尊老敬老的传统美德,让老年人感受到温暖和重视。

第四节　养老院老年人的心理评估与调适

案　例

75 岁的李奶奶,因子女在外地无暇照料,住进了养老院。初来养老院,她抵触新环境,沉默寡言,独自待在房间,饭菜也吃得少,不愿参与集体活动。养老院工作人员迅速行动,安排耐心温和的护理员张姐专门照顾李奶奶。张姐每天陪她聊天,分享往昔与日常,逐渐赢得了李奶奶的信任。得知李奶奶爱种花,养老院便在院子开辟花园邀她打理,李奶奶因此走出房间,和其他老年人交流种花经验。一次手工制作活动,张姐鼓励李奶奶参加。一开始李奶奶犹豫,在张姐陪伴下尝试后,她制作的手工艺品获众人称赞。李奶奶笑容重现,也主动与他人互动。如今,李奶奶适应了养老院生活,和老年人们结下深厚情谊,成了"种花达人",还向新入住老年人分享经验,助力他们融入养老院大家庭。

根据以上资料,请回答:

1. 从李奶奶的案例中,分析养老院工作人员在帮助老年人适应过程中,运用了哪些符合老年人心理特点的方法?

2. 李奶奶刚到养老院的时候很抵触,后来慢慢适应了,在这个过程中,都有哪些因素在影响着她对养老院生活的适应情况呢?

一、养老院老年人的心理特点

养老院老年人的心理状态呈现出明显的阶段性特征。自愿入住者与非自愿入住者存在心理差异,非自愿入住者更易出现"退行性行为"(如过度依赖护理人员)。不同健康状态老年人的心理需求不同:失能老人关注护理质量和疼痛管理;半失能老人重视功能训练和社交保持;健康老人侧重文娱活动和外出机会;认知功能完好的失能老人心理适应最困难。

1. **孤独感**　当刚入住养老院时,老年人常常会感到不适应。就像搬到一个新环境需要时间熟悉一样,老年人需要逐步适应集体生活。虽然养老院里有很多同龄人,但要找到真正能聊得来的朋友并不容易。不少老年人会特别期待子女的探望,有的甚至每天都要问工作人员"孩子什么时候来看我",这些表现其实都是对亲情和熟悉环境的思念。

2. **失落感**　很多老年人在退休前是家里的"主心骨",是大事小事拿主意的人,现在住进养老院,突然变成了需要别人照顾的人,这种转变会让老年人很失落。就像一位退休的老年人说的:"以前大家都听我的,现在连吃饭时间都要听安排。"加上身体不如从前,这种失落感会更强烈。

3. **焦虑**　养老院的老年人普遍存在不同程度的焦虑:有的特别关注身体健康,经常要求检查或加药;有的担心生病会给子女添麻烦;还有的对未来生活感到不安。这些焦虑会影响老年人的生活质量。

4. **依赖心理**　随着年龄增长,一些老年人需要他人协助完成日常活动。适度的帮助是必要的,但如果过度依赖,反而会加速身体功能的退化。如有的老年人因为怕摔倒就整天坐着,结果腿部力量越来越弱,形成恶性循环。

5. 怀旧心理 回忆往事是老年人常见的情感需求。讲讲年轻时的经历,既能活跃思维,又能获得心理慰藉。但要注意的是,如果总是沉溺在"过去如何好"的回忆中,反而会影响适应新的生活环境。既要珍惜过去,也要学会享受当下。

二、影响养老院老年人适应养老院的因素

1. 环境因素 养老院环境包括物理环境和社会环境。

(1)物理环境:如居住空间的大小、设施的便利性、环境的舒适度等。若居住空间狭窄、设施陈旧不便,可能使老年人产生压抑感和不安全感;反之,舒适、温馨的环境有助于缓解老年人的紧张情绪。

(2)社会环境因素:更为关键。养老院中的人际关系网络,如与护理人员、其他老年人之间的关系直接影响老年人的心理感受。护理人员的专业素养、态度和关怀程度决定了老年人是否能感受到尊重和照顾。例如,护理人员耐心倾听老年人需求、及时提供帮助,会让老年人感到安心和被重视;反之,会加重老年人的心理负担。

2. 个体差异 个体差异在老年人入住适应中也起到显著作用。性格开朗、乐观的老年人往往更容易适应新环境,他们能够主动与他人交流、积极参与活动;而性格内向、敏感的老年人可能需要更长时间来适应,甚至可能出现退缩、抵触等情绪。健康状况也影响适应过程,身体较好的老年人在适应生活起居变化方面相对容易,而身体有疾病或残疾的老年人可能面临更多困难和心理压力。

三、养老院老年人的心理调适策略

(一)个人层面

1. 认知重构 认知重构是帮助老年人适应新环境的基础工作,通过认知重构能够有效改变老年人对养老院生活的消极认知。例如,工作人员可引导老年人记录每日积极的体验,定期组织已经适应养老院的老年人分享经验,帮助其他老年人建立对新生活的期待。

2. 行为训练 为老年人制订循序渐进的个性化方案。初期可从建立规律作息开始,如固定起床、就餐时间,逐步增加老年人社交活动参与度。对活动能力较好的老年人,建议每天进行30分钟适老化运动;对行动不便者,则可安排手工、棋牌等静态活动。方案的设计要确保活动的持续性和适度挑战性,避免因难度过大导致老年人产生挫败感。

3. 情绪调节 教老年人"停-吸-观-行"四步情绪管理法,当出现情绪波动时,先暂停活动,进行3分钟腹式呼吸,观察自身身心反应,最后采取合理行动。

(二)机构层面

1. 人性化管理 尊重老年人的个性和自主权是基本原则。在日常生活安排、活动选择等方面给予老年人一定的自主空间,让他们能够按照自己的意愿生活。例如,在饮食方面提供多样化选择,在活动安排上允许老年人根据兴趣参加。营造温馨、和谐的氛围也至关重要,通过装饰环境、组织温馨的集体活动等方式,让老年人感受到家的温暖。

2. 心理支持 除了常规的生活照料和医疗护理,应提供心理疏导服务,配备专业心理咨询师或经过培训的工作人员,定期为老年人进行心理评估和辅导。怀旧疗法和生命回顾也是有效的心理干预方法,通过引导老年人回忆过去的美好经历、整理人生故事,帮助他们重新认识自己的价值,获得内心的平静和满足。

3. 社会支持 设计阶梯式社交活动:从初期的"一对一"结对,到小范围兴趣小组,再到集体文娱活动,帮助老年人逐步扩大社交圈。要鼓励老年人保持原有社会角色,如担任兴趣小组指导老师等。

(三)家庭社会支持

1. 家庭支持 子女应定期与老年人通话并探望老年人,避免单纯的形式化问候。鼓励家属与老

年人一起参与机构活动,分享家庭近况。高质量的家属探访能使老年人抑郁症状减少,对机构生活的满意度提升。机构可设立"家庭开放日",邀请家属参与集体活动。

2. 社区资源的整合　养老院可与周边学校、企业等建立合作关系,开展代际交流活动。例如,组织大学生志愿者定期陪伴老年人,邀请社区艺术团体来养老院演出等。这些活动不仅能够丰富老年人的精神生活,还能重建他们的社会价值感。

3. 社会观念的转变　通过媒体宣传、公众开放日等形式,消除人们对机构养老的偏见,帮助老年人建立积极的养老认同。当老年人感受到社会的尊重和认可时,其心理适应过程会更加顺利,生活质量也能得到实质性提升。

养老院老年人的心理调适要综合多方面因素。养老院应致力于提供优质的环境和服务,促进老年人的身心健康,让老年人在养老院中度过幸福、安心的晚年时光。

（王芳华）

🖊 思考题

1. 在老年期家庭关系中,婆媳关系常常面临挑战。请结合所学知识,分析如何从沟通技巧与角色期望调整两方面来改善婆媳关系,并举例说明。

2. 空巢老人容易出现心理落差,试阐述可从哪些方面帮助空巢老人进行心理调适。

第六章

疾病与老年人心理健康

第一节　长期慢性病老年人的心理与调适

一、概述

随着人口老龄化的不断加剧，老年慢性病问题日益凸显，成为影响老年人健康与生活质量的重要因素。截至 2023 年底，中国 60 岁及以上的老年人口已达到 2.97 亿，占总人口的 21.1%。在这一庞大的群体中，慢性病的发病率居高不下，而且很多人同时患有多种慢性病。

世界卫生组织（WHO）公布的发展中国家发病率最高的四类慢性疾病是心脑血管疾病、糖尿病、癌症和慢性呼吸系统疾病。这些疾病不仅给患者带来身体上的痛苦，还增加了家庭和社会的经济负担。例如，根据最新发布的《60 岁及以上体检人群健康报告（2024 版）》，老年人群中心血管疾病的风险因素如颈动脉异常、同型半胱氨酸增高和超敏 C 反应蛋白增高的检出率逐渐增加，"三高"问题（高血压、高血脂、高血糖）依然突出，而癌症的检出率至少为 2.91%。

此外，老年慢性病的发病率上升与多种因素密切相关，包括生活方式的改变、营养过剩、缺乏运动以及环境污染等。特别是随着生活水平的提高，高血压、糖尿病等疾病的患病率显著增加。总之，老年慢性病问题复杂且严峻，需要全社会共同努力，采取综合措施，加强防治工作，提高老年人的生活质量，实现健康老龄化。

二、长期慢性病对老年人心理的影响

（一）慢性疼痛对老年人情绪的影响

随着年龄的增长，老年人身体的各项机能逐渐衰退，更容易遭受各种慢性疼痛的困扰，如关节炎、神经痛、背痛等。这些长期存在的疼痛不仅限制了他们的日常活动，更深刻地影响了他们的情绪状态。

慢性疼痛往往导致老年人情绪低落、焦虑甚至抑郁。持续的疼痛刺激不断向大脑传递负面信号，使大脑长时间处于应激状态，从而引发一系列负面情绪反应。老年人可能会感到无助、沮丧，对生活失去兴趣和热情，甚至产生悲观的情绪。这种情绪的恶化又会进一步加剧疼痛的感受，形成恶性循环。

同时，老年人原本就可能因为年龄增长、社交圈子缩小、健康状况下降等因素而面临情绪上的挑战，慢性疼痛的出现无疑加剧了这一困境，使得他们更加难以应对生活中的各种压力和挑战。

（二）日常生活能力受限对老年人心理的影响

日常生活能力受限的老年人面临着显著的心理压力，这些压力往往源自身体机能的衰退和生活自理能力的减弱。随着年龄的增长，许多老年人可能会发现自己在完成日常活动如穿衣、洗澡、进食、行走或进行简单家务时变得力不从心。这种转变不仅带来了身体上的不便，更在心理上产生了深远的影响。

首先，日常生活能力的受限往往让老年人感到无助和失落。他们可能曾经是社会和家庭的中坚力量，现在却发现自己无法像以往那样独立地完成事情，这种从"能干"到"依赖"的转变对他们来说是一种巨大的心理冲击。他们可能会质疑自己的价值，觉得自己成为了家人和社会的负担，这种负面认知会进一步加重他们的心理负担。

其次，社会隔离和孤独感也是导致心理压力的重要因素。日常生活能力的受限缩小了老年人的社交活动范围，他们可能无法像以前那样自由地出门散步、与朋友聚会或参与社区活动。长时间的独处和缺乏交流会使他们感到孤独，进而加重心理压力。

此外，对于未来的不确定性和对健康状况的担忧也是老年人心理压力的重要来源。他们可能担心自己的病情会进一步恶化，甚至对死亡产生恐惧。这种对未来的不确定性会使他们感到焦虑和不安，进而影响睡眠质量、食欲和整体心理健康。

因此，关注日常生活能力受限的老年人的心理健康问题至关重要。家庭成员、社区组织以及专业医疗机构应共同努力，为这些老年人提供必要的支持和帮助，包括情感支持、日常生活照料、心理咨询等，以减轻他们的心理压力，提高他们的生活质量。

三、长期慢性病老年人的常见心理问题

（一）焦虑

1. 情感症状 ①过度担忧和恐惧：老年人可能对各种事情都感到不安和担心，特别是关于自身健康、病情发展、家人状况等方面。②心情烦躁与不安：容易发脾气，对周围事物失去兴趣，情绪波动大。③注意力难以集中：由于过度焦虑，老年人可能难以集中精力进行日常活动，记忆力也会有所下降。

2. 躯体症状 ①自主神经功能紊乱：如心慌、胸闷、气短、头晕等，这些躯体不适可能加剧焦虑情绪。②多种身体不适：如头痛、肌肉紧张、胃部不适、疲劳等，这些症状可能是焦虑情绪的直接反映。③睡眠障碍：入睡困难、多梦、睡眠浅或易醒，导致睡眠质量严重下降。

3. 行为改变 ①回避社交：老年人可能因为焦虑情绪而回避社交场合，减少与他人的交流。②过度依赖药物或医疗：对药物或医疗产生过度依赖，希望通过这些方式缓解焦虑。

（二）抑郁

可以从以下方面对抑郁症状进行识别：

（1）情绪低落：长期患有慢性病的老年人可能表现出持续的情绪低落，对日常活动失去兴趣，感到悲伤或绝望。这种情绪低落可能持续数周或数月，而且与环境变化无直接关联。

（2）兴趣缺乏：老年人可能表现出对以往热衷的活动或爱好逐渐失去兴趣，甚至对尝试新事物也缺乏动力。这种兴趣缺乏可能表现为拒绝参与社交活动，减少与家人、朋友的互动，或对日常生活中的乐趣感到麻木。

（3）意志活动减退：老年人可能表现出明显的行动迟缓、主动性下降，甚至对基本的日常活动（如洗漱、进食）也感到困难或缺乏动力，严重时可能影响其生活自理能力。

（4）自我评价下降：老年人可能对自己的能力和价值产生怀疑，自我评价降低，甚至出现自责和自卑的情绪。他们可能觉得自己是家庭的负担，对未来失去信心。

（5）睡眠障碍：抑郁情绪往往伴随睡眠障碍，如入睡困难、早醒、多梦等。睡眠质量的下降会进一步影响老年人的情绪状态和身体健康。

（6）食欲和体重变化：老年人可能出现食欲减退或暴饮暴食的情况，导致体重波动。食欲的变化可能与抑郁情绪密切相关，也可能是受到慢性疾病本身的影响。

（7）社交退缩：老年人可能避免社交活动，减少与他人的交流，感到孤独和无助。社交退缩是抑郁情绪的一个重要表现，也是导致病情恶化的一个重要因素。

（8）身体不适：抑郁情绪还可能引发或加重身体不适的症状，如头痛、胃痛、胸闷等。这些症状可能没有明显的身体原因，但与抑郁情绪密切相关。

四、长期慢性病老年人的心理调适

（一）心理调适的基本概念与原则

1. 基本概念　心理调适是指个体在面对压力、挫折或挑战时，通过一系列的心理活动和行为调整，使自己保持相对稳定和积极的心态，以应对生活中的各种变化。对于长期患慢性病老年人而言，心理调适意味着他们需要学会接受自己的病情，调整心态，积极面对生活，减少疾病对心理健康的负面影响。

2. 原则

（1）正视病情，科学认知：老年人应正视自己的病情，不要过分恐惧或忽视。通过学习和了解疾病的相关知识，形成科学的认知，有助于更好地管理病情。

（2）积极乐观，保持希望：乐观的心态是战胜疾病的重要武器。老年人应培养积极乐观的生活态度，相信通过科学的治疗和自身的努力，病情可以得到控制或改善。

（3）主动参与，自我管理：鼓励老年人积极参与疾病的治疗和护理过程，了解自己的病情和治疗方案，学会自我管理和监测病情，增强自我效能感。

（4）寻求支持，建立社交网络：家人、朋友和社会支持是老年人心理调适的重要资源。老年人应主动寻求他人的帮助和支持，建立良好的社交网络，分享彼此的感受和经验，减轻孤独感和无助感。

（5）保持规律的生活习惯：规律的生活习惯有助于稳定老年人的身心状态。老年人应保持充足的睡眠、合理的饮食和适当的运动，以增强体质和免疫力，减少疾病对身体的损害。

（6）接受专业心理干预：当老年人出现严重的心理问题或情绪困扰时，应及时寻求专业的心理干预和治疗。心理咨询、心理治疗等方法可以帮助老年人更好地应对疾病带来的压力和挑战。

（7）注重心理预防与调适并重：相关人员不仅要关注老年人的心理调适过程，还要注重心理预防工作。通过健康教育、心理筛查等方式，及时发现并解决老年人潜在的心理问题，防止病情恶化和复发。

（二）心理调适的意义

心理调适对长期患慢性病的老年人而言，其重要性不言而喻。慢性病的长期存在，不仅影响着老年人的身体健康，也往往对其心理造成影响，如焦虑、抑郁、孤独感等负面情绪可能随之而来。这些心理问题若得不到及时有效的调适，会进一步加剧病情，影响治疗效果，甚至降低生活质量，形成恶性循环。心理调适能够帮助长期患病的老年人建立积极的心态，增强对抗疾病的信心。通过心理疏导、认知重构等方式，老年人可以更加理性地看待自己的病情，减少对疾病的恐惧和不安，从而更加主动地参与到疾病治疗和管理过程中来。同时，良好的心理状态还能促进身体的康复，提高身体的免疫力，对疾病的控制和缓解起到积极的推动作用。

此外，心理调适还能帮助老年人改善社交关系，增强社会支持网络。长期患有慢性病的老年人往往因为身体不适而减少社交活动，导致孤独感加剧。而心理调适可以通过团体活动、家庭支持等方式，帮助老年人重新建立社交联系，感受到来自家人和社会的关爱和支持，从而减轻孤独感和无助感。因此，对于长期患慢性病的老年人来说，心理调适不仅是必要的，而且是至关重要的。科学有效的心理调适能帮助老年人更好地应对疾病的挑战，保持身心健康，享受更高质量的生活。

（三）长期慢性病老年人心理调适的方法

1. 正念减压（mindfulness-based stress reduction，MBSR） 是一种结合了冥想、身体觉察和瑜伽等元素的心理健康干预方法。它旨在帮助个体培养正念，即通过对当前经验的非评判性觉知，来减少压力和增强心理健康。对于长期慢性病老年人而言，正念减压练习可以帮助他们更好地应对疾病带来的挑战，提升生活的品质。

（1）冥想练习方法：冥想是正念减压的核心部分，以下是几种适合长期慢性病老年人的冥想练习方法。①专注呼吸冥想：找一个安静舒适的地方坐下，闭上眼睛，将注意力集中在呼吸上。感受空气通过鼻腔进入和离开身体的感觉，慢慢地吸气，然后缓缓地呼气。专注于呼吸的节奏和深度，当注意力分散时，轻轻地将它带回到呼吸上。②身体扫描冥想：仰卧或舒适地坐着，从脚部开始，依次将注意力集中在身体的各个部位。感受每个部位的感觉，注意是否有紧张或不适，并尝试放松这些部位。扫描过程中保持对身体的觉知，避免陷入思考或评判。③正念行走：在一个安全、安静的地方进行，上身保持直立，双手握拳放在腰部。慢慢地行走，将注意力集中在脚步的移动、地面的触感以及身体的动作上。避免分散注意力，专注于当下的行走体验。

（2）练习的频率与时长：长期患有慢性病的老年人可以根据自身情况调整冥想练习的频率与时长。一般建议每天抽出一段时间进行练习，可以从几分钟开始逐渐增加到十几分钟甚至更长时间。重要的是保持练习的规律性，将其融入日常生活之中。

（3）注意事项：①环境选择：选择一个安静、舒适、无干扰的环境进行练习，以便更好地集中注意力。②姿势调整：选择适合自己的坐姿或躺姿进行练习，保持身体舒适但不僵硬。③呼吸方式：采用腹式呼吸或自然呼吸方式，避免过度用力或憋气。④避免强迫：如果在练习过程中感到不适或疼痛，应立即停止并寻求专业建议。不要强迫自己进入某个状态或姿势。⑤与医生沟通：在开始正念减压与冥想练习之前，最好先告知医生自己的想法，并根据医生的建议进行调整。

2. 情绪调节技巧

（1）呼吸法：①4-7-8呼吸法：通过控制呼吸节奏来降低交感神经的兴奋性，增加副交感神经的活动，从而减缓心跳、降低血压，使身体进入深度放松状态。具体步骤为吸气4秒、屏息7秒、呼气8秒，循环进行。研究表明，4-7-8呼吸法有助于缩短入睡时间，提高睡眠质量，从而改善老年人的情绪状态。同时，它还能通过调节大脑中的化学物质（如血清素和褪黑素），进一步促进睡眠和情绪稳定。练习时应在安静舒适的环境中进行，避免在饭后立即进行，以免影响消化功能。此外，老年人应根据自身情况调整呼吸节奏和练习时间。②其他呼吸技巧：除了4-7-8呼吸法外，还可以尝试深呼吸、腹式呼吸等简单的呼吸技巧。深呼吸时，用鼻子缓缓吸气，使腹部膨胀，然后用嘴慢慢呼气，感受腹部收缩。腹式呼吸则更侧重于通过腹部的起伏来带动呼吸，有助于放松身体和心理。

（2）放松训练：此处主要介绍渐进性肌肉松弛法。这是一种通过逐步紧张和放松身体各个部位的肌肉来达到放松状态的方法。首先，老年人需要找到一个安静舒适的地方坐下或躺下，然后依次紧张并放松身体的各个部位（如脚趾、小腿、大腿、手指、手臂、肩膀等），感受肌肉从紧张到放松的过程。渐进性肌肉松弛法有助于缓解身体的紧张和僵硬感,减轻焦虑和压力,从而改善情绪状态。在练习过程中,老年人应注意保持呼吸自然流畅,避免憋气或过度用力。同时,如果在某个部位感到疼痛或不适,应立即停止练习并咨询医生。

(四)家庭支持与社会支持系统

1. 家庭支持

(1)情感支柱:家庭是患有慢性病的老年人情感上的重要支柱。面对长期疾病的困扰,老年人可能会产生焦虑、抑郁等负面情绪。家庭成员的理解、关爱和鼓励能够帮助老年人建立积极的心态,增强对抗疾病的信心。定期的家庭聚会、共享快乐时光可以有效缓解老年人的紧张和压力,使他们在心理上得到舒缓。

(2)行为引导者:家庭成员可以通过共同制订健康计划,引导老年人养成良好的生活习惯,如合理饮食、规律运动、按时服药和定期复查等。通过共同参与健康活动,如一起烹饪低盐低糖的餐食、一起散步或进行适量的运动,家庭成员不仅让老年人感受到关爱,也使健康行为成为家庭生活的一部分,从而提高老年人对于良好行为的依从性。

(3)信息来源和决策支持:在疾病管理中,老年人需要获取大量的医疗信息,理解复杂的治疗方案,甚至面临重大的治疗决策。家庭成员可以陪伴老年人参加医生的咨询,帮助记录和理解医嘱,甚至在必要时提供决策建议。这种信息共享和决策支持有助于老年人更准确地理解自己的病情,作出更明智的选择。

(4)日常生活照料:家庭成员还可以协助老年人进行日常生活的照料,如购物、烹饪、清洁等,减轻老年人的身体负担,让他们有更多精力专注于疾病的管理。

2. 社会支持系统

(1)医疗援助:社区、医疗机构和政府部门可以为患有长期慢性病的老年人提供医疗援助,如定期体检、疾病筛查、治疗费用减免等,减轻老年人的经济负担。

(2)健康教育:社区组织可以开展慢性病健康教育活动,提高老年人对疾病的认识和自我管理能力,帮助他们更好地掌握疾病管理知识。

(3)心理支持:医疗机构和社区组织可以为老年人提供心理咨询、心理疏导等服务,帮助他们缓解焦虑、抑郁等负面情绪,提高心理健康水平。

(4)交流平台:社区可以搭建慢性病患者交流平台,让他们分享经验、互相鼓励,共同面对疾病。这种社交互动有助于减轻老年人的孤独感和无助感,增强他们的社会归属感。

第二节　重大疾病老年人的心理与调适

一、概述

(一)重大疾病的定义

重大疾病,即医治花费巨大且在较长时间内对患者及其家庭造成严重影响的疾病。它们不仅威胁患者的生命健康,还可能导致家庭经济陷入困境,生活质量大幅下降。

(二)重大疾病对老年人心理的影响与应对方法

1. 重大疾病对老年人心理的影响

(1)对死亡的恐惧与对疾病的焦虑:①对死亡的恐惧:老年人在面对重大疾病时,最直接的反应往往是对死亡的恐惧。由于身体机能的衰退和疾病的侵袭,他们可能更加深刻地感受到生命的脆弱和不可预知性,从而产生强烈的恐惧感。②对疾病的焦虑:疾病的诊断、治疗过程及可能的并发症都会让老年人感到焦虑和不安。他们可能会担心病情恶化、治疗效果不佳、疼痛加剧等问题,这些担忧会进一步加重他们的心理负担。

（2）无助感与依赖心理：①无助感：随着年龄的增长，老年人在面对疾病时可能感到更加无力。他们可能无法像年轻时那样独立应对生活中的挑战，从而产生一种深深的无助感。②依赖心理：在疾病面前，老年人可能会更加依赖家人、朋友和医护人员的照顾和支持。他们希望得到更多的关爱和关注，以缓解内心的孤独和不安。

（3）悲观情绪与绝望感：①悲观情绪：疾病的长期折磨和治疗效果的不确定性可能会让老年人产生悲观情绪。他们可能会认为自己无法战胜疾病，对未来失去信心。②绝望感：当病情严重到一定程度时，老年人可能会感到绝望。他们可能会认为自己已经走到了生命的尽头，无法再回到过去健康的生活状态。

（4）否认心理与逃避行为：①否认心理：有些老年人在面对重大疾病时可能会采取否认的态度。他们可能不愿意承认自己的病情严重，或者对治疗持怀疑态度，试图通过否认来逃避现实的痛苦。②逃避行为：为了避免面对疾病的痛苦和现实的残酷，有些老年人可能会选择逃避。他们可能会拒绝接受治疗、不愿与家人交流病情等。

2. 应对方法

（1）积极心理反应：积极心理反应对患有重大疾病的老年人的康复具有显著的促进作用。这种积极心理反应可以表现为乐观、积极的心态，以及对治疗和康复的坚定信念。具体有以下方面：①增强治疗依从性；②提高免疫系统功能；③加速康复进程；④提升心理健康水平。

（2）心理调适：在应对疾病的过程中，老年人可能需要学会心理调适。他们可以通过与亲朋好友交流、参加社区活动、培养兴趣爱好等方式来缓解压力、调整心态。

（3）家庭与社会的支持：①家庭支持：家庭是老年人面对疾病时最重要的支持来源。家人的关爱、陪伴和鼓励可以帮助老年人更好地应对疾病带来的挑战。②社会支持：除了家庭之外，社会也应该为老年人提供更多的支持，医疗资源的合理配置、心理健康服务的普及、社会关怀的加强等都可以帮助老年人更好地应对重大疾病。

二、重大疾病老年人的心理需求

（一）安全感的需求

1. 对疾病的了解和控制　老年人希望了解自己所患疾病的详细信息，包括病因、治疗方案、预后等，以减少对未知的不安和恐惧。他们渴望能够参与决策过程，对治疗方案有一定的选择权，从而增强对疾病控制的信心。

2. 医护人员的信任　老年人需要建立对医护人员的信任感，认为他们具备专业知识和技能，能够为自己提供有效的治疗和护理。这种信任感有助于老年人放松心态，积极配合治疗，提高治疗效果。

3. 家庭和社会的支持　家庭的关爱和陪伴是老年人安全感的重要来源。子女和亲人的关心、照顾和鼓励能够让老年人感受到温暖和依靠。社会的支持同样重要，医疗资源的可及性、社会保障的完善程度等，都能够为老年人提供一定程度的安全感。

（二）尊重与认同的需求

1. 尊重的需求

（1）个人尊严的维护：老年人希望自己在患病过程中仍然能够保持个人的尊严和独立性。这包括在医疗决策中的参与权、对自己身体的自主控制权以及日常生活中的隐私保护。护理人员和家属应尊重老年人的意愿和选择，给予他们充分的自主权，避免在未经允许的情况下进行任何形式的身体接触或治疗。

（2）恰当的称呼与态度：老年人希望被周围的人以恰当的方式称呼，避免使用过于生硬或随意的称谓。护理人员应根据老年人的性别、职业、文化程度等因素，选用合适的称呼，以表达对他们的尊重。同时，护理人员在与老年人交流时应保持温和、耐心的态度，避免使用贬低或侮辱性的语言，以免伤害老年人的自尊心。

（3）聆听老年人的经验分享：老年人通常拥有丰富的社会经验和人生阅历，他们希望自己的经验和贡献能够得到认可和尊重。护理人员和家属可以通过聆听老年人的故事、分享他们的成就等方式，来表达对老年人的敬意和感激之情。

2. 认同的需求

（1）价值感的认同：老年人希望在疾病过程中仍然能够感受到自己的价值和重要性。这可以通过参与家庭决策、参与康复活动或为社会作出贡献等方式来实现。家属和护理人员可以鼓励老年人参与力所能及的活动，让他们感受到自己的存在对家庭和社会仍然具有积极的意义。

（2）情感支持的认同：老年人需要得到家人、朋友和医护人员的情感支持，以缓解疾病带来的孤独和无助感。家属和护理人员应经常与老年人保持联系，关心他们的身体状况和情绪变化，给予他们必要的安慰和鼓励。

（3）治疗成果的认同：老年人希望自己的努力能够得到认可，看到病情的好转和康复的进展。医护人员应及时向老年人反馈治疗成果，肯定他们的努力和配合，以增强他们的治疗信心和康复动力。

三、重大疾病老年人的心理调适

（一）认知重构

重大疾病老年人常因疾病产生心理困扰，认知重构可通过调整思维模式帮助其改善心理状态，提升生活质量。

1. 核心作用　通过修正对疾病的错误认知（如"绝症无望""家庭负担"等），引导老年人客观看待治疗进程，建立积极康复信念，缓解焦虑抑郁情绪。

2. 实施路径　①认知干预：识别典型消极思维，用医学事实替代灾难化想象（如展示治疗案例数据），打破"非黑即白"的认知偏差。②心态建设：通过相关练习，培养老年人对治疗进展的觉察力，强化"带病生存"的适应能力。③支持系统：建立家庭情感沟通机制（如定期开家庭会议），联动病友互助小组，构建多维支持网络，降低孤独感。④目标管理：分阶段制订康复目标（如首周每日下床3次），采用可视化进度图表，通过微小成就累积掌控感。

（二）情绪管理

1. 情绪表达与释放　①倾诉与倾听：鼓励老年人向家人、朋友或心理咨询师倾诉感受，避免情绪积压；营造安全、接纳的沟通环境。②非语言释放：通过写日记、绘画、听音乐等艺术形式，或散步、园艺等轻度活动释放情绪。

2. 生活方式调整　①规律作息：保证充足睡眠，避免过度劳累，合理规划日常活动。②饮食健康：以清淡、营养均衡的食物为主，减少辛辣、油腻食物，增加维生素和膳食纤维摄入。③适度运动：根据医生建议选择散步、打太极拳等低强度运动，缓解压力并改善身心状态。

3. 社会支持　①家庭关怀：子女需主动陪伴老年人，关注老年人的情绪变化，通过日常沟通增强情感支持。②社区参与：利用老年活动中心、兴趣小组等拓展社交圈，缓解孤独感。

4. 专业支持　①心理咨询：若情绪问题持续，由心理咨询师制订个性化干预方案。②医疗协同：定期与医生沟通疾病进展，遵循医嘱调整治疗计划，按时向医生反馈老年人的身心状态。

四、家庭与社会的角色和责任

（一）家庭的支持作用

1. 情感支持　重大疾病老年人往往因病情严重或治疗需要而长期住院或居家休养，容易感到孤独和无助。家庭成员的陪伴和关心能够有效缓解这种负面情绪，让老年人感受到温暖和支持。家庭是老年人最熟悉和信任的环境，家庭成员的稳定存在和照顾能够为老年人提供安全感，减轻老年人对疾病的恐惧和不安。

2. 促进治疗依从性 家庭成员可以协助老年人制订和执行治疗计划,包括按时服药、定期复查等。这种支持有助于确保治疗方案的有效实施,提高治疗效果。家庭成员的监督和鼓励能够激励老年人积极配合治疗,增强治疗的信心和动力。

3. 增强应对能力 家庭成员可以与老年人一起面对治疗过程中的困难和挑战,共同寻找解决方案。这种合作不仅有助于问题的解决,还能增强老年人的应对能力和心理韧性。在老年人行动不便或需要特殊照顾时,家庭成员可以提供必要的帮助和支持,如协助老年人的日常生活、陪伴老年人就医等。

4. 改善家庭氛围 共同面对重大疾病的经历能够增强家庭成员之间的凝聚力和亲密感,使家庭更加团结和谐。家庭成员应保持乐观积极的心态,通过言行举止为老年人营造积极向上的家庭氛围。这种氛围有助于老年人保持良好的心理状态,促进疾病的康复。

5. 提供教育与引导 家庭成员可以主动学习和了解老年人所患疾病的相关知识,以便更好地理解和支持老年人。通过正确的引导和解释,帮助老年人建立对疾病的正确认知,避免过度担忧和恐惧。

6. 促进心理康复 家庭成员可以鼓励老年人适当参与社交活动,扩大社交圈子,增加与他人的交流和互动。这有助于缓解孤独感,提高老年人的生活质量和幸福感。在需要时,家庭成员可以协助老年人寻求专业的心理咨询服务,以获得更全面和专业的心理支持。

(二)医疗机构的角色

1. 提供专业的医疗信息和心理支持 医疗机构首先通过专业的医疗团队,为老年人提供准确的疾病诊断、治疗方案以及预后评估等信息。这些信息有助于老年人及其家属建立对疾病的正确认识,减轻因信息不对称而产生的焦虑和恐惧。同时,医疗机构的专业医疗团队能够为老年人提供个性化的心理支持和干预,帮助老年人应对治疗过程中的心理困扰。

2. 实施综合治疗方案 医疗机构在治疗重大疾病时,通常采取综合治疗方案,即药物治疗、手术治疗与心理治疗相结合。这种综合治疗模式不仅关注老年人的身体健康,还重视其心理健康。心理治疗作为综合治疗方案的一部分,旨在通过认知行为疗法、放松训练、心理教育等方法,帮助老年人调整心态,缓解焦虑、抑郁等负面情绪,提高老年人的治疗依从性和生活质量。

3. 建立跨学科协作机制 重大疾病的治疗往往涉及多个学科领域,如肿瘤科、心内科、神经内科等。医疗机构通过建立跨学科协作机制,整合各科室的专业资源,为老年人提供全方位、多层次的医疗和心理支持。这种协作机制有助于实现医疗资源的优化配置,提高治疗效果,同时也为老年人的心理调适提供了更加全面和专业的支持。

4. 加强患者教育和家属支持 医疗机构还注重对患者及其家属的教育和支持。通过举办健康讲座、发放宣传资料、开展心理支持小组等方式,医疗机构向患者及其家属普及疾病知识、治疗方法和心理调适技巧。同时,医疗机构还鼓励家属积极参与老年人的治疗过程,提供情感支持和生活照顾,共同为老年人的康复努力。

第三节 残疾老人的心理与调适

一、概述

(一)残疾的分类与程度

1. 残疾的分类 依据中华人民共和国国家标准《残疾人残疾分类和分级》(GB/T 26341—2010),残疾按种类分为视力残疾、听力残疾、言语残疾、肢体残疾、智力残疾、精神残疾和多重残疾。

2. 残疾的程度 依据中华人民共和国国家标准《残疾人残疾分类和分级》(GB/T 26341—2010),

各类残疾按残疾程度分为四级：残疾一级、残疾二级、残疾三级和残疾四级。残疾一级为极重度，残疾二级为重度，残疾三级为中度，残疾四级为轻度。

知识拓展

全球老年人群体概况

根据安联经济研究中心发布的《2025安联全球养老金报告》，到2050年，全球65岁及以上人口将从目前的8.57亿增长到15.78亿，几乎翻倍；老年抚养比显著上升，由当前的每100名劳动人口抚养16名老年人上升至抚养26名老年人；报告涉及的国家/地区中，男性和女性的平均预期寿命将分别增加2.6岁和2.2岁。在我国，65岁及以上人口将从现在的2.08亿增加到3.9亿，老年抚养比将从21%增加到52%。

（二）老年残疾的常见原因

1. 慢性疾病　慢性疾病是老年残疾最主要的原因之一，随着寿命的延长，慢性疾病的患病率明显增加。这类疾病通常进展缓慢，难以治愈，但可通过长期管理控制其对身体功能的影响。常见的慢性疾病主要有四类。①心血管疾病：如高血压、冠心病、心肌梗死等，这些疾病会影响老年人的日常活动能力，严重时可能导致脑卒中，造成肢体功能障碍。②糖尿病：未控制的糖尿病会引发多种并发症，如糖尿病足、视力丧失（糖尿病性视网膜病变）、神经病变，导致肢体残疾和多种功能损伤。③慢性阻塞性肺疾病（COPD）：长期的呼吸功能受限会影响老年人的运动耐力和独立生活能力，病情严重者可能依赖辅助设备（如氧气瓶）生活。④关节炎：尤其是骨关节炎，影响老年人的关节功能，导致老年人行动不便，甚至失去独立行走能力。慢性疾病造成的残疾通常是进程缓慢且不可逆的，这类疾病不仅影响老年人的身体健康，还可能引发心理问题，如焦虑和抑郁。因疾病的慢性化，老年人可能需要长期依赖护理和医疗支持。

2. 意外伤害　意外伤害是老年人群体中导致残疾的第二大原因，尤其是跌倒和交通事故。随着身体协调性和反应能力的下降，老年人更容易受到外部环境的影响而发生伤害。常见的意外伤害包括三类。①跌倒：老年人由于肌肉力量减弱、骨质疏松等因素，更容易跌倒。跌倒后常导致骨折（尤其是髋部骨折），严重者需要手术或长期卧床，恢复困难。②交通事故：老年人的反应速度、视力和听力下降，增加了发生交通事故的风险，严重事故可能导致身体多处残疾。③烧伤和烫伤：老年人在家中处理日常事务时，容易因不慎而发生烧伤、烫伤，影响皮肤和运动功能。意外伤害导致的残疾通常会对老年人的生活自理能力产生重大影响。老年人一旦因意外失去活动能力，心理上可能产生强烈的无助感和孤立感，增加抑郁的风险。

3. 退行性病变　随着年龄增长，人体各个系统都会发生退行性病变，导致相应的功能逐渐丧失。退行性病变通常与老龄化过程密切相关，主要影响神经系统、骨骼系统和感官系统。常见的退行性病变包括四类。①阿尔茨海默病：这是一种神经退行性病变，影响老年人的记忆力、判断力和行为，严重时老年人可能失去自理能力。②帕金森病：这是一种影响运动功能的退行性病变，症状包括震颤、肢体僵硬、动作缓慢，逐渐导致肢体残疾和生活质量下降。③骨质疏松症：患者骨密度下降，导致骨骼脆弱，容易发生骨折，尤其是在轻微外力作用下，髋部、脊柱骨折较为常见，可能导致长期残疾。④白内障和黄斑变性：这是视力退行性病变的常见原因，导致视力减退或失明，影响老年人的日常生活能力。退行性病变带来的残疾具有不可逆性，且常常逐渐恶化。老年人可能需要长期护理，逐步丧失自理能力，并经历情感、认知和生理上的重大变化，严重影响生活质量。

4. 心理与社会因素的影响　心理因素在老年人残疾的发生过程中起着重要的作用。如抑郁、焦虑和孤独感等负面情绪会削弱老年人的身体功能，增加残疾的风险。例如，抑郁症常常伴随身体活动减少，进而导致肌肉萎缩和身体功能退化，进而可能导致功能性残疾。有时老年人对自己的能力没有信心或自我效能感下降也影响他们的活动水平。如果他们认为自己无法完成某些活动，可能会减少身体活动,导致体力下降,增加残疾风险。

社会因素也是老年人残疾的重要影响因素之一。来自家庭、朋友和社区的社会支持对老年人至关重要。良好的社会支持有助于老年人缓解心理压力,促进身体康复和功能维持。如果缺乏这种支持,老年人可能会感到孤立无援,导致身体功能衰退,增加残疾风险。参与社会活动有助于维持老年人的心理健康和身体活力。经常参与社区活动或与他人互动的老年人,其认知和身体功能可能维持得更好,从而减少了残疾的发生。经济状况会影响老年人的健康护理、营养和生活质量。经济条件差的老年人更可能缺乏医疗保健和支持,生活质量较低,残疾风险更高。

二、残疾对老年人心理的影响

(一)生理功能受限引发的心理压力

残疾老人因生理功能受限引发的心理压力主要表现在三方面:一是因行动不便导致的挫败感,如肢体功能障碍导致日常活动(如行走、洗漱)难以独立完成,引发无助感和自我否定;二是依赖他人的焦虑,被迫依赖他人照料(尤其是习惯独立的老年人),极易产生心理负担和不安;三是慢性病的长期压力,使得老年人对未来病情恶化有所担忧,形成长期心理压力。

(二)自尊与自我形象的冲击

残疾对老年人自尊与自我形象的冲击表现为三个层面:一是自尊受损,老年人因丧失自理能力而产生"无用感"或"家庭负担"的消极自我认知,导致自我价值感降低;二是身体形象困扰,因残疾引发的身体外观或行动方式改变(如依赖轮椅)易触发羞耻感,从而削弱老年人的社交意愿;三是失控与无助感,身体功能的局限性使老年人感到对生活的掌控力丧失,认为努力无法改善现状,从而加剧心理失衡。三者相互交织,共同影响老年人的心理健康与社会参与。

(三)孤独感加剧

残疾老人孤独感的加剧源于多重因素:一是因行动受限(如无法参与聚会或社区活动)导致社交圈萎缩,与外界逐渐脱节;二是情感支持缺失,"空巢"状态下的残疾老人缺少子女的陪伴,使孤独感加深并进一步损害心理健康;三是残疾老人可能会承受额外的心理压力。三者叠加,显著削弱了残疾老人的社会联结与生活幸福感。

(四)家庭角色转变与心理冲突

残疾老人家庭角色的转变往往引发复杂的心理冲突与适应困境,其核心症结体现在多重维度交织作用的社会心理机制中。角色转换过程中,从家庭决策者或照料者向被照料者身份的突变,不仅意味着社会功能的减退,更触发深层的自我认同危机。这种从主动贡献者到被动依赖者的转变,可能会使老年人陷入价值感丧失的认知困境,极易诱发焦虑障碍与抑郁倾向的叠加效应。长期照料所衍生的经济压力、情感透支与代际冲突构成动态的压力场域,这种慢性应激状态不仅加剧照料者的身心耗竭,更通过情绪反馈机制形成对残疾老年群体的二次心理创伤。多维压力源的交互作用最终形成嵌套式的适应困境,使得残疾老人在生理机能衰退与社会角色重构的双重挑战中,陷入持续性心理调适的复杂博弈过程。

三、残疾老人心理问题的表现

(一)焦虑与抑郁

残疾老人普遍面临由多重压力源触发的情绪危机。独立性丧失迫使个体接受生活掌控权的转移,经济压力与未来不确定性则加剧对生存保障的深层忧虑,而行动受限导致的社交隔离进一步剥夺情感支持系统。这些因素共同诱发持续性心理应激,表现为反复出现的无目标担忧、对自我价值的全盘否定、对既往兴趣的动机丧失,以及入睡困难或早醒等生物节律紊乱。值得注意的是,此类情绪症状常呈现昼夜波动特征,晨间抑郁加重与夜间焦虑加剧的交替模式,形成情绪调节机制的恶性循环。

（二）认知功能下降的风险

长期的心理负担会逐渐影响老年人的思维能力，带来明显的认知变化。持续的压力状态使大脑难以有效处理信息，表现为经常忘记近期发生的事情、与人交谈时容易走神，或在作决定时反复犹豫。原本简单的日常事务，比如记住钥匙位置或规划购物清单，都可能变得困难。当焦虑情绪持续存在时，这种思维能力的下降会进一步加速——老年人可能出现说话时前言不搭后语、重复询问已告知过的事情，甚至对时间、地点产生短暂混淆的情况。值得注意的是，这些认知变化并非单纯的衰老现象，情绪状态与思维能力的相互作用往往形成恶性循环：越是担心，实际思考问题时就越是容易出错，这种挫败感反过来又会加重心理压力。

（三）依赖与独立的心理冲突

身体功能障碍迫使老年人接受日常生活协助，但工具性依赖（如如厕、进食）与情感依赖（如情感倾诉）的双重需求，持续冲击其自我效能感。部分个体会通过拒绝护理、过度坚持自理等补偿行为维护主体性，却在操作失败后陷入更深的挫败体验。这种矛盾心理外化为情绪表达的极端化，既可能在拒绝帮助时出现攻击性言语，又可能在接受照护后产生病理性内疚。

（四）自我认同危机与社会疏离

从家庭经济支柱转变为资源消耗者的角色转变，导致个体社会价值评价体系崩塌。职业身份剥离与家庭决策权弱化的叠加效应，使老年人产生"存在冗余化"的认知扭曲。物理空间受限（如轮椅使用）与社交技能退化（如听力障碍）共同促成社交网络的变化。这种变化触发自我概念的解体，表现为对既往成就的过度质疑、对现时角色的拒绝认同，最终形成"抑郁 - 退缩 - 功能退化"的螺旋式下行通道，需通过意义重建干预打破该循环。

四、残疾老人的心理调适

（一）积极情绪的培养与维护

积极情绪的培养能够帮助老年人更好地应对残疾带来的挑战，提升心理韧性，可以从以下几个方面出发：一是关注积极事件，引导老年人学会感恩和珍惜生活中的美好时刻，这能有效抵消残疾带来的负面情绪；二是鼓励老年人参与适合自身情况的兴趣活动，如园艺、绘画、读书、听音乐等，通过培养兴趣来激发积极情绪，保持对生活的热情；三是定期进行放松训练或冥想练习，帮助老年人释放心理压力，促进情绪平衡，提高情绪管理能力；四是积极心态的培养，通过正念和积极思维训练，帮助老年人逐步改变对残疾的看法，接纳自己的身体限制，学会积极应对生活中的不确定性。

（二）建立支持性人际关系网络

良好的人际关系网络对老年人的心理健康具有积极作用，能够为他们提供情感支持和社交互动机会。其中家庭成员的关爱是重中之重，家庭是老年人最重要的情感依靠，家庭成员应积极参与到老年人的生活中，给予他们关怀和情感支持。定期的交流和陪伴可以有效缓解他们的孤独感。同时，老年人也需要保持与朋友或同龄人的联系，参加社交活动或老年人群体的聚会，有助于他们保持社交活力，避免社会孤立。同时来自志愿者的支持也是至关重要的，社区志愿者的关心和帮助，能够为残疾老人提供实际的生活帮助和情感支持，增强老年人对社区的归属感。

（三）家庭与社区的支持系统

家庭支持系统主要体现在两方面：一是照料责任的分担，家庭成员应合理分担照顾责任，避免让某一个人承担过多压力。通过明确分工、加强沟通，确保家庭能够提供稳定的支持；二是对老年人的心理健康关注，家人不仅要关注老年人的身体健康，还要定期关心他们的心理状态，及时发现心理问题，给予情感上的支持和安慰。社区支持系统同样体现在两方面，一是社区护理与康复服务，社区可以通过组织老年护理机构、康复中心，提供专业的护理和康复服务，帮助残疾老人维持和恢复日常功能；二是社会活动与参与机会的提供，社区可以为老年人提供适合他们的社会活动和志愿服务机会，增强他们的社会参与感和归属感。

（四）心理咨询与专业帮助

当残疾老人面临心理问题时，专业的心理帮助是必要的。通过心理咨询或治疗，能够有效缓解老年人的情绪困扰。心理咨询服务由专业心理咨询师提供，专业心理咨询师能帮助老年人处理焦虑、抑郁等情绪问题，提供情感疏导，帮助他们更好地理解和接纳残疾带来的变化。对于有严重心理困扰的老年人，可以采用认知行为疗法，帮助他们识别和调整消极的思维模式，逐步重建积极的生活态度。另外，对于遭遇重大生活打击或心理危机的老年人，如突然的残疾或严重疾病，心理干预和危机支持尤为重要。

（五）培养残疾老人的自我效能感与独立性

增强老年人的自我效能感和独立性，不仅能够提升他们的自尊心，还能帮助他们更积极地面对生活中的挑战。这种方式可以帮助老年人逐步恢复日常生活中的某些自理能力，增强他们对生活的控制感，避免过度依赖他人。可以以设定小目标的形式，让老年人体验到成就感，如完成某个简单的任务或进行一次短途的外出，逐步提升他们的自信心和自我效能感。还可以在家庭或社区事务中，鼓励残疾老人参与决策，让他们感受到自己的意见被重视，增强他们对生活的积极参与感。值得一提的是，现代技术和康复辅具（如轮椅、助听器、智能家居等）的使用能够有效帮助老年人提升生活独立性，使他们能够在一定程度上独立完成日常活动。

第四节　常见老年易患疾病的预防与保健

案　例

张阿姨今年68岁，独自生活，子女都在外地工作。最近，她在例行体检中被诊断为高血压和轻度骨质疏松。医生建议她需要加强日常饮食的调节，增加适量的运动，并开始定期监测血压。此外，医生还提醒她要关注心理健康，尤其是在长期独居的情况下，可能会出现情绪波动或孤独感。张阿姨曾因高血压住过院，但由于工作忙碌，忽视了医生的建议，导致血压控制不稳定。她的饮食习惯较差，常吃油腻食物，且缺乏运动。张阿姨意识到自己需要改变生活方式，但由于年龄较大，改变习惯的难度较大。

为了帮助张阿姨改善健康状况，她的儿子开始定期使用电话联系她，提醒她按时服药，并建议她参与社区组织的老年健身活动。她还开始每天散步30分钟，并调整饮食，增加蔬菜水果的摄入，减少盐和脂肪的摄入量。社区也安排了一位健康指导员，帮助张阿姨建立健康的饮食和运动习惯。

在经过几个月的调整后，张阿姨的血压得到了有效控制，骨密度有所提高，情绪也变得更加积极。

根据以上资料，请回答：

1. 张阿姨的高血压和骨质疏松等健康问题，如何通过健康的生活方式进行有效预防和管理？具体可以采取哪些措施来降低患病风险？

2. 在上述案例中，家庭和社区的支持起到了哪些作用？如何更好地促进老年人在家庭护理和专业医疗护理之间保持平衡？

一、概述

老年人因生理功能退化及不良生活习惯，易患多种慢性疾病，显著降低生活质量，加重医疗负担。掌握疾病特征与风险因素，可进行针对性预防干预，延缓疾病进程。

（一）常见老年疾病的分类与特点

常见老年疾病主要有心血管疾病、糖尿病、骨质疏松症及阿尔茨海默病等。心血管疾病以血管弹性下降和动脉硬化为主要特征，常引发血压异常升高，且具有突发性风险，典型症状包括胸闷、心悸及呼吸困难；糖尿病表现为胰岛素抵抗导致的血糖代谢紊乱，易并发多器官损伤；骨质疏松症以骨密度显著降低和骨脆性增加为特点，导致骨折风险升高且恢复困难；阿尔茨海默病则呈现渐进性认知功能退化，最终造成患者完全丧失生活自理能力。这些疾病在老年群体中普遍存在病程迁延、并发症复杂的特点。

（二）老年人群易患病的原因分析

老年人群易患病是多重因素交织作用的结果，其核心机制始于生理系统的自然衰退——血管弹性下降、骨代谢失衡与糖脂代谢能力减弱等。随着免疫系统功能的整体性衰减，免疫细胞活性降低，不仅增加了感染风险，更削弱了机体对异常细胞增殖的监控能力，导致癌症发生率显著上升。长期累积的慢性病复合效应则形成恶性循环，如高血压与糖尿病等并存时，通过代谢紊乱和血管损伤加速多器官功能退化。由衰老导致的运动不足等行为模式可能加重代谢负担，成为心脑血管病变的催化剂。心理层面的孤独感与焦虑情绪通过激活下丘脑 - 垂体 - 肾上腺轴等神经内分泌通路，诱发炎症因子释放，进一步放大慢性病的病理进程。这些生理脆弱性、行为风险、心理压力等因素立体化交互，最终构建出老年人群特有的疾病易感网络。

二、常见老年疾病的预防

（一）健康生活方式的倡导

1. 饮食 老年人应注重均衡饮食，摄入富含膳食纤维、维生素和矿物质的食物，如水果、蔬菜、全谷物和优质蛋白质。避免高盐、高糖和高脂肪的食物，限制红肉和加工食品的摄入，以减少心血管疾病、糖尿病和肥胖的风险。多吃鱼类、豆类、坚果等富含 ω-3 脂肪酸的食物，有助于心脏健康。摄取足够的钙和维生素 D 以防止骨质疏松。

2. 运动 适度的体力活动不仅可以帮助老年人保持体重，还能增强心肺功能、促进血液循环、预防骨质疏松和缓解关节炎症状。老年人应根据个人身体状况选择适合的运动，如散步、游泳、瑜伽和太极拳等，每周至少进行 150 分钟的中等强度运动。做一些力量训练有助于增强肌肉力量，减少跌倒的风险。

3. 心理健康 老年人常面临着社会角色转变、孤独感和健康问题等挑战，因此保持心理健康尤为重要。鼓励老年人多参与社交活动，培养爱好，与家人和朋友保持联系，必要时寻求心理咨询。

（二）定期体检与早期筛查的重要性

定期体检是发现潜在健康问题并及时干预的重要手段。老年人容易受到多种慢性疾病的影响，如高血压、糖尿病、心血管疾病等，定期检查能够帮助医生及早发现这些疾病的早期迹象，从而制订相应的治疗方案。常见的早期筛查有高血压筛查、糖尿病筛查、某些癌症的筛查和骨质疏松筛查等。此外，视力和听力等生理功能的定期检查对于老年人也是必要的，以保证生活质量。

（三）给予针对性预防措施

1. 戒烟 吸烟是导致心血管疾病、肺病和某些癌症的主要危险因素之一。戒烟能够显著减少患病风险，并改善呼吸功能。

2. 限盐 高盐饮食与高血压密切相关。老年人应避免摄入过量的食盐，每天的食盐摄入量应控制在 5g 以内，以降低高血压和心血管疾病的发生风险。

3. 控制血糖 老年人更易患糖尿病或存在血糖水平波动，保持均衡饮食、控制碳水化合物的摄入，避免暴饮暴食，以及保持适度运动，有助于控制血糖水平。

4. 保持健康体重 肥胖会增加多种慢性疾病的风险，如心脏病、糖尿病和关节疾病。通过健康饮食和适度运动来保持健康体重，能够有效减少多种慢性疾病的患病风险。

5. 减少酒精摄入 适度饮酒可以降低某些疾病的风险，但过量饮酒会增加肝脏疾病、心脏病和癌症的风险，建议老年人尽量减少酒精摄入。

三、老年保健的主要内容

（一）科学饮食

1. 均衡营养 老年人的饮食应注重蛋白质、膳食纤维、维生素和矿物质的摄取，避免高脂肪、高糖和高盐的食物。推荐食物包括：富含蛋白质的食物，如鱼、禽肉、鸡蛋和豆类，帮助维持肌肉质量；含有丰富膳食纤维的食物，如全谷物、蔬菜和水果，促进消化，预防便秘；富含钙和维生素 D 的食物，如乳制品、深绿色蔬菜和鱼类，预防骨质疏松。

2. 常见老年人饮食问题 随着年龄的增长，老年人可能会面临多种饮食问题，这需要特别注意以下内容。①食欲缺乏：由于味觉和嗅觉的下降，老年人可能会出现食欲缺乏，此时应提供富含营养的小份食物，增加食物的味道和质感。②消化不良：老年人的消化系统逐渐减弱，容易出现消化不良的情况，建议多吃易消化的食物，少食多餐，并避免油腻或难消化的食物。③便秘：老年人易出现便秘，饮食中应增加膳食纤维的摄入，多喝水，并适当增加运动。

（二）适度运动

1. 推荐的运动种类 ①散步：散步是最简单、最易坚持的运动形式，可以每天进行，帮助老年人维持心肺功能，增强骨骼和肌肉力量。②太极拳：太极拳动作缓慢优雅，特别适合老年人，它有助于提高平衡感、增强灵活性、减少跌倒风险。③游泳：游泳是低冲击力的运动，不会对关节产生过大的压力，非常适合关节炎患者和体重较重的老年人。④力量训练：简单的力量训练，如使用轻重量哑铃或橡皮筋，可以增强肌肉力量，预防肌肉萎缩。

2. 运动频率 建议老年人每周进行 150 分钟中等强度的有氧运动，如快走、游泳等，每周应进行至少 2 次的力量训练。根据个人健康状况、运动强度和频率可以进行调整。

（三）心理健康维护

1. 情绪管理 老年人可能因退休、失去亲友或健康问题导致情绪波动。应鼓励老年人学会正向思考，培养爱好，并通过社交活动与他人互动，减少孤独感和焦虑感。

2. 压力应对 老年人面临的压力源可能包括经济压力、健康问题等。指导老年人掌握一些放松技巧，如冥想、深呼吸或正念练习，能有效地帮助老年人应对压力。

3. 认知健康支持 老年人的认知能力随着年龄的增长可能会减退，预防老年人认知衰退的关键在于保持大脑活跃。老年人可以通过阅读、做解谜游戏、学习新技能等方式锻炼大脑，延缓认知衰退。同时，定期进行认知功能测试，有助于及早发现认知障碍问题。

（四）社会支持与医疗服务的利用

1. 社会支持 老年人需要来自家庭、社区和朋友的支持。建立良好的社会关系，有助于老年人缓解孤独感。社区活动、老年人俱乐部活动或志愿者服务都可以为老年人提供社交机会，增强他们的社会参与感。

2. 医疗服务的利用 老年人容易患慢性疾病，合理利用医疗资源可以有效管理和预防疾病。鼓励老年人定期进行体检，及时发现健康问题。利用家庭医生、社区医疗服务和护理机构提供的帮助，以获得持续的医疗支持，改善健康状况。同时，应鼓励老年人了解医疗保险和长期护理的相关政策，以便在需要时获得充足的支持。

四、老年人疾病管理与护理

（一）自我管理

老年人通常需要长期面对慢性疾病，如高血压、糖尿病、心脏病和关节炎等。提升老年人对疾病的自我监控与管理能力，是确保他们能够积极参与疾病控制并减少并发症的关键。可以从以下几个方面入手：首先，疾病知识普及的重要性不言而喻。老年人首先需要了解所患疾病的基本知识，包括病因、症状、危险信号以及预防措施。例如，糖尿病患者应知道如何测量血糖、识别低血糖和高血糖的症状；高血压患者应学会定期监测血压，了解健康的血压范围；其次，药物管理也是重要方面之一。老年人往往需要长期服用药物，准确遵守医生的药物使用建议至关重要。为避免漏服药物或错误用药，建议老年人使用服药提醒工具，如药盒或手机提醒功能，且应定期找医生复查，调整药物剂量。同时，自我监控能力的提升有助于早期发现问题。如糖尿病患者可以每天测量血糖并记录结果，高血压患者可以定期测量血压并注意任何异常情况。最后，生活方式调整的好处是显而易见的，老年人可以通过改变不良生活方式来控制疾病进展，包括饮食控制、增加运动、戒烟限酒、保持良好的心理健康等，这些措施有助于减少疾病恶化的风险。

（二）家庭护理与专业医疗护理相结合

家庭成员在老年人疾病护理中起着重要作用。家庭成员应了解老年人的疾病状况，帮助他们进行疾病日常管理和健康监督。必要时，家庭成员可以协助老年人服药、陪伴就诊、制订饮食计划，并提供情感支持。随着病情的发展，部分老年人可能需要专业医疗护理的支持，如长期卧床或需要术后康复的患者。专业医疗护理团队包括护士、康复治疗师和护理员等，他们能够提供更全面的医疗监护、护理技巧和康复训练，确保老年人得到合适的医疗照护。家庭成员可以与医生、护士定期沟通，确保护理措施得当，并根据老年人的健康变化及时调整护理计划，从而提高老年人的生活质量，促进康复。

（三）常见疾病的护理与康复建议

1. 高血压　老年高血压患者应定期监测血压，注意饮食中的盐分摄入，减少高脂、高盐和高糖食物的摄入，戒烟限酒，保持适量运动；通过打太极拳、散步等温和运动，老年人可以逐步增强心肺功能，帮助控制血压。老年高血压患者应避免剧烈运动，以防血压波动过大。

2. 糖尿病　糖尿病患者需要严格控制饮食，减少精制糖类摄入，定期测量血糖。皮肤护理也非常重要，特别是足部，应定期检查是否有皮肤破损或感染的迹象。适当的有氧运动如游泳、步行，有助于提高胰岛素敏感性，控制血糖。糖尿病患者还可以通过营养师的建议制订个性化的饮食方案。

3. 骨质疏松　老年人应增加钙和维生素D的摄入，多晒太阳，进行负重训练以增加骨密度。应防止跌倒，可在家中使用防滑垫、扶手等设施，减少摔倒的风险。通过物理治疗和力量训练，老年人可以逐渐改善肌肉力量和平衡感，减少骨折的风险。

4. 心脏病　心脏病患者应避免剧烈活动，遵医嘱服用药物，控制饮食中的胆固醇和脂肪摄入，保持健康体重；心脏康复计划通常包括有氧运动、力量训练和饮食管理，有助于恢复心脏功能，减少心脏病再次发作的风险。

5. 认知障碍（如阿尔茨海默病）　为有认知障碍的患者提供安全、熟悉的环境；鼓励患者参与简单的日常活动，如做拼图、绘画等，以保持大脑活力；认知康复训练可以延缓认知能力的退化。家庭成员应与专业治疗师合作，制订适合患者的认知训练方案，帮助老年人保持认知功能的稳定。

（张　政）

🖊 思考题

1. 社会支持系统对患有长期慢性病的老年人起到什么作用？
2. 患有重大疾病的老年人通常有什么心理需求？
3. 简述残疾老人的心理调适策略。
4. 残疾老人常见的心理问题表现在哪些方面？
5. 为预防常见的老年疾病，针对性预防措施有哪些？
6. 老年人易患慢性疾病的原因有哪些？

第七章

老年人的临终心理

学习目标

1. 掌握：临终老人的心理阶段和精神需求。
2. 熟悉：死亡的过程和死亡教育的内容。
3. 了解：临终老人的精神困扰。
4. 学会对临终老人的心理状态进行判断。
5. 具有尊重、包容、理解临终老人的同理心。

第一节　老年人的生死观和死亡教育

一、死亡的过程

死亡的评判标准存在多个维度，功能性死亡指个体生命活动和功能的永久性终止，包括血液循环全部停止及由此导致的呼吸、心跳等身体重要生命活动的终止；脑死亡指包括脑干在内的全脑功能不可逆转的丧失。目前，在我国脑死亡判断标准尚未立法。了解死亡的过程，正确认识生命和死亡，才能建构起真、善、美的生存信念，使有限的生命彰显出无限的价值和意义。

死亡是从量变到质变的过程，而不是生命的突然结束，医学上一般将死亡分为三期：濒死期、临床死亡期和生物学死亡期。

1. 濒死期（agonal stage）　又称临终期，是临床死亡前主要生命器官功能极度衰弱、逐渐趋向停止的时期。这个时期脑干以上的神经中枢功能丧失或深度抑制，而脑干功能依然存在。表现为意识模糊或丧失，各种反射减弱或逐渐消失，肌张力减退或消失。循环系统功能减退，心跳减弱，血压下降，四肢发绀，皮肤湿冷。呼吸系统功能进行性减退，表现为呼吸微弱，出现潮式呼吸或间断呼吸。身体出现代谢障碍，肠蠕动逐渐停止，感觉消失，视力下降。濒死期的各种迹象表明生命即将终结，是死亡过程的开始阶段。但某些猝死患者可不经过此期而直接进入临床死亡期。

2. 临床死亡期（clinical death stage）　此期中枢神经系统抑制已由大脑皮质扩散到皮质以下部位，延髓处于极度抑制状态。表现为心跳、呼吸完全停止，各种反射消失，瞳孔散大，但各种组织细胞仍有微弱而短暂的代谢活动。在这个时期，患者若得到及时有效的抢救治疗，生命有复苏的可能，否则大脑将发生不可逆的变化。

3. 生物学死亡期（biological death stage）　指全身器官、组织、细胞生命活动停止，也称细胞死亡（cellular death）。此期从大脑皮质开始，整个中枢神经系统及各器官新陈代谢完全停止，并出现不可逆变化，机体无复苏的可能。

二、老年人的生死观

人生都要经历从生到死的过程,生与死构成人类生命过程不可分割的辩证统一体。死亡作为一种不可避免的客观存在,是每个人都无法抗拒的自然规律。在成年晚期,人们能感受到自己的生命正在走向结束。根据海德格尔存在主义哲学观点,人类作为"向死而生"(being-toward-death)的存在,其生命意义正源于对有限性的觉知。在老年期,个体通过生理功能衰退、社会角色转换及同辈群体死亡事件等具身化体验,逐步建构起对生命终局性的具象认知。

死亡的临近通常伴随着认知功能的加速衰退。神经科学的一些研究显示,随着衰老,老年人会出现认知功能代偿性衰退,表现为情景记忆提取障碍和执行功能下降。这种生理信号与同辈群体死亡率上升形成双重印证,使老年人产生强烈的生命终局意识。

老年人也面临着周围同辈群体越来越多的死亡,配偶、兄弟姐妹、朋友都可能已经率先离开了世界,这些核心社会支持的丧失也持续提醒着他们自己即将面临死亡的必然性。社会情绪选择理论(socioemotional selectivity theory)的学者指出,此时个体会主动收缩社交范围,转而深化核心情感联结。

当人们认识到人无法超越自然生命的有限性时,就开始追求生命的意义。埃里克森的心理社会发展理论认为,老年期的核心任务是实现"自我完整性"(ego integrity),即通过整合一生的经历,形成对生命价值的积极接纳,若整合失败,老年人则可能陷入"绝望感",表现为对生命意义的否定。面临死亡的老年人可能比年轻人更为强烈地感到他们是家庭和社会的负担,他们有时还会被有意无意地给予一些信息:他们已经是"濒死"而非"重病"状态。

人们对死亡的恐惧来源于日常生活中耳闻目睹的各种现象。社会仪式的相关研究发现,出生与死亡的文化表征存在显著不对称性:新生儿庆贺仪式呈现出积极的情感导向,而丧葬仪式多强调失落等。这种价值偏向导致死亡被认为是"生命完整性的破坏者",进而诱发存在性焦虑。当有限的生命受到威胁时,人自然而然会生发出对生命的眷恋和对死亡的恐惧。

在多数情况下,老年人希望得知自己真实的身体状况,但是也有人不愿意知道自己真正的病情或获悉即将死亡的消息。老年人对死亡的认知呈现出独特的矛盾性:既存在对死亡的理性接纳,又伴随潜在的焦虑体验,这种双重性源于人类对生命有限性的根本性反思。

死亡接受(death acceptance)是基于生命历程整合的理性认知,表现为对生物规律的理解和生命完整性的确认;死亡焦虑(death anxiety)指对死亡相关威胁(如生命终结、未知性、失控感)的负面情绪反应,涉及对未知的恐惧和关系断裂的担忧。死亡接受与死亡焦虑并非简单的对立或排斥关系,而是一种动态、多层次的交互过程。两者既可能相互抑制,也可能共存甚至相互促进,其具体关系受个体心理、文化背景及生命阶段等因素调节。两者的动态平衡构成"合理生死观"的心理基础。外部防御和内在成长是个体面对死亡时的两种心理反应类型。外部防御是死亡焦虑引起的对死亡的抗拒和自我防御的过程;内在成长是指在人生反省的基础上追求内在价值,亲社会行为的概率增加,比如更愿意去帮助他人和为他人、社会作贡献。

三、对老年人的死亡教育

死亡教育(death education)是使人们正确对待他人及自己死亡的问题,引导人们树立正确的死亡观,教会人们如何面对死亡的教育。死亡教育探索生与死的关系,传播与死亡、临终、生死等相关的理念、知识、态度和技能,是利用医学死亡知识为医疗实践服务,推动社会文明发展的一种预防性教育。

(一)死亡教育的作用

1. 提升对死亡的认识 死亡代表一个人生命的结束,是机体生命活动和新陈代谢的永久终止。死亡教育可以帮助老年人树立新的生死观,对人生的价值及意义作深刻的体验。通过对死亡的思考,可以帮助老年人正确评价自己的生活,继而提高其对生命质量和生命价值的认识,缓解恐惧、焦虑的心理,保持平衡的状态及健全的人格。

2. 帮助老年人安然接受死亡现实 生与死是人类自然生命里的必然组成部分,是自然规律。能直言不讳、坦然地谈论有关死亡的问题,有利于老年人积极配合治疗,还便于老年人为自己的后事做妥善安排,安详、无憾地走向人生终点。

3. 预防不合理性自杀 死亡教育可以使老年人树立科学文明的死亡观念,建立自身的责任感和义务感,珍惜生命,从而避免自杀行为所致的不良后果和影响。

(二)死亡教育的内容

对老年人进行死亡教育主要包括以下几个方面:

1. 尊重老年人的知情权利,引导老年人面对和接受当前疾病状况。寻找合适的时机告知老年人病情,使其能够掌握自己的状况。同时,要关注不同的老年人对自身身体状况的承受能力不同,告知老年人病情时需要把握时机,因人因时而异。

2. 帮助老年人获得有关死亡、濒死的相关知识,引导老年人正确认识死亡,使老年人了解死亡的相关知识,知道死亡来临的预期事件,同时能理解预期结果。要注意,与老年人交谈时,应给予支持,用其可以听懂的并能理解的语言来谈论"死亡"。

3. 评估老年人对死亡的顾虑和担忧,给予针对性的解答和辅导。站在老年人的角度,体察他们的需要,帮助、鼓励他们把恐惧、忧虑表达出来,进行精神安慰和心理疏导,帮助他们针对性解决对死亡的焦虑、恐惧和各种思想负担,让其对人生的最后旅程作好规划。

4. 引导老年人回顾人生,肯定生命的意义。选择老年人状态较好的时段进行,可根据不同的人生经历,引导其回顾各个年龄段的生活,让老年人认识自己一生存在的意义和价值,并感恩生命中的一切。

5. 鼓励老年人制订现实可及的目标,并协助其完成心愿。与老年人深入沟通,让其意识到时间的宝贵,作好死亡前的准备,充分利用社工、志愿者组织整合社会资源,让老年人在平和、安逸的心境中走完最后一程。

6. 鼓励家属多陪伴在老年人身边,认真倾听老年人的心理感受,尽量满足老年人的需求,给予其更多的关爱、理解。

7. 允许家属陪伴,与亲人告别。引导老年人与其家人、朋友、同事相互道谢、道歉、道爱、道别,彼此交流分享;同时,引导老年人理性处理身后事,引导家属以更有意义的方式纪念亲人。

第二节 临终老人的心理阶段

引导老年人树立正确的生死观,帮助他们克服对死亡的恐惧,有尊严、平静、安详地接受死亡,是研究临终心理的初衷。心理学家、社会学家对死亡的情绪反应进行过一系列研究,库伯勒·罗斯(Kübler Ross)的研究最有代表性。她发现晚期慢性病的患者临终期长,意识一般比较清楚,他们在临终时的心理或精神状态一般要经过如下五个阶段:

1. 否认期 临终者得知自己生命已处于最后阶段时常表现出震惊与否认,不承认自己患了绝症或病情的进一步恶化,认为这可能是医生的错误判断,自己仍有较长的存活时间。他们常常怀着侥幸的心理到处求医。心理否认是临终者最初出现的一种心理防御机制,也是该类临终者面对死亡这一事件最常见的第一个心理反应。对这种心理应激的适应时间长短因人而异,大部分临终者几乎都能很快停止否认,而有的临终者直到临近死亡仍处于否认期。

2. 愤怒期 当临终者对其病情变化的心理否定无法继续保持下去,而有关自己疾病变化的坏消息持续被证实时,容易出现气愤、暴怒和嫉妒等心理反应。进入此阶段的临终者常表现出生气、愤怒、怨恨的情绪,迁怒于家属及医护人员,常无缘无故地摔打东西,抱怨照顾者对自己照顾不周,对医护人员的治疗和护理百般挑剔,以发泄内心的苦闷与无奈。这种愤怒如果不加以控制,可能会加速死亡的到来。

3. 协议期 愤怒的心理反应消失后,临终者开始接受自己的状况正在恶化的现实。此阶段临终者希望能发生奇迹。为了尽量延长生命或提高自己的生存质量,他们希望有好的治疗方法,并会作出许多承诺作为延长生命的交换条件。处于此阶段的临终者对生存还抱有希望,也愿意努力配合治疗。

4. 忧郁期 经历了前三个阶段之后,临终者的身体更加虚弱,病情进一步恶化,这时他们的气愤或暴怒都会被一种失落感所取代,表现为悲伤、情绪低落、退缩、沉默、抑郁和绝望等负面情绪。临终者会体验到一种准备后事的悲哀,此阶段他们希望与亲朋好友见面,希望亲人、家属每时每刻陪伴在身旁。

5. 接受期 此阶段临终者会感到自己已经竭尽全力,没有什么悲哀和痛苦了,开始接受即将面临死亡的事实。部分临终者表现出对生命最后阶段的平静和坦然,也有部分临终者表现出对生命终末期的遗憾。

库伯勒·罗斯的阶段理论也受到了人们的一些质疑和批评:这五个阶段并非完全按顺序发生和发展,发展过程存在较大的个体差异性。不同阶段的表现可以提前,有的甚至可以重合,不同阶段持续时间的长短也不尽相同。但是,库伯勒·罗斯关于死亡心理的五阶段描述迄今仍然是最具代表性的理论,她的理论对于唤起人们对临终老人的关注起到了重要的作用。

第三节　临终老人的精神需求和精神困扰

一、临终老人的精神需求

临终老人的精神需求是生命末期个体寻求终极意义、目的,体验与自我、家庭、他人、社区、社会、自然以及重要事物的关系。精神满足意味着个体达到与自我、他人、自然、信念的关系共融,即发现并认同真正的自我,与他人的关系和谐,没有人际关系的遗憾,与环境、自然有共鸣且有创造力,有自己内心坚定的信念,找到了自身的生命意义与价值。

临终老人精神需求主要包括两个方面:首先,与自我联结,即个体认识自我、寻求意义和自我超越;其次,与外界联结,包括与家庭、他人、社会、自然、信念等建立联系。

1. 寻找生存意义与目的 生存意义(existential meaning)是一个多维度概念,包括一个人对自己存在的原则、整体和目标的认知,对价值目标的追求和获得,并伴有实现感。人有追求生存意义的原始动力,主要通过三个途径发现生存意义,即通过工作创造价值,体验世间美感与人间情感,在苦难中寻找意义。

(1)在苦难中寻找意义:病痛使老年人经历身心的煎熬,但很多老年人仍认为生命总是有意义的,依然能从苦痛中寻找到意义。有的老年人把生病的过程当作对自身的磨炼与考验,有的老年人认为苦难是命运的安排,也有的老年人从信念中寻求意义。

(2)寻找新的目标:疾病打乱原有的人生计划,死亡也将剥夺生命很多的可能性,很多老年人通过重新确认生活目标维持生命的意义。临终老人常见的目标包括身体的调养、心理的调适、控制疼痛、积极的治疗、为家里尽一份力、维持好家庭的关系、完成未了的心愿等。

(3)保持希望:在老年人生命末期阶段,医疗团队和照护人员若对其保持积极态度,提供悉心照料,老年人即使身体功能状态日渐下降,依然能够找到希望,得到力量并发现生命的意义。

2. 维持关系

(1)体验与身边人的关系:生命末期阶段,老年人普遍存在与他人的联结需求,既包括从亲人那里得到支持与爱,也包括自己反过来能够给予亲人照顾、支持与爱。临终阶段,家人对老年人进行贴身照顾,彼此接触、沟通和交流增多,很多老年人在这个时候体会到更多的爱,对亲人的付出与照顾充满感恩,认为自己有责任、有义务也很有意愿与家人一起好好度过最后的时光。

(2)与过去关系的和解:老年人在临终阶段往往会回顾一生中的重要关系,反思自己的关系处理方式,对过去可能会有悔恨、遗憾等心理反应,影响其最终精神的安宁。帮助老年人明了自己的心结,帮助其利用生命最后的时间,去跟自己或自己重要的人道歉、道谢、道爱,去原谅、和解,重新获得爱与平静。

(3)体验与信念的关系:信念是个体对某种主张的信服和尊重,并以之为行动准则。信念反映个体的世界观、人生观与价值观,生命末期阶段,有些老年人会坚定信念,也有些老年人产生怀疑。

3. 保持自主性 自主性(autonomy)是指个体对现在、未来、个人角色和自我连续性的控制感。个体对自主的渴望是一种本能,包括维持自我独立感、保持自我掌控感、寻求自我价值感等。

(1)维持自我独立感:长期患病使老年人身体逐渐虚弱,往往需要他人照顾饮食起居,甚至完全依赖他人,在他人面前暴露个人隐私,这对个人的自由意志和自主性产生很大的挑战。适应新角色的老年人接受自己需要依赖他人的现实,能够安心地接受照顾;不能够适应新角色的老年人会出现强烈的失控感。

(2)保持自我掌控感:掌控与自己相关的事物是人的一项心理需求。让老年人保留对重要决定的参与权、选择权,有助于其保持自主性和自我控制感。在制订治疗方案等决策过程中,可以为老年人提供信息,尊重老年人本人的意愿,让老年人感受到对生命的自我掌控感。

(3)寻求自我价值感:自我价值(self-worth)是个体对自我的认知与评价,以及与之相关的态度或感受。自我价值感受到内部因素和外部因素影响。内部因素为反映个人价值的内部特征,如能力、成就等;外部因素是周围人对个人的态度与评价,与身份、地位、财富等相关。生命末期阶段,老年人会自我回顾人生,总结自己的成就,对自己成就的评价影响自我价值判断。接纳自我的老年人能够认识到自己的独一无二性,肯定此生的价值,满足于自己的目前状态,达到精神平和。相反,如果老年人的价值定位很高,认为只有成就大事业或大作为、最大化实现人生目标时人生才有价值,最后回顾时发现自己成就一般,容易否认自我价值,不能够接纳自我。也有的老年人受外界评价影响较大,价值定位过于物化,如一生追求财富,最后发现财富不能延长生命,也容易出现自我怀疑。帮助老年人从人生经历中找到价值,有助于其接纳自我、维持自我价值感。

(4)维护自我尊严感:尊严分为绝对尊严(absolute dignity)和相对尊严(relative dignity)。前者是每个人生命中固有的与生俱来的部分,不可分割,是每个人被看作一个特别而有价值个体的权利与需求;后者是可变的一部分,受社会文化等外部因素的影响,如周围人对自己的态度与评价。老年人后期可能出现视力下降、听力下降、机体活动能力下降、社会交往减少等,需要接受照顾,照顾者的态度和行为影响其尊严感。医务人员、亲人、朋友应该将老年人看成一个完整的人,看到、听到老年人的诉求,让其感受到被认可、被接纳、被理解、被温暖、被关怀。以老年人为主导,尊重老年人,为老年人提供细致、周到而温暖的照护,会让老年人感到自身的完整性和尊严,以及自己作为个体存在的价值。相反,对老年人态度不友好、照顾不够细致,对老年人需求敏感度不高会引起老年人的自我价值感、尊严感下降。

4. 面对死亡

(1)谈论死亡:在传统文化影响下,人们往往对死亡谈论较少,影响对死亡的理性接纳,有些老年人会出现对死亡的恐惧。

(2)思考死亡:一些临终老人在疾病的经历中思考生命过程和死亡,理解生命周期的自然规律,逐渐认识并接受死亡的意义。

(3)安排后事:一些临终老人通过思考和安排自己离世后的事务来接受死亡即将到来的事实。例如,有的人通过计划器官捐献来体现自己生命的价值,有的人通过选择自己的安葬方式来表达对生命的理解。

5. 延续个体精神 一些临终老人通过回顾自己的人生经历,感悟人生,给后人忠告,传承精神来延续生命的意义。

二、临终老人的精神困扰

时间的延续与未来的可能是生命存在的重要前提,当死亡即将来临,本质是阻断了未来的可能,很多老年人因此认为生命失去意义,从而产生精神痛苦(spiritual distress)或精神挣扎(spiritual struggle),即对过去的存在和拥有出现质疑,生命意义、信念或价值系统受到威胁与挑战,原有信念系统与现实之间产生冲突、不一致感和不协调感。精神痛苦可表现为对过去的遗憾、对当下死亡意义的不接纳和对未来的恐惧,出现无意义感和无价值感等常见精神困扰。这些问题若未被关注,老年人和家属都会留下遗憾。

(一) 无意义感

无意义感是临终老人可能出现的一种存在痛苦,他们认为生命即将逝去,不能承担原有的角色或作出贡献,使生命变得无意义。在长期压力下个体将出现无助感、失去希望、对生活丧失控制感、对未来存在不确定感、丧失生存意义及目标,出现社交疏离等。

1. 情绪表现 对生存意义的否定和无意义感会使个体出现茫然困惑的状态,在情绪上可表现为不安、焦虑、沮丧、无助、失败、无望、孤独等消极体验。

(1)焦虑不安:老年人若不能很好地赋予自己的人生经历以意义,会更多地看到人生的遗憾。这种遗憾会让老年人对自己的过去无法释怀,对未来产生莫名的担忧,内心经常处于一种不安的状态。也有老年人因为不能正确理解死亡的客观性和意义,会对死亡的过程及死后的不确定性产生焦虑。

(2)沮丧挫败感:老年人不能够从正面理解自己所遭遇的一切,对发生在自己身上的事情感到痛苦与沮丧,会纠结于命运的不公,质疑为何自己要经受这番苦痛。当不能从疾病的痛苦中找到意义时,部分老年人会否认自己过去的努力,不能肯定自己取得的成就。

(3)无助感:有些老年人在疾病与痛苦面前认为只能独自面对与承受,没有人能帮助自己,就会产生无助感。

2. 认知表现 无意义感在认知层面会表现为对生命目的、态度、价值缺乏信念支撑系统,没有目标和愿望,认为生命没有存在的意义,从而失去生活的动力。

(1)认为痛苦没有意义:不能够接受自己为何要忍受疾病以及其他痛苦,认为这样的痛苦不应该出现,忍受痛苦是没有意义的。在痛苦中寻找意义可以超越痛苦,反之,认为痛苦没有意义可能产生更大的痛苦与绝望。

(2)失去控制感:一些老年人可能对身体、认知和未来等多方面失去自我掌控感。他们可能不能够接受自己成为被照顾者的角色,认为自己失去了对身体的控制,被剥夺了对生命和生活的掌控权。对认知的失控感常源于疾病或治疗所带来的认知方面的问题,如应用镇静剂后的半清醒状态中老年人无法与他人进行正常的交流;对未来的失控感主要源于对死亡的未知和对未来的迷茫,表现为经常思考死亡什么时候来临等。

(3)他人负担感:一些老年人需要身边人的全面照顾,他们中的部分人可能会认为自己对他人没有用处,自己的生命没有继续的意义,自己是家人的负担,会对自己不能照顾自己感到羞愧,甚至有部分老年人会认为自己已经失去了活着的尊严与价值。

(4)失去生存意志:当老年人开始否认自我存在的意义,会失去生活目标与活下去的动力,照顾人员应积极关注并与老年人沟通,帮助其接纳自我、肯定自我,缓解负面情绪。

3. 行为表现 无意义感可表现为老年人认为做与不做某事没有区别,即做事情没有意义。部分老年人对自我掌控感存在强烈需求,可表现为固执、坚持自我,认为某些治疗减少了其自主性,从而拒绝医疗活动。

（二）无价值感

无价值感是人在将自己作为独立的生命个体进行自我观察、审视时所产生的深沉而负面的情绪，以一种自挫性的思维，对自己存在的价值产生怀疑和否定。

1. 情绪表现　老年人出现无价值感，会伴随情绪低落等自我否定情绪。

（1）失去兴奋点：无价值感的老年人觉得生活中没有特别的事情和让人兴奋的点。老年人因为疾病或者身体衰弱不能做自己想做的事情，由此产生的挫败感和沮丧感会导致情绪的持续低落。

（2）担忧：疾病使一些老年人丧失了身体的部分功能，影响自我价值感和自我认同，还可能因此担忧日后的生活。

（3）敏感：无价值感会使老年人心理更为脆弱，对周围人的反应更敏感。不耐心和不周到的照顾都会加重其无价值感。

2. 认知表现　在认知层面，无价值感伴随希望的丧失、自我贬低等表现。

（1）自我认同感下降：疾病使一些老年人不能继续原有的角色，老年人对自身定位不清晰，不能够找到新的价值，自我认同感受到影响。

（2）失去自主权：当照顾者将老年人照顾得过于全面，老年人没有表达自我、作决定的机会时，会感到自己受人控制、被动接受、依赖于他人，认为自主性受到威胁和个人权利丢失。

（3）失去希望：无价值感使老年人对治疗和未来失去希望，认为所做的一切都是徒劳。

（4）被抛弃感：一些因身体原因而不方便移动的老年人容易与周围人失去情感上的联结，会因为周围环境不够人性化、照顾不够细心等因素产生疏离感、被抛弃感。

3. 行为表现　老年人出现无价值感后在行为上可能主动减少与周围人的交流和社交活动，甚至切断与外界的联系。

（1）回避交流：老年人因认为自己没有很大的联系价值，主动减少与周围的联系与交流，包括与家人的联系。

（2）活动减少：老年人日常生活容易出现不规律和单调的状态，不主动参与其他活动。

三、精神支持的常用方法

精神支持能帮助临终老人获得和维持生命存在感，缓解其精神困扰，让临终老人安宁地走完人生最后一段旅程。精神支持可通过多种方式开展，包括评估精神需求、积极倾听、创造精神滋养环境等措施，常用的有生命回顾、意义疗法和尊严疗法等。

（一）生命回顾

生命回顾（life review）也称人生回顾，最初由美国学者朱迪斯·巴特勒（Judith Butler）提出，是一种精神、心理干预措施，老年人在实施者结构式的引导下对自己的一生经历进行回顾、评价和总结，在这个过程中老年人通过欣赏自己的成就，对一些未被解决的经验和冲突予以剖析、重整，反思自我，与过往遗憾达成和解，从而获得新的生命意义。实施者将老年人的生命回顾故事作为素材，制作成生命回顾手册。

生命回顾可以缓解临终老人焦虑、抑郁等情绪，发现生命意义，提高自尊感、希望感和生活质量，实现自我完善，也可为老年人家属带来心理慰藉，对促进老年人及其家属的精神心理健康具有重要意义。

（二）意义疗法

意义疗法（logotherapy）由奥地利心理学家维克多·弗兰克尔（Victor Frankl）在 20 世纪 40 年代创立并发展，是一种整合性心理治疗和咨询方法。意义疗法通过个体访谈和团体讨论等形式，引导老年人回顾生命中的重要事件，寻找生命的价值和意义，树立战胜疾病的信念，帮助老年人探索生命的意义，缓解负面情绪，提升对死亡的接受度，实现心理平和。

（三）尊严疗法

尊严疗法（dignity therapy）由经过培训的治疗师引导，以尊严疗法问题提纲为指导，采用访谈录音的形式为临终老人提供一个讲述重要人生经历,分享内心感受、情感和智慧的机会,录音资料被转录、编辑,转化为一份传承文档,交予老年人和家属,从而使得老年人的价值超越死亡而持续存在。

尊严疗法能够增强临终老人的尊严感和生命意义感,提高生存欲望和希望感,降低焦虑、抑郁、沮丧情绪,提高生命质量,同时给予家属安慰。

（徐云璐）

思考题

1. 老年人在临终时的心理状态一般要经过哪些阶段?
2. 如何帮助临终老人有尊严、有意义地走向死亡?

第八章

老年期异常心理

1. 掌握：老年期异常心理的概念、临床表现、心理干预及治疗。
2. 熟悉：老年期异常心理的病因及发病机制、诊断要点。
3. 了解：老年期异常心理的病因模式、症状学及疾病分类。
4. 学会准确识别老年期常见心理障碍的临床表现。
5. 具有制订并实施老年期异常心理的规范化干预策略。

第一节　老年期异常心理概述

一、老年期异常心理的概念

老年期异常心理是指老年群体在生理功能衰退、社会角色重构及心理调适能力下降等多因素交互作用下所表现出的符合精神医学诊断标准的病理性精神障碍或行为异常。此类障碍以生物 - 心理 - 社会因素共同驱动为特征，涵盖认知功能异常（如记忆衰退、定向障碍）、情绪失调（如持续性抑郁或焦虑）及适应性行为偏离（如社交退缩或病理性依赖），需通过标准化临床评估排除器质性疾病后予以界定。其核心特征包括四个方面。①年龄相关性：与老年期特有的生理衰退（如脑功能退化）、慢性疾病（如心脑血管病）及生活事件（如丧偶）密切相关。②功能损害性：导致社会功能（如人际交往、日常自理）或主观幸福感显著下降，超出正常老化范畴。③症状多样性：涵盖情绪障碍（如抑郁、焦虑）、认知障碍（如痴呆）、人格改变（如偏执、依赖）及行为异常（如药物依赖）等多种类型。④多因素交互性：由生物因素（神经递质失衡）、心理因素（应对能力减弱）及社会环境因素（支持系统缺失）共同作用引发。

二、老年期异常心理的病因模式

在老年期异常心理研究中，各学派以不同的观点探讨了异常心理产生的原因、机制以及治疗方法，以下是几种主要的病因模式：

（一）生物医学模式

生物医学模式运用生理学或生物学的因素来解释各种心理异常现象或精神疾患，同时主要采取生物学方法来消除这些异常。研究者认为，心理异常的原因主要与遗传、体质、大脑解剖结构、生理生化因素等有关。例如，神经解剖和神经生理学的研究显示，大脑皮质的不同区域受损会出现相应的功能障碍。心理异常的症状与中枢神经递质（如乙酰胆碱、去甲肾上腺素、多巴胺等）的功能紊乱有关，这些神经递质具有传导和抑制神经冲动的作用。遗传造成的染色体畸变及代谢基因的减少也能直接导致心理异常。

（二）心理动力学模式

心理动力学模式强调动力因素在心理发展中的重要作用，认为人的行为正常与否，都是由各种动机是否得到满足，尤其是潜意识层面的心理冲突能否被有效调和所决定的。心理异常是意识与压抑在潜意识中的欲望、本能等矛盾冲突的结果，即心理异常是欲望、本能在意识或现实社会中无法实现和满足的结果。这一模式包括弗洛伊德的精神分析学说、阿德勒的个体心理学、艾里克森的自我心理学等。其中，弗洛伊德认为人的发展即是性心理的发展，提出了心理防御机制的概念，并建立了自由联想、释梦等技术来引导患者认识自己的潜意识，以重建个人的人格。然而，心理动力学模式也存在一些局限，如过分夸大了无意识的作用，将人的意识贬低到次要的地位，甚至完全忽视了意识在人的活动中的重要调节作用。

（三）行为模式

行为模式认为，心理异常是"不良学习"的结果。所有体现心理异常的不良行为，除了由生理原因所决定的以外，都是通过条件反射即"学习"的过程固定下来的。既然如此，由此习得的异常行为也可以通过条件反射的方式予以"矫正"。这一模式的行为治疗理论强调学习在人类行为中的重要作用，提出了经典条件反射、操作性条件作用、模仿学习等原理，并发展出了系统脱敏、强化、塑造等行为治疗方法。然而，行为模式忽视了人的内部心理过程，不能解释诸多心理异常现象。

（四）认知模式

认知模式认为，情绪、行为是受认知影响的，认知的歪曲、非理性信念是心理障碍产生的原因。这一模式提出了认知重建、认知行为矫正等治疗方法，旨在通过改变个体的不良认知方式和思维模式来消除心理障碍。目前，认知治疗理论在心理学领域具有很强的影响力。

（五）社会文化模式

社会文化模式强调社会因素在心理异常致病原因中的作用，认为心理异常是生活变动等社会因素影响的结果。如重大生活变动、拥挤与紧张的都市化生活、失业等导致的生活贫困，都是造成心理异常的重要社会因素。这一模式从社会文化的角度解释了心理异常的产生，并强调了预防和干预社会有害因素的重要性。

（六）生物－心理－社会综合模式

随着研究工具的不断进步以及认知、行为、神经科学的不断发展，人们认识到心理障碍不是由某种原因单独引起的。无论是正常行为还是异常行为，都是生物、心理和社会因素共同作用的结果。因此，生物－心理－社会综合模式逐渐成为解释心理异常的主流观点。它强调在分析心理异常的病因时，要全面考虑生物、心理、社会等因素的综合作用，不能以偏概全。

综上所述，各学派在异常心理研究中提出了不同的理论模式来解释心理异常的产生原因、机制以及治疗方法。这些模式各有优劣，相互补充，共同推动了心理学领域的发展和进步。

三、心理异常的判断标准

心理异常的判断标准是多维度的，包括社会适应标准、内省经验标准、统计学标准、医学标准、心理测验标准以及公众感知标准等。在实际应用中，需要综合考虑这些标准，并结合个体的具体情况来进行判断。同时，专业的心理咨询和评估也是判断心理异常的重要手段。

1. 社会适应标准　在正常情况下，每个人都可依照社会生活的需求适应环境、改造环境，使自己的行为符合社会标准和准则。如果出现器质性病变或功能方面的缺陷，导致某些方面的能力受损，无法按照社会认可的方式、规则来规范自身行为，那么通常被认为心理异常。

2. 统计学标准　普通人群的心理特征在统计学上会呈现正态分布。如果某个体的心理特征在统计学上偏离了平均值，比如表现出极端的情绪反应、行为模式或思维方式，那么这可能意味着该个体存在心理异常。然而，统计学标准也存在一些局限性。例如，智力超常或有非凡创造力的人在人群中是极少数，他们的心理特征可能偏离常态分布的平均值，但很少被人认为是病态。这反映了统计学标准在判断异常心理时的局限性,因此需要结合其他判断标准进行综合评估。

3. 医学标准 医学上将心理异常视为躯体疾病一样。如果一个人表现出的某种心理现象或行为可以找到病理解剖或病理生理变化的依据,那么这个人通常被认为存在心理异常。这通常需要通过专业的医学检查和心理评估来确定。

4. 内省经验标准 以当事人自己的主观体验为标准进行判断,如个体出现无法控制的冲动行为,或感到持续的焦虑、抑郁、恐惧等负面情绪,并且这些体验超出了正常反应的范畴,可能表明个体存在心理异常。此外,观察者也可将被观察者的行为与自己以往经验相比较,以判断其心理是否正常。

5. 心理测验标准 运用各种心理测验,如记忆测验、智力测验、人格测验等,来评估个体是否处于心理正常的范围之内。这些测验可以提供关于个体心理特征的客观数据,有助于判断是否存在心理异常。

6. 公众感知标准 在日常的生活和工作当中,个体总会表现出各种心理活动。如果在别人看来某个人的心理有异常问题,特别是当众多的人都有一致性的看法时,那么对这个人的心理异常现象的判断往往是基本正确的。然而,这种标准具有主观性和不确定性,因此应谨慎使用。

四、老年期异常心理的症状学及疾病分类

(一)老年期异常心理的症状学

1. 认知方面的症状

(1)感觉障碍:体感异常。

(2)知觉障碍:某些错觉、幻觉、感知综合障碍。

(3)思维障碍

1)思维联想障碍:思维迟缓、奔逸、贫乏,以及病理性赘述、强制性思维、强迫观念。

2)思维逻辑障碍:思维松弛、破裂性思维、象征性思维、逻辑倒错性思维。

3)思维内容障碍:被害妄想、关系妄想、影响妄想、夸大妄想、罪恶妄想、嫉妒妄想、疑病妄想、钟情妄想、内心被揭露妄想等。

4)注意障碍:不正常的注意增强、涣散、减退或转移。

5)记忆障碍:不正常的记忆减退或增强、错构、虚构、似曾相识或熟悉感。

2. 情绪方面的症状 不正常的情绪高涨、低落、淡漠、倒错和病理性激情。

3. 意志方面的症状 不正常的意志增强、意志减退、意志缺乏。

4. 行为方面的症状 不协调性精神运动兴奋、精神运动抑制、违拗症、刻板动作及作态等。

5. 意识障碍 包括意识的内容改变和意识障碍的程度改变。

(1)与周围环境有关的意识障碍:以意识清晰度降低为主的意识障碍,如嗜睡状态、昏睡状态、昏迷状态;以意识范围改变为主的意识障碍,如意识朦胧、神游症。

(2)以意识内容改变为主的意识障碍:谵妄、精神错乱状态、梦幻状态;自我意识障碍,如人格解体、交替人格、双重人格、人格转换等。

(二)老年期异常心理的疾病分类

为了更好地认识人类的异常心理,促进科学研究的总结和临床经验的交流,使用共同的语言对心理行为异常进行详细的归类显得尤为重要。尽管归类工作非常复杂,但目前已有多种精神疾病的分类方法被广泛应用于医学临床诊断。以下是对目前医学临床诊断上使用的三种主要精神疾病分类方法的介绍:

1. 世界卫生组织的《国际疾病分类》 目前,《国际疾病分类》(*International Classification of Diseases*,ICD)已修订到第 11 版,即 ICD-11。分类特点:ICD-11 中提出了两个概念,即"基础组件"和"线性组合";基础组件是所有 ICD 分类单元的总和;ICD 根据使用目的不同从基础组件中衍生出

不同的子集，这称为线性组合；随着医学的发展，ICD 也在不断更新和完善，以更好地反映当今社会精神和行为障碍的疾病谱。

2. 美国精神医学学会的《精神疾病诊断及统计手册》 《精神疾病诊断及统计手册》(*Diagnostic and Statistical Manual of Mental Disorders*，DSM)现已颁布第 5 版，即 DSM-5。分类特点：DSM-5 按照疾病的谱系障碍进行分类，对相关的障碍进行了新的分组；该手册基于多个指标（如共享的神经机制、家族特征、遗传风险因素等）对障碍进行分组，有利于指导临床和研究；DSM-5 的分类更加细致和全面，为精神疾病的诊断和治疗提供了更为科学的依据。

3. 中华精神科学会制定的《中华精神疾病分类方案和统计手册》 《中华精神疾病分类方案和统计手册》(*Chinese Classification Scheme and Statistical Manual of Mental Disorders*，CCMD)第 3 版为 CCMD-3。分类特点：CCMD-3 兼顾病因、病理学分类和症状学分类，分类排列次序服从等级诊断和国际疾病分类（ICD-10）的分类原则；该手册沿用了 ICD-10 的名词解释，并在必要时进行了修改和补充，以更好地适应中国精神疾病分类的需要；CCMD-3 为中国的精神疾病分类和诊断提供了重要的参考依据。

这三种精神疾病分类方法各有特点，共同构成了当前医学临床诊断上使用的精神疾病分类体系。它们为医生提供了科学的诊断依据，也为患者提供了更为精准的治疗方案。随着医学的不断进步和发展，这些分类方法也将不断更新和完善，以更好地服务于人类的精神健康事业。

第二节　老年期常见心理障碍

案　例

李某，女，72 岁，一年前老伴突然离世，之后整晚睡不着觉，长时间哭泣，家里的一切大小事务也无法参与，只会不停地"自责"，不停地重复"是我没有发现他有问题，是我没有及时把他送到医院"。近两个月的时间，患者也几乎没有走出过家门，不见任何亲戚和朋友，觉得生活没有意义，对未来不抱有希望。

根据以上资料，请回答：

1. 患者存在哪些精神症状？
2. 如何进行治疗及干预？

老年期异常心理障碍作为多维度的临床综合征，其发病机制呈现典型的生物 - 心理 - 社会医学模式特征。生物学层面，神经递质失衡（如 5- 羟色胺、去甲肾上腺素系统功能紊乱）、脑结构退行性病变（前额叶皮质萎缩、海马体积缩小）及慢性炎症因子水平升高等构成病理生理基础。在心理社会因素中，退休后角色转换困难、丧偶等重大生活事件应激，代际关系冲突及社会支持网络薄弱等常成为诱发或加重病情的催化剂。此类障碍的临床表现具有显著隐匿性，老年患者常将抑郁情绪表述为"浑身没劲"，将焦虑症状归因于"心脏不舒服"，导致首诊误诊率较高。共病现象尤为突出，有的患者同时存在两种以上精神障碍（如抑郁与焦虑共病），且合并慢性躯体疾病（高血压、糖尿病等），形成认知功能下降 - 躯体症状加重 - 心理困扰加剧的恶性循环。因此老年期异常心理障碍需要早期识别，早期识别需结合详细病史、心理评估及躯体检查，且治疗上强调多学科协作（药物治疗、心理干预及社会支持），以改善患者的生活质量和延缓患者的功能衰退。

一、老年期焦虑障碍

（一）概念

焦虑障碍（anxiety disorder）是一种以焦虑、紧张、恐惧情绪为主，伴有自主神经功能症状和运动不安等为特征的神经症。焦虑并不一定由实际存在的威胁或危险引起。焦虑障碍是老年期的一种常见心理障碍，因其生理衰退、社会角色转变及共病复杂，表现出独特的躯体化倾向和社会心理诱因主导的特点。患者常以头晕、心悸、胃肠不适或慢性疼痛等躯体症状为主诉，而非直接表达心理担忧，易被误诊为心脏病或胃炎等躯体疾病，且常与高血压、糖尿病等慢性病交织，形成症状相互加重的恶性循环。认知与行为表现方面，焦虑可能加速记忆力减退、注意力分散，与早期痴呆症状混淆，并因恐惧跌倒、独处或社交尴尬而主动减少外出，导致社会功能退化。社会心理诱因以丧偶、亲友离世、经济压力及退休后角色丧失为主，孤独感和社会支持缺失将进一步加剧患者的不安全感。

（二）病因与发病机制

1. 生物学因素

（1）遗传因素：荟萃分析提示焦虑障碍具有家族聚集性，即家族中有焦虑障碍患者的个体患病风险较高。

（2）神经递质异常：焦虑障碍的发病与神经递质的异常密切相关，特别是γ-氨基丁酸（GABA）、5-羟色胺（5-HT）、去甲肾上腺素（NE）和血清素等神经递质的失衡。这些神经递质在大脑内起着传递信息、调节情绪和行为的重要作用，一旦出现异常，就可能导致情绪调节功能紊乱，从而引发焦虑。

（3）神经影像学：部分脑区结构和功能异常可能与焦虑障碍有关，如杏仁核、前额叶等脑区的过度活跃或功能失调，这些异常与焦虑情绪的产生密切相关。

2. 心理社会因素 老年期焦虑障碍的心理社会因素呈现多维度交织特征，其中丧失性事件与社会角色转换构成重要诱因：大多数的患者在发病前6个月内经历丧偶、亲友离世等重大丧失，安全感的骤然崩塌直接激活焦虑反应；而退休带来的经济状况下降与家庭决策权的削弱，则引发深层的存在价值危机，加剧自我认同紊乱。与此同时，认知功能衰退成为焦虑持续强化的催化剂，情景记忆缺损削弱个体对未来的预判能力，滋生出强烈的失控感；执行功能下降则导致应对策略匮乏，使日常压力迅速升级。社会支持系统的薄弱进一步放大了这些风险，空巢家庭中代际关系疏离使情感支持缺位，研究显示此类老年人的焦虑易感性明显提升。

（三）分类及临床表现

老年期焦虑障碍分为广泛性焦虑障碍及惊恐障碍。

1. 广泛性焦虑障碍 广泛性焦虑障碍（generalized anxiety disorder，GAD）又称慢性焦虑障碍，主要包含精神性焦虑、躯体性焦虑、自主神经功能紊乱。精神性焦虑表现为精神上的过度担心，患者经常过度担心各种事情，这种担忧往往超出正常范围，患者常常感到紧张和不安，即使在没有明显威胁的情况下也是如此，无法放松，内心经常处于高度警觉的状态；躯体性焦虑表现为运动性不安与肌肉紧张，患者坐立不安、来回走动、小动作增多，还可出现肌肉酸痛、肢体震颤等症状；自主神经功能紊乱表现为心慌、气短、呼吸困难、心跳加速、头晕头痛、胃部不适、腹泻、尿频等，甚至出现阳痿、早泄、月经失调。

2. 惊恐障碍 惊恐障碍（panic disorder，PD）又称急性焦虑障碍，是一种突发性的极度焦虑状态，患者会在短时间内体验到强烈的恐惧感和濒死感以及失控感，并伴有胸闷、胸痛、气急、喉头堵塞窒息感，以及过度换气、头晕、多汗、面部潮红或苍白、手脚麻木、胃肠道不适等自主神经功能失调表现。每次发作通常持续5～10分钟，最长一般不超过1小时，且发作时患者意识清晰，事后能回忆发作的经过。发作后患者仍感紧张不安，担心再次发病产生不良的后果，因而作出一些回避行为，如回避相关场所等。

（四）诊断要点

1. 广泛性焦虑障碍诊断要点 一次发作中，患者必须在至少数周（通常为数月）内的大多数时间存在焦虑的原发症状，这些症状通常应包含以下要素：①恐慌（为将来的不幸烦恼，感到"忐忑不安"，注意困难等）；②运动性紧张（坐卧不宁、紧张性头痛、颤抖、无法放松）；③自主神经活动亢进（头重脚轻、出汗、心动过速或呼吸急促、上腹部不适、头晕、口干等）。

2. 惊恐障碍诊断要点　要确定在大约 1 个月之内存在几次严重的自主神经功能失常导致的焦虑：①发作出现在没有客观危险的环境；②不局限于已知的或可预测的情境；③发作间期基本没有焦虑症状（尽管预期性焦虑常见）。

（五）心理干预与治疗

1. 药物治疗

（1）苯二氮䓬类药物：起效快，通常用于临时缓解焦虑症状。常用药物有地西泮、阿普唑仑、艾司唑仑、氯硝西泮、奥沙西泮等，长期使用可能会导致依赖性和停药反应，因此应在医生指导下使用，并逐渐减量至停用。

（2）非苯二氮䓬类药物：不良反应较小，依赖性和停药反应也相对较少，但起效较慢。常用药物有丁螺环酮、坦度螺酮等。此类药物常用于广泛性焦虑障碍的治疗。

（3）抗抑郁药物：常用药物有选择性 5- 羟色胺再摄取抑制剂（selective serotonin reuptake inhibitors，SSRIs）、5- 羟色胺和去甲肾上腺素再摄取抑制剂（serotonin and norepinephrine reuptake inhibitors，SNRIs），这类药物不良反应少，患者的接受度高，如氟西汀、舍曲林、帕罗西汀、氟伏沙明、艾司西酞普兰、文拉法辛、度洛西汀等。

（4）β- 肾上腺素能受体阻滞剂：此类药物主要用于治疗与焦虑相关的躯体症状，如心悸、手抖等，常用药物有普萘洛尔等。

2. 心理治疗

（1）认知行为疗法：引导老年患者识别其焦虑情绪的非适应性特征，并通过改变思维和行为模式来减轻焦虑。这种疗法强调患者的主动性和参与性，通过学习和实践新的应对策略，患者可以逐渐控制自己的焦虑情绪。

（2）支持性心理治疗：为患者提供一个安全、支持性的环境，让他们能够自由地表达自己的感受和担忧。心理医生会倾听患者的倾诉，并给予积极的反馈和建议，帮助患者建立积极的心态和应对机制。

（3）放松疗法：通过呼吸放松训练、肌肉放松训练等方法，帮助患者达到心理上的放松状态。这些方法有助于缓解焦虑情绪，提高患者的自我控制能力。

二、老年期抑郁障碍

（一）概念

老年期抑郁障碍（late life depression，LLD）是指通常起病于 60 岁及以上人群出现的抑郁障碍，以持续而深刻的情绪低落为主要表现，但常伴有慢性疼痛、乏力、睡眠障碍等躯体症状。老年期抑郁障碍的高发群体往往在此之前经历了社会心理层面的转变或挑战，诸如退休、子女成家后独立生活导致的家庭结构变化等。此外，随着年龄的增长，老年人还不可避免地会遭遇一系列生活上的负面事件，如配偶离世、亲朋好友离世、家庭内部的矛盾冲突以及突如其来的意外事件等，这些均可能成为触发或加剧老年期抑郁障碍的外部因素。

（二）病因与发病机制

1. 生物学因素

（1）抑郁障碍患者的一级亲属罹患抑郁障碍的风险为一般人群的 2～10 倍，该病的遗传度为 31%～42%。

（2）神经递质异常：5- 羟色胺（5-HT）、多巴胺（DA）、去甲肾上腺素（NE）、谷氨酸和 γ- 氨基丁酸等神经递质在抑郁症的发病中起着关键作用。研究发现，这些神经递质的功能活动降低与抑郁发作密切相关。例如，5-HT 水平降低与抑郁症的发生有显著联系。

（3）神经内分泌异常：下丘脑 - 垂体 - 肾上腺轴（HPA 轴）、下丘脑 - 垂体 - 甲状腺轴（HPT 轴）等参与了抑郁障碍的发病，抑郁症患者的神经内分泌系统存在紊乱现象，如皮质醇水平升高、生长激素分泌减少等,这些异常会影响大脑的功能调节。

(4)神经影像学:目前较为一致的发现主要涉及两个神经环路,一是以杏仁核和内侧前额叶皮质为中心的内隐情绪调节环路,该环路主要受 5-HT 调节;二是以腹侧纹状体/伏隔核、内侧前额叶皮质为中心的奖赏神经环路,该环路主要受 DA 调节。这两个神经环路可能分别涉及抑郁障碍患者不同的临床症状。

2. 心理社会因素 老年期抑郁障碍的心理社会因素往往与生命阶段的特殊挑战密切相关,退休带来的社会角色剥离、亲友离世引发的持续性哀伤反应以及空巢状态下的情感孤立构成主要诱因,这些丧失性体验易引发自我价值感崩塌与存在意义危机。同时,慢性疾病导致的躯体功能受限、经济状况下降衍生的无助感,以及代际沟通障碍加剧的情感疏离,共同形成"心理-社会-生理"多重压力源。社会支持系统的薄弱可能进一步放大疾病风险。

(三)临床表现

抑郁障碍的临床表现可分为核心症状、心理症状群与躯体症状群。在具体的症状归类上,部分症状常常存在相互重叠的。

1. 核心症状 情绪低落、兴趣减退、快感缺失。情绪低落是抑郁症患者最常见的体验,表现为持续感到悲伤、沮丧、无望或空虚。患者可能常常感到无助,出现自责、无价值感,并对未来失去信心,情绪低落的程度可能因时间和情境而异。兴趣减退表现为患者对以往喜爱的活动或爱好失去兴趣或热情,这种兴趣减退不仅仅是对某一项活动的暂时丧失兴趣,而是广泛的、持续的,对任何事物都提不起兴趣或动力不足。快感缺失表现为即使患者参与了以前觉得有趣或愉悦的活动,也无法从中获得满足感或快乐感。

2. 心理症状群 焦虑、自责自罪、思维迟缓、注意力下降、认知功能损害、负性认知模式,以及精神病性症状如幻觉或者妄想;精神运动迟滞或激越如沉默寡言、行为迟缓或言语活动明显增加;严重者存在自杀观念和行为,对病情无认识能力,缺乏自知力。

3. 躯体症状群 睡眠障碍,表现形式多样,包括早段失眠(入睡困难)、中段失眠(睡眠轻浅、多梦)和末段失眠(早醒),部分患者可能还会出现睡眠过多或做噩梦等情况;食欲紊乱,主要表现为食欲下降伴体重减轻,轻者表现为食不知味、没有胃口,但进食量不一定明显减少,少数患者可能会出现食欲亢进和体重增加的情况;精力下降,表现为无精打采、疲乏无力、懒散,患者感到自己筋疲力尽、能力下降;性功能障碍,性欲减退乃至完全丧失,无法从中体验到乐趣,女性患者还可能出现月经紊乱、闭经等症状;疼痛与不适,如头痛、背痛、胸痛、腰痛、身体疼痛等,疼痛是最主要的躯体症状之一,还可能伴有一些非特异性的躯体症状,如头晕、脑鸣、胃胀、胃痛、尿频、尿急等;自主神经功能紊乱,表现为头晕、头痛、心慌、心悸、出汗、胸闷、憋喘、呼吸困难、脸色苍白等症状,甚至有濒死感。

(四)诊断

抑郁障碍的诊断需依据核心症状与附加症状进行综合评估。核心症状包括持续存在的心境低落、对日常活动的兴趣及愉快感显著丧失,并伴随精力降低引发的特征性表现,如劳累感异常增加与主动性活动减少。附加症状涵盖认知、情感及生理多个维度:集中注意和维持注意的能力明显降低,自我评价系统受损导致自信心持续下降,且出现与现实情境不符的自罪观念与无价值感(该症状在轻度发作期即可能显现);认知模式表现为对未来的消极预期,对前途的悲观绝望;危险症状层包括自伤或自杀的观念/行为,需进行即刻风险评估;生理维度则表现为睡眠障碍(入睡困难、早醒或睡眠过多)及食欲显著下降伴体重变化(少数可能出现食欲亢进)。上述症状群需每日存在、持续至少两周,并造成社会功能实质性损害方可确立诊断。

(五)心理干预及治疗

1. 药物治疗

(1)选择性 5-羟色胺再摄取抑制剂(SSRIs)代表药物:氟西汀、舍曲林、帕罗西汀、西酞普兰、氟伏沙明,俗称"五朵金花"。通过抑制 5-羟色胺(5-HT)的再摄取,增加突触间隙中 5-HT 的浓度,从而改善抑郁症状。这类药物疗效确切，副作用相对较小。

（2）5-羟色胺和去甲肾上腺素再摄取抑制剂（SNRIs）代表药物：文拉法辛、度洛西汀。作用机制：同时抑制5-HT和去甲肾上腺素（NE）的再摄取，具有双重作用机制。抗抑郁和抗焦虑作用均好，副作用较轻且无成瘾性。

（3）去甲肾上腺素和特异性5-羟色胺能抗抑郁药（norepinephrine and specific serotonergic antidepressants，NaSSAs）代表药物：米氮平。作用机制：选择性地作用于α₂受体以及5-羟色胺受体，起到拮抗作用，从而发挥抗抑郁、抗焦虑、抗强迫、镇静等作用。起效较快，对性功能几乎没有影响。

（4）三环类及四环类抗抑郁药代表药物：丙咪嗪、氯米帕明、阿米替林、多塞平、马普替林等。作用机制：通过阻断去甲肾上腺素和5-羟色胺在神经元突触前膜的再摄取，增加突触间隙中这两种神经递质的浓度。副作用相对较多，如口干、便秘、嗜睡、乏力等。

（5）单胺氧化酶抑制剂（monoamine oxidase inhibitors，MAOIs）代表药物：吗氯贝胺。通过抑制单胺氧化酶的活性，减少单胺类神经递质的降解，从而增加其浓度。使用时需要特别注意饮食禁忌，如避免食用含有酪胺的食物。

（6）其他抗抑郁药：如安非他酮，为去甲肾上腺素、5-羟色胺、多巴胺再摄取的弱抑制剂，对单胺氧化酶没有抑制作用。其适用于抑郁症以及双相抑郁，优势是对体重以及性功能影响小。

2. 心理治疗

（1）认知行为疗法：这是老年抑郁患者常用的心理治疗方法之一。通过与患者探讨其不合理的认知模式，并引导其建立积极的思维模式，从而改善其抑郁情绪。

（2）森田疗法：该疗法强调让患者顺应自然，接受自己的现状，不去过分关注自己的症状，而是将注意力转移到生活中的其他事情上，以达到缓解抑郁的目的。

（3）支持性心理治疗：为患者提供情感支持，帮助其表达内心的痛苦和困惑，同时鼓励患者积极面对问题，增强其应对能力。

3. 其他干预方法

（1）改良电休克治疗（modified electro-convulsive therapy，MECT）：是在使用静脉麻醉药和肌松剂后，以小剂量的电流通过双侧颞叶诱发大脑皮质癫痫样放电的一种治疗方式。对于部分重度抑郁或伴有自杀倾向的老年人，改良电休克治疗可能是一种有效的治疗方法，但需在专业医疗机构进行，并遵循医生的指导。

（2）重复经颅磁刺激（repetitive transcranial magnetic stimulation，rTMS）：是一种非侵入性的治疗方法，通过磁场刺激大脑皮质，达到改善抑郁症状的目的。rTMS治疗相对安全，副作用较小，但治疗效果可能因个体差异而异。

三、老年期躯体形式障碍

（一）概念

躯体形式障碍（somatoform disorder）是一种神经症，其核心特征是患者持续担忧或坚信自己存在多种躯体症状，因此频繁求医，然而，即便经过各种医学检查均未发现异常，且医生给出了专业解释，患者的疑虑依然无法消除。尽管在某些情况下，患者可能确实患有某种躯体疾病，但该疾病并不能合理解释其症状的严重程度或其所承受的痛苦与过度关注的程度。此外，这类患者还常常伴有焦虑或抑郁的情绪状态。

（二）病因及发病机制

老年人躯体形式障碍的病因与发病机制涉及多个方面，这些因素可能单独或共同作用导致疾病的发生。以下是对其病因与发病机制的详细阐述：

1. 生物因素　躯体形式障碍具有家族聚集性，可能受到遗传易感素质的影响。遗传因素可能导致大脑化学物质失衡，进而影响情绪和认知功能，增加患躯体形式障碍的风险。患者可能存在脑干网状结构滤过功能失调，导致注意和唤醒功能的改变。这种神经生理异常可能影响个体的情绪调节和疼痛感知，从而诱发疾病。

2. 心理社会因素　如潜意识获益。躯体症状可以在潜意识中为患者提供两种获益：一是通过变相发泄缓解情绪冲突；二是通过呈现患病角色，可以回避不愿承担的责任并取得关心和照顾。老年人在面临心理社会压力时，可能通过躯体症状来寻求这种潜意识获益。老年人在生活中可能面临多种心理社会压力，如退休、丧偶、孤独等，这些因素可能导致情绪压抑和心理创伤，进而引发躯体形式障碍。老年人的个性特征，如神经质、敏感多疑等，可能使其更容易对身体不适产生过度关注和担忧。这种高度敏感的性格特征可能导致个体对身体信号的解读出现偏差，从而产生疑病症倾向。

3. 环境因素　老年人经常接触医院和患者，或者参加亲友的追悼会等，可能联想到自己的健康问题，进而产生不安和恐惧。此外，随着年龄的增长，老年人的身体素质逐渐下降，可能对自己的身体状况产生不切实际的期望。同时，老年人对一些慢性病缺乏足够的重视，直到病情恶化才意识到问题，并由此产生恐病心理。

（三）分类及临床表现

关于躯体形式障碍的种类包括以下几种：

1. 躯体化障碍　其主要特征是多种多样且频繁变化的躯体症状。这些症状可能出现在身体的任何部位或系统中，其中最常见的是胃肠道的不适感，比如疼痛、打嗝、反酸、呕吐以及恶心等。此外，患者还可能会经历异常的皮肤感觉，包括瘙痒、烧灼感、刺痛、麻木感以及酸痛等，有时皮肤上还会出现斑点。患者常常伴有明显的抑郁和焦虑情绪。女性患者远多于男性，而且大多数人在成年早期就会发病。此外，病程通常会持续至少2年。

2. 未分化的躯体形式障碍　患者常诉述一种或多种躯体症状，症状具有多变性，其临床表现类似躯体化障碍，但构成躯体化障碍的典型性不够，其症状涉及的部位不如躯体化障碍广泛，也不那么丰富。病程在半年以上，但不足2年。

3. 疑病症　主要特征是一种以担心或相信患严重躯体疾病的持久性优势观念为主的神经症，患者因为这种症状反复就医，各种医学检查呈阴性和医师的解释，均不能打消患者的疑虑。即使患者有时存在某种躯体障碍，也不能解释所诉症状的性质、程度，或患者的痛苦与优势观念，常伴有焦虑或抑郁。对身体畸形（虽然根据不足）的疑虑或优势观念也属本症。本障碍男女患者均有，无明显家庭特点（与躯体化障碍不同），常为慢性波动性病程。

4. 躯体形式自主神经紊乱　是一种主要受自主神经支配的器官系统（如心血管、胃肠道、呼吸系统）发生躯体障碍所致的神经症。患者在自主神经兴奋症状（如心悸、出汗、脸红、震颤）基础上，又发生了非特异的，但更有个体特征和主观性的症状，如部位不定的疼痛、烧灼感、沉重感、紧束感、肿胀感，经检查这些症状都不能证明有关器官和系统发生了躯体障碍。因此本障碍的特征在于明显的自主神经受累，非特异性的症状附加了主观的主诉，以及坚持将症状归咎于某一特定的器官或系统。

5. 躯体形式疼痛障碍　是一种不能用生理过程或躯体障碍予以合理解释的持续、严重的情绪冲突或心理社会问题直接导致了疼痛的发生，经过检查未发现相应主诉的躯体病变。本病病程迁延，常持续6个月以上，并使患者社会功能受损。诊断需排除抑郁障碍或精神分裂症病程中被假定为心因性疼痛的疼痛、躯体化障碍，以及检查证实的相关躯体疾病与疼痛。

（四）诊断

1. 躯体化障碍诊断要点　①存在变化多端的躯体症状至少两年，且未发现任何恰当的躯体解释；②不断拒绝多名医生关于其症状没有躯体解释的告知；③症状及其所致行为造成一定程度的社会和家庭功能损害。

2. 疑病症诊断要点　①患者持续存在的非特异性躯体症状被持久固着地归因于未检出的严重器质性疾病；②或存在持续性的先占观念，认为有畸形或变形；③总是拒绝接受多位不同医生关于其症状并不意味着躯体疾病或异常的告知。

3. 躯体形式自主神经紊乱诊断要点 ①持续存在自主神经兴奋症状,如心悸、出汗、颤抖、脸红,这些症状令人烦恼;②涉及特定器官或系统的主观主诉;③存在上述器官可能患严重(但常为非特异性的)障碍的先占观念和由此而生的痛苦,医生的反复告知和解释无济于事;④所述器官的结构和功能并无明显紊乱的证据。

(五)心理干预及治疗

1. 注意沟通的方式方法 对于躯体化障碍患者,需要理解他们的症状和情绪,建立信任与安全感,解释治疗方案与预期,鼓励家庭成员参与与支持,关注患者心理需求,避免过度强调躯体症状。这些措施有助于改善患者的心理状态,提高治疗效果。以下是一些关于与躯体化障碍患者沟通的建议:

(1)理解患者的症状与情绪,表达出同情和理解。

(2)建立信任与安全感:与躯体化障碍患者建立信任关系至关重要。治疗师需要热情、积极主动地与患者沟通,认真倾听他们的感受与想法,给予理解、同情和安慰,必要时给予一些通俗易懂的解释,让他们感受到支持。

(3)充分解释治疗方案是让患者配合治疗的关键。治疗师需要向患者详细解释治疗的目的、方法、预期效果以及可能出现的副作用等,让患者了解治疗的全过程,从而消除疑虑,增强信心。

(4)在与躯体化障碍患者沟通时,要避免过度强调躯体症状,以免加重患者的心理负担。相反,应引导患者关注自己的心理感受和需求,鼓励他们积极参与治疗过程,提高疗效。

2. 心理治疗

(1)支持性心理治疗:可以帮助患者重新树立信心并得到鼓舞,以及促使他们对治疗计划予以配合。

(2)认知行为治疗:认知行为治疗是治疗躯体化障碍的一种高效治疗方法,它能有效减轻患者的躯体症状。其核心宗旨在于帮助患者克服认知上的局限、模糊感知以及错误判断,同时转变其歪曲或非逻辑的思考模式。在治疗过程中,功能性分析扮演着至关重要的角色,它旨在明确特定刺激与结果之间的关联,是确保治疗成功的关键因素。

(3)家庭治疗:鼓励家庭成员参与患者的心理治疗,提供家庭支持,帮助患者建立良好的家庭关系和支持网络。

(4)团体治疗:将具有相似病情的患者聚集在一起,通过分享经验、相互支持和鼓励,促进患者的康复和情感支持。

3. 药物治疗 常用的有抗焦虑药物及 SSRIs、SNRIs,对慢性疼痛患者可选择 SNRIs、三环类抗抑郁药、镇痛药进行对症处理。另外,对有偏执倾向,难治愈患者可使用小剂量抗精神病药物如喹硫平、奥氮平、利培酮等以提高疗效。

四、老年期强迫障碍

(一)概念

强迫障碍(obsessive-compulsive disorder,OCD)是一组以强迫思维和强迫行为为主要临床表现的精神疾病,其特点为有意识的强迫和反强迫并存,一些毫无意义甚至违背自己意愿的想法或冲动反复侵入患者的日常生活。

强迫症患者多数都认为这些观念和行为没有必要或者不正常,能够体会到这种观念和行为违背了自己的意愿,很想摆脱,但是却无法摆脱,患者也因此而感到痛苦、焦虑。

(二)病因及发病机制

1. 生物因素

(1)遗传因素:国内外多个家系研究表明,强迫症患者的亲属中,特别是一级亲属(如父母、同胞、子女)的患病率明显高于普通人群。这提示强迫症可能与某种遗传特质有关。

(2)神经递质假说:5-羟色胺神经递质在强迫症的发病中可能扮演重要角色。5-羟色胺转运蛋白在 5- 羟色胺神经递质代谢中起关键作用，而大多数治疗强迫症的药物作用于 5- 羟色胺，这可能是导致强迫症改善的一系列神经化学反应的关键；临床研究发现强迫症与抽动秽语综合征关系密切，而后者主要由多巴胺系统功能障碍所致。

（3）脑功能与结构改变：皮质 - 纹状体 - 丘脑 - 皮质环路是强迫症发病的重要神经基础。该环路的直接通路具有易化运动的功能，而间接通路则可抑制不想要的运动。在对难治性强迫症患者的该环路直接通路进行手术毁损后，强迫症状能得到一定缓解。这进一步证实了脑功能与结构改变在强迫症发病中的重要性。

2. 心理学因素

（1）人格特征：老年期强迫症患者往往在病前有强迫型人格特征。他们通常表现为注重细节、做事力求准确完善，即使如此也仍有"不完善""不安全"和"不确定"的感觉。此外，他们可能循规蹈矩、缺少决断、犹豫不决、依赖顺从，或者表现为固执倔强、墨守成规及脾气急躁。这些人格特征可能增加了他们患强迫症的风险。

（2）生活应激事件：由于身体功能逐渐衰退等原因，老年人更容易受到生活应激事件的侵袭。虽然生活应激事件一般不会成为强迫症的根源，但可能作为一个"扳机"而存在，诱发或加重强迫症症状。例如，生活环境的变化、人际关系不和睦、责任过重、家庭不和等都可能成为强迫症发病的导火索。

（3）心理学解释：根据行为主义理论，强迫症的行为模式是通过学习（尤其是条件反射和习惯形成）而逐渐巩固的。精神分析理论认为在儿童性心理发展的过程中，强迫症状之所以出现，是源于儿童性心理发展固着。这里的"固着"指的是因为人格的下一步发展充满着很多的危险和焦虑，所以个体的人格发展停滞在现有的阶段。患者通过压抑、隔离和转移、理智化（包括合理化）等防御机制，躲避或压抑其痛苦情绪，进而形成强迫症状。

（三）临床表现

1. 强迫思维

（1）强迫观念：如反复怀疑门窗是否关紧，反复思考"房子为什么朝南而不朝北"等。

（2）强迫联想：反复联想一系列不幸事件会发生，虽明知不可能，却不能克制，并激起情绪紧张和恐惧。

（3）强迫对立思维：两种对立的词句或概念反复在脑中相继出现，从而感到苦恼和紧张，如想到"拥护"，立即出现"反对"。

（4）强迫意向：在某种场合下，患者出现一种明知与当时情况相违背的念头，却不能控制这种意向的出现，十分苦恼。

2. 强迫行为

（1）强迫洗涤：反复多次洗手或洗物件，心中总摆脱不了"感到脏"，明知已洗干净，却不能自制而非洗不可。

（2）强迫检查：通常与强迫疑虑同时出现。患者对明知已做好的事情不放心，反复检查，如反复检查已锁好的门窗，反复核对已写好的账单、信件或文稿等。

（3）强迫计数：不可控制地数台阶、电线杆，做一定次数的某个动作，否则会感到不安，若漏掉了要重新数。

（4）强迫仪式动作：在日常活动之前，先要做一套有一定程序的动作，如睡前要按一定程序脱衣、鞋，并按固定的规律放置，否则就感到不安，而重新穿好衣、鞋，再按程序脱、放。

3. 回避行为　强迫症的回避行为是指患者为了避免诱发强迫思维和强迫行为的人、地点及事物而主动采取的一种保护性行为。这种回避行为实际上是患者自我保护的一种方式，但过度的回避可能导致患者的生活和社会功能受到严重影响。

（四）诊断

老年期强迫障碍要作出肯定诊断，必须在连续两周中的大多数时间里存在强迫症状或强迫动作，或两者并存。这些症状引起痛苦或影响社会功能。强迫症状应具备以下特点：①必须被看作是患者自己的思维或冲动；②必须至少有一种思想或动作仍在被患者徒劳地加以抵制，即使患者不再对其他症状加以抵制；③实施动作的想法本身应该是令人不愉快的（单纯为缓解紧张或焦虑不视为这种意义上的愉快）；④想法、表象或冲动必须是令人不快的一再出现。

（五）心理干预及治疗

1. 药物治疗　对于症状严重的强迫症患者来说，仅仅依靠心理疗法可能无法有效治愈。此时，可以配合服用抗抑郁药物，如 5- 羟色胺再摄取抑制剂（如氟伏沙明、帕罗西汀、舍曲林等），以及三环类抗抑郁药（如氯米帕明）。必要时，还可以加服苯二氮䓬类药物。但请注意，药物并不能达到立竿见影的疗效，患者需要坚持治疗。

2. 心理干预

（1）认知行为治疗：认知行为治疗在强迫症治疗中占有非常重要的地位，它主要通过改变患者的认知模式，进而改变患者的思维和行为。其中，暴露和反应预防是认知行为治疗中常用的技术，通过让患者逐步暴露在引发焦虑的环境中，并学习不采取习惯性的仪式行为，从而逐渐减轻焦虑，缓解强迫症状。

（2）精神动力学治疗：这种方法通过深入了解患者的潜意识冲突，帮助患者领悟并改变症状。治疗师会与患者建立良好的关系，耐心倾听患者的主诉，帮助患者分析产生的矛盾冲突，从而重塑患者的人格。

（3）支持性心理治疗：提供情感支持和心理安慰，帮助患者增强应对强迫症的信心和勇气。

（4）森田疗法：这种方法强调顺其自然、为所当为，让患者接受强迫症状的存在，并努力控制强迫行为，同时专注于现实生活中的任务，从而减轻焦虑和症状。

3. 物理治疗　如果药物治疗和心理疗法均无法控制患者的病情，可以考虑采用物理治疗方法，如改良电休克治疗和经颅磁刺激治疗。这些方法可能对部分患者有效，但也可能带来一些不适或副作用。

五、老年期人格障碍

（一）概念

人格又叫个性，是指个体心理特征的总和。人格障碍（personality disorder）是指个体明显偏离了正常且根深蒂固的行为方式，这些行为方式具有适应不良的性质。由于这种异常，患者可能会遭受痛苦，也可能会使他人遭受痛苦，或给个人和社会带来不良影响。

人格障碍通常始于童年、青少年或成年早期，并一直持续到成年乃至终生，部分人格障碍患者在成年后可能有所缓和。人格障碍一旦形成后不易改变，矫正困难，预后不良，行为大多受情感冲动、偶然动机所驱使，缺乏目的性、计划性和完整性。

（二）病因及发病机制

关于人格障碍形成的病因，目前尚未完全阐明，但普遍认为与以下多个因素有关：

1. 生物学因素

（1）遗传因素：研究表明，人格障碍患者亲属中人格障碍的发生率较高。例如，反社会人格障碍、冲动型人格障碍、边缘型人格障碍等具有攻击和冲动特点的行为特征与染色体畸形、基因的多态性及等位基因变异等相关。

（2）神经生化因素：边缘系统的 γ- 氨基丁酸能、谷氨酸能、胆碱能环路的过度反应导致对环境或情绪刺激的敏感性增加，情绪不稳定型人格障碍可能与之相关。此外，杏仁核过度反应、前额叶抑制功能降低、前额叶控制的 5- 羟色胺释放减少可能与边缘型人格障碍及反社会型人格障碍的冲动攻击性阈值较低相关。而前额叶皮质的多巴胺能和去甲肾上腺素能环路活性降低可能与分裂样人格障碍患者的认知缺陷有关。

（3）病理生理因素：人格障碍患者的双亲中脑电图异常率较高，人格障碍患者脑电图检查发现有慢波出现，与儿童脑电图近似，故有学者认为人格障碍是大脑发育成熟延迟的表现。

2. 心理社会因素

（1）童年生活经历：童年生活经历对个体人格的形成具有重要作用。幼儿心理发育过程中的重大精神刺激或生活挫折，如父母离异、父爱或母爱的剥夺等，会对幼儿人格的发育产生不利影响。这些经历可能导致儿童无法发展人际之间温暖、热情和亲密无间的关系，以及对他人的共情能力，进而可能形成反社会型人格等。

（2）教养方式：父母教育态度的不一致、反复无常，以及父母对孩子粗暴、放纵溺爱、苛求等不当的教养方式，都可能对儿童人格的正常发育产生不利影响。此外，父母酗酒、偷窃或本身有精神疾病等也对儿童起到了不良的示范作用。

（三）分类及临床表现

人格障碍有多种类型，每种类型都有其特定的症状和表现。常见的人格障碍类型如下：

1. 偏执型人格障碍　以敏感多疑为特征，主要对挫折与拒绝表现得过分敏感；容易长久地记仇，即不肯原谅自己认定的别人对自己的侮辱、伤害或轻视；猜疑，以及将体验歪曲的一种普遍倾向，即把他人无意的或友好的行为误解为敌意或轻蔑；与现实环境不相称的好斗及顽固地维护个人的权利；极易对配偶或性伴侣猜疑，毫无根据地怀疑配偶或性伴侣的忠诚；有将自己看得过分重要的倾向，表现为持续的自我援引态度；将与自身直接有关的事件以及世间的事物都解释为"阴谋"的无根据的先占观念。

2. 分裂样人格障碍　以情感冷漠及人际关系明显缺陷为特征。主要表现为几乎没有可体验到愉快的活动；情感淡漠；对他人表达温情、体贴或愤怒情绪的能力有限；无论对批评或表扬都无动于衷；对与他人发生性接触毫无兴趣（要考虑年龄）；几乎总是偏爱单独行动；过于沉湎于幻想和内省；没有亲密朋友，与人不能建立互相信任的关系（或者只有一位），也不想建立这种关系；明显地无视公认的社会常规和习俗。

3. 反社会型人格障碍　以违法乱纪、对人冷酷无情为特征，主要表现为对他人感受漠不关心；全面、持久的缺乏责任感，无视社会规范、规则与义务；尽管建立人际关系并无困难，却不能长久地保持；对挫折的耐受性极低，微小刺激便可引起攻击，甚至暴力行为；无内疚感，不能从经历中特别是从惩罚中吸取教训；很容易责怪他人，或者当他们与社会相冲突时对行为作似是而非的合理化解释。伴随的特征中还有持续的易激惹。

4. 冲动型人格障碍（攻击型人格障碍）　以情绪不稳定及缺乏冲动控制能力为特征。主要表现为在与他人交往中，容易引发争执和冲突，尤其在冲动行为受到阻碍或被他人批评时；具有突如其来的愤怒和暴力冲动，且难以自我控制这些冲动行为；在规划和预见未来事务方面，能力显著不足；无法持续进行任何没有即时回报的活动；情绪状态不稳定，经常变化无常；在自我认知、目标和内在偏好（包括性取向）方面，存在混乱和不确定性；在人际关系中，容易引发紧张或不稳定，导致情感危机；常有自杀或自伤的行为倾向。

5. 边缘型人格障碍　以情绪、人际关系不稳定为特征。主要表现为患者对自己的自我形象、目的及内心的偏好（包括性偏好）常常是模糊不清的或扭曲的；他们通常有持续的空虚感；患者由于易于卷入强烈及不稳定的人际关系，可能会导致连续的情感危机，也可能会竭力避免被人遗弃；并可能伴有一连串的自杀或自伤行为（这些情况也可能在没有任何明显促发因素的情况下发生）。

6. 癔症型人格障碍（表演型人格障碍）　主要以过分的感情用事、夸张言行吸引他人的注意为特征。主要表现为自我戏剧化，夸张的情绪表达；暗示性，易受他人或环境影响；易变的情感；不停地追求刺激、被他人赞赏及以自己为注意中心的活动；外表及行为显出不恰当的挑逗性；对自己外观容貌过分计较。其他特征还包括以自我为中心，自我放任，不断渴望受到赞赏，感情易受伤害，为满足自己的需要可能不择手段。

7. 强迫型人格障碍　以过分的谨小慎微、追求完美为特征。主要表现为过分疑虑及谨慎；对细节、规则、条目、秩序、组织或表格过分关注；完美主义，甚至影响了工作的完成；道德感过强，谨小慎微，过分看重工作成效而不顾乐趣和人际关系；过分迂腐，拘泥于社会习俗；刻板和固执；患者不合情理地坚持他人必须严格按自己的方式行事，或即使允许他人行事也极不情愿；有强加的、令人讨厌的思想或冲动闯入。

8. 焦虑型人格障碍（回避型人格障碍）　以一贯感到紧张、提心吊胆、不安全及自卑为特征。主要表现为持续和泛化的紧张感与忧虑；相信自己在社交上笨拙，没有吸引力或不如别人；在社交场合总过分担心会被人指责或拒绝；除非肯定受人欢迎，否则不肯与他人打交道；出于维护躯体安全感的需要，在生活风格上有许多限制；由于担心批评、指责或拒绝，回避那些与人密切交往的社交或职业活动。其他特征包括对拒绝与批评过分敏感。

9. 依赖性人格障碍　以过分依赖他人、缺乏独立性为特征。主要表现为请求或同意他人为自己生活中大多数重要事情做决定；将自己的需求附属于所依赖的人，过分顺从他人的意志；不愿意对所依赖的人提出即使是合理的要求；由于过分害怕不能照顾自己，在独处时总感到不舒服或无助；沉陷于被关系亲密的人所抛弃的恐惧之中，害怕只剩下他一人来照顾自己；没有别人过分的建议和保证时作出日常决定的能力很有限。其他特征包括总把自己看作无依无靠、无能的、缺乏精力的人。

（四）诊断

人格障碍主要依据病史进行诊断，应尽可能从多方面采集病史资料，并采用临床访谈、自评问卷等手段辅助诊断。诊断要点如下：①开始于童年、青少年或成年早期，没有明确的起病时间，不具备疾病发生发展的一般过程。②不是由广泛性大脑损伤或病变以及其他精神障碍所直接引起，一般没有明显的神经系统形态学病理变化。③人格显著、持久地偏离了所在的文化环境应有的范围，从而形成与众不同的行为模式。这一异常的行为模式是持久的、固定的、泛化的，不局限于精神疾患的发作期，并且与个人及社会的多种场合不相适应。④主要表现为情感和行为的异常，个性上有情绪不稳、自制力差、与人合作能力和自我超越能力差等特征，但其意识状态、智力均无明显缺陷，一般没有幻觉和妄想，可与精神病性障碍鉴别。⑤一般能应付日常工作和生活，能理解自己行为的后果，也能在一定程度上理解社会对其行为的评价，会感到痛苦，或导致其人际交往、职业和其他重要功能受损，但不会为自己适应不良性行为感到焦虑，一般没有求治的愿望。⑥各种治疗手段效果欠佳，再教育效果亦有限。在不同的文化中，需要建立一套独特的标准以适应社会规则与义务。对于大多数亚型，通常要求存在至少三条临床描述的特点或行为的确切证据，才能作出诊断。

（五）心理干预及治疗

人格障碍的心理干预及治疗是一个复杂而深入的过程，涉及多种方法和策略。治疗者与患者建立深入、稳定的治疗关系是治疗人格障碍的基础。治疗者需要以人道主义和关心的态度对待患者，通过深入接触，与患者建立良好的关系，帮助他们认识自己个性的缺陷。

1. 心理治疗

（1）支持性心理治疗：给予患者长期的心理支持、包容和鼓励，有助于患者的人格成长；这种治疗方式可能需要较长时间，对于一些反社会人格障碍的治疗，甚至需要更长的时间。

（2）动力性心理治疗：又称精神分析的治疗方法，该方法更注重指导患者在未来的日子里如何与人交流，以及如何应对外部困难时更好地处理个人内心感受。通过对童年早期经历的重建，以及与心理治疗师建立信任、温暖的治疗关系，可以有效改善人格障碍的各种心理危机和心理冲突。

（3）认知分析疗法：思维和信念模式的错误是造成人格障碍患者情感和行为问题的根本原因。通过认知分析疗法，即认知疗法和分析心理疗法的结合，对患者的心理进行剖析后，让患者重塑思维和信念模式，达到治疗人格障碍的目的。

（4）团体治疗：成立治疗性社区或称治疗性团体，营造一种健康的生活和学习环境，让患者在团体中针对偏离常态的行为模式和人格特征，采用学习疏导等方法，通过参加有益的活动，控制和改善自己的偏离行为。与其他成员的相互交往,有助于探索新的和较适合的恢复方法和途径。

2. 药物治疗 对于严重的人格障碍患者,如出现破坏性行为、攻击性行为,可以考虑使用抗精神病药物或心境稳定剂。药物治疗还需针对患者的失眠、焦虑、抑郁等症状。

3. 教育和训练 也是人格障碍治疗的重要组成部分,通过教育和训练,提高患者对自身问题的认识,并给予他们职业方面的指导和支持。

六、老年期性心理障碍

(一)概念

老年期性心理障碍是指老年人在性身份认同、性取向、性行为模式或性功能认知等方面出现的持续性心理困扰或适应不良状态,常与社会文化期待、生理衰退及心理调适等多重因素相关。

(二)病因及发病机制

1. 生物学因素 有学者认为遗传因素可能会影响性心理障碍的发生,比如成年后大脑对性生活的控制能力可能受胎儿时期雄激素的影响。

2. 心理社会因素 老年期丧偶、伴侣健康恶化或长期独居导致亲密关系断裂,加剧性自我价值感丧失。代际关系中的隐私界限模糊(如与子女同住)进一步抑制性表达空间,形成"性沉默"困境。

(三)分类及临床表现

性心理障碍主要包括性身份障碍和性偏好障碍两大类。

1. 性身份障碍 患者心理上对自身性别的认定与生理上的性别特征恰好相反,持续存在改变本身生理上的性别特征以达到转换性别的强烈愿望。如易性症,患者对自身性别的认定与生理上的性别特征呈厌恶心理,心理上持续存在否定和改变本身生理上的性别特征,并要求变换为异性的生理特征。

2. 性偏好障碍

(1)恋物症:患者反复出现收集某种异性使用的物品的企图,受强烈的性欲望与性兴奋的联想所驱使。

(2)异装症:患者对异性衣着特别喜爱,反复出现穿戴异性服饰的强烈欲望,并付诸行动,由此可引起性兴奋。

(3)露阴症:患者反复在陌生异性面前或向公共场合的人群暴露自己的生殖器,以达到引起性兴奋的强烈欲望。

(4)窥阴症:患者反复窥视异性下身、裸体或他人的性活动,以满足引起性兴奋的强烈欲望。

(5)摩擦症:患者在人多拥挤的场合或乘对方不备之际,伺机以自己的阴茎或身体的某一部分,反复地靠拢异性,接触和摩擦异性身体的某一部分,以达到性兴奋的目的。

(6)性施虐与性受虐症:性施虐症患者反复对性爱对象施加心理或躯体性伤害行为,以此作为性兴奋、性满足的主要手段;性受虐症患者则承受这类伤害或痛苦来获得性兴奋、性满足。

(四)诊断

老年期性心理障碍的诊断要点:①与正常人不同,即性冲动行为表现为性对象选择或性行为方式的明显异常,这种行为较固定和不易纠正,且不是境遇性的;②行为的后果对个人及社会可能带来损害,但不能自我控制;③患者本人具有对行为的辨认能力,自知行为不符合一般社会规范,迫于法律及舆论的压力,可出现回避行为;④除了单一的性心理障碍所表现的变态行为外,一般社会适应良好,无突出的人格障碍;⑤无智力障碍。

(五)心理干预及治疗

性心理障碍患者通常不会主动寻求治疗,即便有治疗意愿,往往也不够强烈,难以持久,给心理干预工作带来了很大的挑战。

1. 性教育 对于因缺乏性知识而导致的性心理障碍,性教育是非常重要的一环。通过提供正确的性知识和性教育,可以帮助患者了解性行为及性心理的正常范围,纠正错误的性观念,减少性心理障碍的负面影响。

2. 心理治疗 包括精神分析疗法、认知行为疗法、厌恶疗法等。这些治疗方法可以帮助患者深入了解自己的性心理障碍,找到问题的根源,并学习有效的应对策略。

3. 药物治疗 如促性腺激素释放激素激动剂(如曲普瑞林)和抗雄激素类药物(如醋酸环丙孕酮),可以降低机体内雄激素的水平,从而控制性行为异常。

七、老年期酒精依赖

(一)概念

老年期酒精依赖是指老年人在生理老化与社会角色转变的双重压力下,形成对酒精的病理性使用模式,表现为持续饮酒行为、戒断反应(如震颤、焦虑)及耐受性改变(需增加饮酒量或出现逆耐受现象)。

(二)病因及发病机制

1. 生物学因素

(1)酒精依赖有家族聚集性,遗传因素在酒精依赖中起着重要作用。研究表明,有酒精依赖家族史的人患病风险显著增加。

(2)在易感基因方面,酒的代谢主要通过乙醇脱氢酶和乙醛脱氢酶的作用有关,研究发现二者与酒精依赖存在相关性。

2. 心理社会因素

(1)性格因素:具有内向、抑郁、焦虑等心理特质的人群可能更倾向于通过饮酒来逃避现实或缓解情绪困扰。

(2)心理因素:老年人可能面临更多的生活压力和心理困扰,如退休、丧偶、孤独等。这些因素可能导致他们通过饮酒来寻求安慰,从而形成酒精依赖。

(3)文化因素:饮酒问题可能与文化习俗、经济发展、饮食习惯等因素有关。某些地区将饮酒视为社交和礼仪的一部分,如逢年过节、亲朋好友相聚时举杯畅饮,这种文化背景可能影响个体对酒精的态度和酒精的使用频率。

(三)分类及临床表现

1. 急性酒精中毒 是一种由于短时间摄入大量酒精后导致的中枢神经系统功能紊乱的状态。主要表现为自控力丧失、自感欣快、言语增多、动作不协调、步态蹒跚、动作笨拙、语无伦次、眼球震颤等。若摄入酒精量过大,患者可能会进入昏迷状态,表现为沉睡、颜面苍白、体温降低、皮肤湿冷、口唇发绀。严重者还会出现呼吸、心跳抑制,甚至死亡。

2. 戒断反应

(1)单纯性戒断反应:长期大量饮酒后突然停止或减少饮用,患者可能出现手抖、眼睑抖动、出汗、恶心、呕吐、头痛等症状,此外,患者还可能出现心跳加快、血压升高、唾液分泌增加等体征;除了身体症状外,患者还可能出现焦虑不安、失眠、情绪不稳等精神症状。

(2)震颤谵妄:长期大量饮酒后突然停止饮酒,约在48小时后出现意识模糊和定向力障碍,表现为四肢、躯干等出现粗大的震颤或抽搐,可能出现内容丰富多样、鲜明生动的幻视,如同身临其境,伴有被害妄想,以及兴奋不安、焦虑、恐惧,还可出现发热、心率增快、血压升高、面色潮红、大汗淋漓等。

(3)癫痫样发作:多在停饮后12~48小时出现癫痫样痉挛发作,表现为意识丧失、四肢抽搐、双眼上翻、角弓反张等。

3. 记忆及智力障碍

(1)韦尼克脑病(Wernicke encephalopathy):是由于维生素 B_1 缺乏所致,表现为眼球震颤、眼球不能外展和明显的意识障碍，伴定向障碍、记忆障碍、震颤谵妄等，大量补充维生素 B_1 可使眼球的症状很快消失，但记忆障碍的恢复较为困难，一部分患者转为科尔萨科夫综合征，呈慢性病程，但部分患者经过数月仍有可能恢复。

（2）科尔萨科夫综合征（Korsakoff syndrome）：主要表现为近事记忆障碍、虚构、定向障碍三大特征，患者还可能有幻觉、夜间谵妄等表现。

（3）酒精性痴呆（alcohol dementia）：指在长期、大量饮酒后出现的持续性智力减退，表现为短期、长期记忆障碍，抽象思维及理解判断障碍，人格改变，部分患者有皮质功能受损表现，如失语、失认、失用等。酒精性痴呆一般不可逆。

（四）诊断要点

老年期酒精依赖的诊断需综合以下要点：①饮酒模式异常：摄入量持续增加或无法自控，常以"缓解孤独、失眠或疼痛"为理由；②戒断反应严重：因代谢减缓，戒断症状（震颤、出汗、谵妄）更剧烈，易诱发癫痫或心脑血管事件；③共病复杂：与慢性病（如肝硬化、糖尿病）及药物（如镇静剂、降压药）相互作用，加重肝酶异常或贫血；④认知与行为改变：出现记忆力减退、定向力障碍，需与酒精性痴呆和阿尔茨海默病鉴别，并评估跌倒、暴力等风险行为；⑤隐瞒与否认倾向：患者常淡化饮酒量，需结合家属陈述及实验室检测（血乙醇浓度、尿代谢筛查）辅助诊断；⑥社会心理诱因：丧偶、退休所致失落、社交孤立等可能驱动饮酒行为，需评估家庭支持系统及经济压力。

（五）心理干预及治疗

1. 药物治疗

（1）戒断症状控制：使用苯二氮䓬类药物（如地西泮、奥沙西泮等）可以缓解酒精的戒断症状，如震颤、谵妄、戒断性癫痫等。此外，双硫仑（戒酒硫）也可作为酒精增敏药用于治疗酒精依赖。

（2）营养补充：长期饮酒可能导致营养不良和维生素缺乏，因此需要补充 B 族维生素和维生素 C，以及肌内注射维生素 B_1、维生素 B_{12}，以预防韦尼克脑病等疾病的发生。常规使用护肝、护胃、改善脑功能的药物，以保护受损的消化系统和神经系统。

（3）其他精神药物的应用：有明显精神症状的患者，可给予小剂量抗精神病药物。伴发抑郁情绪时，可使用小剂量抗抑郁药物，改善患者的负性情绪体验。

2. 社会心理干预

（1）厌恶疗法：通过反复将某种不良行为（如饮酒）与令人厌恶的刺激（如电击、呕吐等）相结合，可以形成新的条件反射，使个体在面临该行为时产生厌恶、恐惧或回避的反应，从而逐渐消除或减少不良行为。

（2）认知行为治疗：通过改变酒精依赖患者适应不良行为的认知过程，帮助患者有效应对于乙醇的心理渴求，提高自我控制能力。

（3）动机促进和强化治疗：通过给予合理建议、消除求助障碍、减少危险因素的方式，激发患者的内在戒酒动机，并促进行为改变。

（4）社会支持：家庭的支持和关爱对于酒精依赖患者的康复至关重要。家人应理解患者的处境，给予鼓励和支持，帮助其树立戒酒的信心。社会应提供安全、舒适的环境，使患者更愿意接受治疗。同时，社区和医疗机构应加强对酒精依赖的宣传和教育，提高公众对酒精依赖的认识和重视程度。

八、老年期药物依赖

（一）概念

老年期药物依赖指老年人因长期使用药物（如镇静剂、安眠药、止痛药等）导致生理或心理依赖，表现为无法自主控制的用药行为，且停药后出现戒断反应或身心功能紊乱。

（二）病因及发病机制

1. 生物因素　某些药物通过改变大脑中的神经递质（如多巴胺、去甲肾上腺素等）水平，使人产

117

生愉悦感或满足感。长期滥用这些药物会导致大脑对它们的需求增加，进而形成生理依赖，即躯体依赖。这种依赖表现为耐受性增加和戒断症状，即当停止使用药物时，个体会出现身体不适、焦虑、烦躁等反应。此外，个体的遗传易感性也在药物成瘾中发挥着重要作用，有些人可能天生就对某些药物更为敏感，更容易成瘾。

2. 心理社会因素 老年期药物依赖的心理社会因素涉及个体心理需求、社会环境压力与医疗资源交互作用的复杂影响。老年人常因孤独、抑郁或焦虑等情绪问题（如退休、丧偶引发的社会角色丧失）而依赖药物缓解心理痛苦，认知功能衰退则可能降低其对药物风险的判断力，导致误用或过量用药。社会支持不足（如家庭疏离、社区资源匮乏）可能加剧情感孤立，促使药物成为替代性慰藉。

（三）分类及临床表现

1. 阿片类药物依赖 阿片类药物依赖的戒断症状的典型表现为焦虑、出汗、恶心、腹泻、肌肉疼痛等，但在老年人中可能以非典型症状为主，如意识模糊、谵妄或跌倒风险显著增加。由于老年人常合并慢性疼痛，戒断时疼痛加重易被误诊为其他老年疾病（如关节炎恶化）。长期使用阿片类药物可导致便秘（老年人因肠道蠕动减弱更易发展为肠梗阻）、呼吸抑制（加重慢性阻塞性肺疾病或睡眠呼吸暂停综合征），以及免疫功能下降。认知功能损害（注意力、记忆力减退）可能被误认为早期痴呆，需结合用药史进行鉴别。

2. 镇静催眠、抗焦虑药物依赖 镇静催眠、抗焦虑药物依赖的戒断症状包括焦虑、失眠、震颤，严重时可引发癫痫或幻觉。老年人因中枢神经系统敏感性增高，戒断反应更剧烈，可能诱发谵妄或心脑血管事件（如脑卒中），尤其是长期用药后突然停药风险极高。长期使用镇静催眠、抗焦虑药物会导致日间嗜睡、步态不稳（显著增加跌倒及骨折风险），以及认知功能减退（记忆力下降类似痴呆早期表现）。老年人肝肾功能减退易致药物蓄积，引发过度镇静或呼吸抑制，需警惕与酒精联用的叠加效应。

3. 苯丙胺依赖 苯丙胺依赖戒断的症状表现为疲劳、抑郁和食欲亢进，老年人戒断期抑郁可能加重自杀倾向，而本身患有心血管疾病的老年人更容易因戒断应激诱发心绞痛或心肌梗死。长期使用苯丙胺可导致高血压、心律失常等心血管损害，以及偏执、幻觉等精神症状。老年人可能因药物的兴奋作用掩盖疲劳感，过度活动引发意外（如跌倒、外伤）。

4. 致幻剂（氯胺酮）依赖 致幻剂（氯胺酮）依赖的戒断症状以渴求药物、抑郁和注意力不集中为主，老年人戒断期抑郁易被误诊为老年抑郁症，解离症状（如现实感丧失）可能被误认为痴呆或精神分裂症。长期使用致幻剂（氯胺酮）可造成泌尿系统损害（慢性膀胱炎、血尿），老年人因前列腺疾病高发，可能延误正确诊断；认知功能方面，记忆减退和执行功能受损会加速老年认知障碍的进展，幻觉和解离状态可能诱发晚发性精神疾病。

（四）诊断要点

老年期药物依赖的诊断要点需结合老年人生理特点及药物类型综合判断，主要涵盖以下方面：①详细用药史及隐匿性滥用行为筛查，警惕因慢性疼痛、失眠等长期使用处方药物的依赖倾向；②非典型戒断症状识别（如谵妄、跌倒、意识模糊替代典型焦虑或震颤），尤其阿片类及苯二氮䓬类药物易被误诊为痴呆或脑血管病；③认知功能评估，以区分药物性认知损害与神经退行性病变，关注注意力、执行功能的短期波动；④实验室检测（血药浓度、尿液毒物筛查）确认药物暴露及代谢状态，老年人肝肾功能异常可致药物蓄积。

（五）心理干预及治疗

1. 药物治疗

（1）阿片类药物依赖：需要进行急性期脱毒治疗和脱毒后维持治疗，主要采用美沙酮和丁丙诺啡进行替代治疗，减轻戒断症状，可乐定也可作为脱毒治疗的辅助药物，可以起到一定的阻断作用。美沙酮又可作为维持治疗药物，可以有效防止阿片类药物依赖的复发。它通过与阿片类药物受体结合，阻断药物的作用，从而减少患者复用阿片类药物的可能性。

（2）镇静催眠、抗焦虑药物依赖：巴比妥类药物的戒断症状应予以充分注意，在脱瘾时减量要缓慢。国外常用替代治疗，即用长效的巴比妥类药物来替代短效巴比妥类药物，再缓慢减量。苯二氮䓬类药物的脱瘾治疗同巴比妥类药物的脱瘾治疗类似，可逐渐减少剂量，或用长效制剂替代短效制剂，然后再逐渐减少长效制剂的剂量。

（3）苯丙胺依赖

1）控制精神症状：对于苯丙胺服用后可能出现的急性精神障碍，如幻觉、妄想、意识障碍等，可使用氟哌啶醇或地西泮等抗精神病药物进行治疗。

2）控制躯体症状：在急性中毒或戒断过程中，患者可能出现高热、肌肉痉挛等症状。此时，应保持水电解质平衡，利尿促进药物排泄，并进行物理降温，如冰敷、盆浴等。对于恶性高热的患者，可以使用硫喷妥钠或琥珀酰胆碱等药物进行肌肉松弛治疗。

3）控制高血压：苯丙胺依赖者可能出现高血压症状，尤其是重度高血压。对于这类患者，应使用血管扩张药（如硝普钠、硝酸甘油）或 α_1 肾上腺素能受体阻滞剂（如酚妥拉明）进行治疗。但应避免使用 β 肾上腺素受体阻滞剂，如拉贝洛尔。

（4）致幻剂（氯胺酮）依赖

1）急性中毒：对于急性中毒所导致的冲动行为、谵妄状态，使患者快速镇静是首要任务，可以使用镇静催眠药物，一般采用静脉给药或肌内注射的给药方式。

2）精神病性症状：氯胺酮中毒患者可出现急性幻觉妄想、谵妄状态，一般会在 24 小时内完全消失，可以使用抗精神病药物进行短期治疗，症状消失后即减量至停药。

3）泌尿系统损害：可使用抗生素、肾上腺素能受体阻滞剂等药物缓解症状。

2. 心理社会干预

（1）心理干预

1）认知行为疗法：主要目的在于改变导致适应不良行为和药物滥用行为的认知方式，帮助患者识别并应对导致药物渴求的情境和思维模式。通过教授患者新的应对策略和技能，提高他们应对药物诱惑的能力，减少复用药物的风险。

2）动机访谈：是一种以患者为中心的咨询方法，旨在激发患者内在的动机，帮助其认识到自身行为与目标之间的不一致，从而产生改变行为的意愿。通过与患者的深入交流，了解其形成药物依赖的原因和动机，进而制订个性化的治疗计划。

3）心理教育：向患者普及药物滥用的危害、心理机制及预防策略，提高患者的自我认识。帮助患者了解药物依赖的相关知识，增强其戒药的决心和信心。

（2）社会干预

1）家庭支持：家庭是药物依赖者最重要的支持系统，通过家庭治疗，加强家庭成员之间的沟通，有助于药物依赖者的康复。家庭成员的积极参与和支持对于患者的康复至关重要，他们可以提供情感支持、监督患者服药情况并帮助患者重建健康的生活方式。

2）社区参与：加强社区宣传教育，提高公众对药物依赖问题的认识。建立社区支持网络，通过组织社区活动、提供康复服务等方式，帮助患者重建社交关系，提高生活质量。

第三节 老年期心理障碍的预防、诊断与治疗

老年期心理障碍作为影响老年人生活质量的重要因素，日益受到社会各界的广泛关注。随着年龄的增长，老年人面临着生理、心理和社会多方面的变化，这些变化往往交织在一起，增加了心理障碍发生的风险。预防、准确诊断与有效治疗老年期心理障碍，不仅关乎老年人的身心健康，也是实现健康老龄化的关键。本节内容将深入探讨老年期心理障碍的预防策略，提供科学的诊断方法，并阐

述多元化的治疗途径,旨在为医疗工作者、家庭成员等提供一份全面而实用的指导,共同守护老年人的心理健康。

一、老年期心理障碍预防的基本原则

预防老年期心理障碍需要遵循一系列全面而细致的基本原则,这些原则旨在从生活方式的调整、社会支持网络的强化以及个体心理素质的提升等多个层面进行干预。

1. 在生活方式方面,鼓励老年人群保持规律适度的体育锻炼。例如,每日散步、打太极拳等低强度运动,不仅能够增强体质,提高免疫力,预防各类躯体疾病,而且还能有效缓解因生理功能退化带来的心理压力,以及焦虑、抑郁等负面情绪。运动能够促进内啡肽等愉悦激素的分泌,有助于改善心境,保持心态平衡。

2. 社交互动在老年期心理健康维护中起着至关重要的作用。随着年龄的增长,老年人面临社会角色转变、亲友丧失等一系列社会心理挑战,因此,家庭和社会应当共同努力构建强大的社会支持网络,为老年人提供精神慰藉和情感交流的平台。家庭成员应给予老年人足够的关心和陪伴,社会层面则可通过社区活动、俱乐部等形式,让老年人有更多参与集体活动的机会,减少孤独感和抑郁情绪的产生。

3. 老年人自身也应积极培养兴趣爱好,丰富晚年生活。阅读、绘画、书法、欣赏音乐等活动,不仅可以充实精神世界,提高生活质量,还能增强心理韧性,面对生活中的困境和挑战时能有更强的应对能力。

此外,教育老年人正确看待衰老过程也极为重要。帮助他们树立积极的老龄观,认识到衰老是一种自然规律,但可以通过调整生活方式、培养积极心态来延缓心理衰老。通过认知行为疗法等方式,引导老年人学会应对压力、调整情绪,从而有效预防老年期心理障碍的发生。

二、老年期心理障碍的诊断方法

(一)临床访谈与观察

临床访谈是诊断老年期心理障碍的基础。医生需要与老年人进行面对面的交流,了解他们的情绪状态、认知功能、行为变化等情况。通过深入交流,医生可以更好地理解老年人的内心世界,初步判断其是否存在心理障碍。在访谈过程中,医生还需要观察老年人的日常行为、言语表达以及非言语信号,如面部表情、肢体语言等,这些都能为诊断提供重要依据。为了建立信任关系,医生需具备高度的同理心与沟通技巧,使老年人愿意敞开心扉,提供真实、全面的信息。

(二)心理测评工具应用

心理测评工具是诊断老年期心理障碍的重要辅助手段。医生通过使用标准化的心理测评工具,如抑郁量表、焦虑量表、认知功能量表等,来量化老年人的心理状态。这些量表能帮助医生客观评估老年人的心理健康水平,为诊断提供科学依据。在选择测评工具时,医生需要考虑老年人的文化背景、教育程度等因素,以确保测评的有效性和准确性。

(三)医学检查与评估

医学检查与评估在诊断老年期心理障碍过程中起着至关重要的作用。由于老年人可能同时患有多种慢性疾病,如高血压、糖尿病等,这些疾病可能对心理状态产生影响。因此,医生需要通过血常规、脑电图、影像学检查等手段,排除器质性病变引起的心理障碍。此外,医生还需要关注老年人的药物使用情况,避免药物相互作用或药物的副作用导致的心理问题。通过全面的医学检查与评估,医生可以更准确地诊断老年期心理障碍,为后续的治疗提供科学依据。

三、老年期心理障碍的治疗

老年期心理障碍的治疗是一个综合性、全方位的过程,旨在满足老年人群的特殊需求,帮助他们在生理和心理层面都得到全面的康复。

（一）心理治疗

心理治疗是老年期心理障碍治疗的核心。认知行为疗法、人际治疗、家庭治疗等方法，能够帮助老年人调整不良认知模式，改善人际关系，增强应对压力的能力。认知行为疗法（cognitive behavioral therapy，CBT）是一种广泛应用的心理治疗方法，它通过帮助老年人识别和改变消极的思维模式，学习更具适应性的应对策略，从而改善他们的情绪状态和应对压力的能力。人际治疗（interpersonal therapy，IPT）则侧重于处理老年人的人际关系问题，帮助他们改善社交技巧，增强自我价值感。家庭治疗（family therapy，FT）强调家庭成员的参与和支持，通过调整家庭关系和互动模式，减轻老年人的心理压力和负担。心理治疗强调个性化，医生需根据老年人的具体情况制订治疗方案，逐步引导其走出心理困境。

（二）药物治疗

药物治疗在老年期心理障碍治疗中占有重要地位。抗抑郁药、抗焦虑药等药物能够缓解症状，提高老年人的生活质量。然而，老年人对药物的代谢能力下降，易发生药物不良反应。因此，在使用药物时，医生需谨慎选择药物，调整剂量，密切监测不良反应，确保用药安全。在选择药物时，医生通常会根据老年人的具体情况进行个体化调整。例如，对于患有抑郁症或焦虑症的老年人，可能会选用抗抑郁药或抗焦虑药来缓解症状。然而，考虑到老年人的生理特点和对药物的耐受性，医生通常会选择副作用较小、对心血管系统影响较小的药物。同时，医生还会根据老年人的肝功能和肾功能状况调整药物剂量，以确保药物在体内达到适当的浓度，发挥治疗效果的同时避免不良反应的发生。

（三）物理治疗与其他疗法

物理治疗如改良电休克治疗（MECT）、重复经颅磁刺激（rTMS）等，在某些心理障碍的治疗中显示出一定的疗效。此外，音乐疗法、艺术疗法等非药物治疗方法，也能为老年人提供心理支持，促进其心理健康。这些方法旨在通过非侵入性的方式，调节老年人的心理状态，增强其自我修复能力。物理治疗在老年期心理障碍的治疗中扮演着重要角色。MECT是一种有效的物理治疗方法，对于某些严重的心理障碍如抑郁症和焦虑症有着显著的治疗效果。rTMS则是一种利用磁场进行治疗的方法，在改善老年人的情绪状态、缓解疼痛和提高睡眠质量等方面有着积极的作用。

除了物理治疗之外，音乐疗法和艺术疗法等非药物治疗方法也为老年人提供了重要的心理支持。音乐疗法通过音乐来调节老年人的情绪状态，帮助他们缓解压力、愉悦身心；艺术疗法则利用艺术创作来促进老年人的心理健康，增强他们的自我表达能力和自信心。这些非药物治疗方法通常与心理治疗方法相结合使用，为老年人提供全方位的心理支持和治疗。

四、老年期心理障碍处理中的特殊考虑

（一）共病处理与综合照顾

在老年期，个体常常面临多种慢性疾病的挑战，这些疾病相互交织，形成了所谓的共病状态。面对这种情况，医生在处理老年期心理障碍时，需要充分考虑老年人的整体健康状况，确保所制订的治疗方案既能够有效应对老年人的心理障碍，又能兼顾老年人其他慢性疾病的管理与控制。

跨学科的合作显得尤为重要，如精神科专家与内科、神经科等不同领域的专家需要紧密协作，共同制订针对老年人特定状况的个性化治疗方案。这种跨学科的合作能够确保老年人在治疗过程中得到全面的、专业的照护，提高治疗效果和生活质量。

综合照顾模式对于老年期心理障碍的处理同样至关重要。除了医疗治疗外，综合照顾还包括医疗护理、康复训练、社会支持等多个方面。例如，提供专业的医疗护理服务，确保老年人得到适当的药物管理和病情监测；开展康复训练项目，帮助老年人恢复和改善身体功能，提高生活自理能力；提供心理咨询和心理疏导服务，帮助老年人缓解紧张情绪，增强治疗疾病的信心。这种全方位、多层次的关怀能够为老年人提供更全面、更有效的支持。

（二）遵循伦理与法律原则

在处理老年期心理障碍时，医生需严格遵守伦理与法律原则。尊重老年人的自主权是至关重要的。医生应当充分了解老年人的病情和需求，向其提供详细的治疗方案选择及可能的风险信息，并确保老年人有充分的理解和自主选择权，避免强制或误导。保护个人隐私是医生的基本职责。医生的保密义务不仅涉及医疗记录、病情信息，还包括与老年人交流的敏感内容。医生应采取措施防止信息泄露，确保老年人的个人隐私权得到充分保护。遵循医疗规范是保证治疗安全有效的基石。医生应严格遵守医疗规范和标准，确保诊断和治疗过程符合专业要求。同时，关注老年人社会权益的保障也是不可或缺的一部分。随着老龄化社会的到来，如何更好地保障老年人的养老、医疗和福利等社会权益，为他们提供公平、公正的服务，是全社会共同面临的课题。医生应当在提供医疗服务的同时，关注老年人的社会权益状况，及时反馈并推动相关政策的完善和落实。

综上所述，老年期心理障碍的预防、诊断与治疗是一个复杂而系统的过程，需要全社会的共同努力。通过构建积极的生活方式、强化社会支持、运用科学的诊断方法以及制订个性化的治疗方案，我们可以为老年人创造一个更加健康、幸福的晚年生活。

（杨真真 杨梦兰）

思考题

1. 简述老年期心理异常的区分及判断标准。
2. 简述老年期焦虑障碍的分类及临床表现。
3. 如何对老年期人格障碍进行心理干预及治疗？

第九章
老年期心理评估

学习目标

1. 掌握：老年期心理评估的常用方法及常用的心理测验。
2. 熟悉：老年期心理评估的概念、内容及评估步骤。
3. 了解：心理评估的重要性及标准化心理测验的基本特征。
4. 学会运用心理测验对老年人进行心理评估。
5. 具有积极向上的心理素质和高尚的职业道德。

在老年阶段，个体不可避免地会经历生理和心理的变化，这些变化不仅影响老年人的生活满意度，还会影响老年人的心理健康。因此，对老年人开展心理评估，能够及时了解老年人的心理需求和问题，帮助老年人发现特殊心理问题，为制订个性化的护理计划提供依据，有效提升老年人的生活质量。

第一节　老年期心理评估概述

心理评估（psychological assessment）是依据心理学的理论和方法对个体的某一心理现象进行全面、系统和深入的客观描述的过程。心理评估在心理学、医学、教育、人力资源、军事和司法等领域有广泛的应用。

一、老年期心理评估的目的

老年期心理评估的主要目的是帮助老年人及其家庭成员了解老年人的现状和心理健康状况，及时发现老年人的心理问题，帮助老年人制订个性化的治疗和管理方案，促进老年人的心理健康。老年期心理评估还可以帮助老年人获得适当的心理支持和干预，使老年人得到科学、有效的心理服务，进而提升生活幸福感。

二、老年期心理评估的重要性

（一）对健康长寿的影响

心理健康与长寿紧密相连，心理健康的老年人更容易感到幸福和满足感，老年期心理评估能够及时察觉影响健康长寿的心理因素，从而采取措施加以改善。因此，老年期心理评估有利于提高老年人的生活质量，也可延年益寿，助力老年人更好地享受晚年生活。

（二）对老化过程的影响

1. 认知功能方面　认知能力随着年龄增长而下降，在老化过程中，正常的认知能力衰退与因疾病导致的病理状态有本质的区别。老年期心理评估可以区分正常的认知老化与病理状态。例如，认知功能障碍可能是老化所致的痴呆或其他神经系统疾病的症状，通过评估能发现认知功能障碍的原因并进行干预。

2. 情绪调节方面 随着年龄增长,老年人的情绪调节能力有所下降,常出现抑郁、焦虑、易怒等情绪波动现象,老年期心理评估有助于识别这些情绪问题,并深入判断其对老化过程产生的影响,为后续制订有效的心理支持或干预策略提供依据。

(三)对老年病治疗和预后的影响

躯体健康状况与心理健康密切相关,躯体健康问题往往会引发心理困扰,反之亦然。长期身体疼痛可能导致老年人产生焦虑情绪,而持续的心理压力也可能影响免疫系统,加重躯体疾病症状。因此,评估老年期心理状况有助于更全面地了解老年人的病情,从而制订更精准有效的治疗方案,也有助于预测疾病的预后情况。

(四)有助于发现特殊心理问题

进入老年期,在面对和适应各种压力事件(如退休、失去亲人等)的过程中,老年人会出现一些特殊的心理问题,如空巢综合征、角色转变适应困难等。老年期心理评估能够深入剖析老年人的内心世界,敏锐地发现潜藏的特殊心理问题,探索老年人应对压力事件和转变的适应策略,及时加以干预,帮助老年人更好地应对压力。

(五)维护和促进老年人的身心健康

正确评估老年人的心理健康状况,有助于维护和促进老年人的身心健康。通过对情感状态、认知功能、行为表现、社会心理因素、身心交互影响、生活质量及风险因素等多方面进行全面评估,可以准确获得老年人心理健康状况的具体情况,以便采取针对性的干预措施。

三、老年期心理评估的程序

老年期心理评估是一种专业化程度较高的职业行为,需要按照一定的步骤进行。一般而言,老年期心理评估包括评估准备、搜集资料、分析问题和得出结论四个步骤。

(一)评估准备

评估准备是心理评估的初始阶段,主要任务是根据被评估老年人亟待解决的首要问题,确定评估目的和评估内容,并对评估所需的场地和材料作出安排。

(二)搜集资料

搜集资料是心理评估的主体过程。全面、详尽、客观的资料是确保评估结果有效的前提。搜集资料需根据评估目的,多从以下方面进行:

1. 老年人的主诉 重点关注困扰老年人的主要问题,包括问题初次出现的时间、问题表现的强度与频率、引发问题的诱因,以及该问题对老年人社会功能造成的影响。

2. 精神、躯体疾病史 包括现病史和既往史。心理评估者要详细采集起病时间、诊治经过和疾病转归,以及老年人对所患疾病的认知。对有精神疾病的老年人,还应收集其家族史信息。

3. 家庭成员状况及社会支持情况 明确老年人的家庭生活状态,如是否空巢、丧偶、独居等,与配偶、子女、亲戚朋友的关系情况等。

4. 老年人的人格特点 包括老年人的性格特点、心理需要等。资料的来源除老年人自身外,还应包括与其共同生活的家属的报告、直接照料者的反馈以及相关的医疗记录。

(三)分析问题

在掌握一般情况的基础上,对发现的重点问题、特殊问题进行详细、深入的了解和评估,尤其对有心理问题的老年人,可借助各种方法,如焦点问题访谈、心理测验、作品分析法等,对其具体问题进行深入的了解和评估。

(四)得出结论

对已获得的资料进行系统的整理、分析,写出评估报告,得出初步结论。在此基础上,向老年人及其家属作出客观的解释,并提出问题解决方案。

四、老年期心理评估的主要内容

老年期心理评估的主要内容包括日常生活能力评估、生理状况评估、认知功能评估、情绪及情感状况评估、社会功能评估和精神障碍评估等。

（一）日常生活能力评估

1. 基本生活技能　评估内容主要包括老年人的吃饭、穿衣、洗澡、大小便控制等基本生活技能，基本生活技能直接关系到老年人能否独立生活。

2. 家务活动能力　考查老年人进行日常家务活动的能力，如扫地、做饭、洗衣等，以此了解老年人是否还能承担一定的家务。

3. 财务管理能力　评估老年人管理自己财务的能力，如购物、支付账单等。例如，能否独自去超市购物并准确计算找零，能否按时且正确地支付水电费账单等。

4. 交通工具使用能力　评估老年人使用交通工具的能力，如老年人在身体条件允许且有驾照的情况下，是否能安全驾驶汽车，能否独立乘坐公交车、地铁等公共交通工具。

（二）生理状况评估

由于老年人的生理状况会对其心理状况产生影响，因此，心理评估过程需要对老年人的生理状况进行评估。老年人的生理状况评估主要从以下方面着手：

1. 感知觉　人们往往通过视觉、听觉、味觉、嗅觉和触觉五种主要感觉与外界进行接触。随着年龄的增长，老年人的感知觉能力逐渐减退。因此，在生理状况评估过程中，需要特别注意感知觉的评估。感知觉主要从以下几个方面评估：

（1）视觉：①视力有无下降，有无散光和老视现象。②对色彩的分辨能力。③对物体大小、空间关系和运动速度判断的准确性。④是否需要佩戴眼镜加以矫正。

（2）听觉：①有无听力减退，对高、中、低音调声音的敏感性。②有无耳鸣。③有无重听。④是否需要戴助听器。

（3）味觉和嗅觉：①对食物味道的分辨能力。②对各种气味的分辨能力。

（4）皮肤感觉：①感觉有无减退或过度增强。②有无痛觉减退或过度增强。③对温度变化的感受能力。

2. 慢性疾病　慢性疾病主要指起病隐匿、病程长且迁延不愈、病因复杂且有些尚未完全被确认的一类疾病的总称。患有慢性疾病的老年人需要长期用药，疾病的长期困扰会影响老年人的心理和精神状态，有些患有慢性疾病的老年患者需要长期照料。以下介绍几种慢性疾病的评估方法。

（1）心血管疾病：①有无冠状动脉粥样硬化性心脏病（简称冠心病）和高血压病史。②是否规律服用药物治疗心血管疾病。③近期有无冠心病发作、血压不稳、晕厥等表现。④测量血压。

（2）糖尿病：①有无糖尿病病史。②是否规律服药治疗糖尿病。③近期有无低血糖或者血糖升高迹象。④检测空腹血糖。

（3）脑血管病：①有无脑血管病史。②有无脑血管病后遗症。③是否规律服药治疗脑血管病。

（4）帕金森病：①有无帕金森病史。②是否规律服药治疗帕金森病。③检查肢体运动功能状况。

（三）认知功能评估

1. 注意力　评估老年人在完成任务时的专注度和分散注意力的难易程度，这有助于了解老年人在日常生活中能否集中精力做事情，比如能否持续阅读一小段文章或者专注地与人交谈一段时间等。

2. 记忆力　记忆力评估主要评估老年人的短时记忆和长时记忆。对短时记忆的评估：老年人能否记住刚刚见过的人的名字，或者短时间内记住一个新的电话号码。对长时记忆的评估：老年人能否回忆起过去的重要事件，如自己的结婚纪念日或者儿时的故乡模样等。

3. 思维能力　评估老年人的概念形成、判断和推理等抽象思维能力。例如，能否理解一些抽象概念，如"民主、公平"等；在作决策时能否进行合理的判断和推理，如在理财过程中，能否根据不同投资产品的特点,经过分析作出合适的选择等。

4. 智力 可以采用智力测验及日常问题解决能力来评估老年人的智力情况。如询问老年人是如何保持头脑积极运转的?是阅读、做填字游戏,还是从事其他激发智力的活动?

(四)情绪及情感状态评估

1. 焦虑症状 观察老年人是否存在过度担忧、紧张、害怕等症状。例如,老年人是否对自己的健康问题过度担忧,或者对生活中的一些小事过度紧张。同时,需要注意这些症状与其他疾病引起的类似症状相鉴别,如甲状腺功能亢进等疾病也可能导致类似焦虑的表现。

2. 抑郁症状 评估老年人是否有情绪低落、兴趣丧失、自责等症状。例如,对以前喜欢的活动(如下棋、种花等)不再感兴趣,经常觉得自己没有价值而自责等。还需要排除其他身体疾病(如甲状腺功能减退等)导致类似抑郁症状的可能性,可结合老年抑郁量表或汉密尔顿抑郁量表进行评估,同时结合临床观察和病史综合判断。

3. 情绪稳定性 评估老年人的情绪波动情况,以及应对压力的能力。

(五)社会功能评估

1. 社会角色 评估老年人在家庭、社区和社会中的角色及其发挥的功能。例如,在家庭中是否还能起到长辈的指导作用,在社区中是否参与一些志愿活动或者社团组织等。

2. 人际关系 考查老年人与他人建立和维护关系的能力,以及社交活动的参与度,如是否能与邻居友好相处、是否积极参加社交聚会等。

3. 社会支持 了解老年人获得的社会支持网络,包括家庭、朋友和社区等。例如,家庭成员是否关心照顾老年人,老年人是否有知心朋友可以倾诉等。

(六)精神障碍评估

1. 幻觉 幻觉(hallucination)是在没有外界刺激物作用于感觉器官的情况下产生的一种虚幻的知觉,是一种比较严重的知觉障碍。按照幻觉产生的感觉器官,常见的幻觉症状可分为幻听、幻视、幻嗅、幻味和幻触等。幻觉多是病理性的,是精神障碍的典型症状。

2. 错觉 错觉(illusion)是在特定条件下对客观事物失真的、歪曲的知觉。错觉往往带有固定倾向性,主观无法克服,在条件具备的情况下就会发生。错觉可以发生在各种感知觉中,主要有视错觉、形重错觉、时间错觉和运动错觉,其中以视错觉最为常见。

3. 妄想 妄想是一种不理性、与现实不符且不可能实现,但被个体坚信的错误信念。妄想主要有夸大妄想、自责妄想、被害妄想和特殊妄想等,一旦老年人出现妄想,要及早送至老年精神科门诊进行治疗,因为这类老年人已经丧失自知力,不仅认为自己并未患病,还容易对人抱有不信任及敌视的态度。

五、心理评估者应具备的素质

心理评估者应具备的素质主要包括职业道德、专业素质和心理素质三个基本方面,此外还包括社会、人文、医学等方面的知识和相关经验的积累。

(一)职业道德

心理评估过程会涉及诸多伦理学问题,如对所获取信息的保密及对来访者的权利保护等,因此,心理评估者必须严格遵守职业道德,具体包括以下几个方面:

1. 严谨的职业态度 心理评估是了解老年人心理状态的主要途径,对维护老年人的心身健康具有重要意义。因此,评估者一定要有严肃认真的工作态度,避免主观歪曲和客观偏差,确保评估结果的准确性和可靠性。

2. 尊重评估对象 老年人因年龄的增长,感知觉及记忆等认知功能的下降,人际互动的难度也随之增大,这给心理评估工作带来一定的挑战。因此,评估者应该给予老年人更多的理解和尊重,工作耐心、细致,态度礼貌、谦和,同时要保护老年人的隐私,尊重老年人对评估结论的知晓权和获得解释的权利,帮助老年人准确、客观理解评估结论。

3. 严格管理心理测评工具 为保证心理评估的科学性和有效性,心理评估工具尤其是心理测验,应由具备心理学、医学等相关专业背景,经过专门心理测评技术培训且取得相应资质的人员操作使用。此外,凡规定不宜公开的测验内容、器材及评分标准,均应严格保密。

(二)专业素质

首先,评估者需具备扎实的心理学专业知识和技能,包括老年心理学、生理心理学、健康心理学以及心理测量方面的理论知识,并接受相关技术的专门训练。

其次,评估者应掌握精神疾病的症状表现和诊断要点,熟练运用多种测评手段。

最后,评估者需熟悉老年人常用心理测验的内容、操作程序和评分标准,并能够对测验结果作出客观、准确的解释。

(三)心理素质

心理评估者要具备适合该项工作的心理素质,这不仅直接影响评估工作的专业性和有效性,还能帮助评估者更好地与老年人建立信任关系,从而更准确地了解他们的心理状态。以下是心理评估者需要具备的关键心理素质。

1. 健康的人格 评估者首先应能正确地认识自己,正确地认识自己是正确认识他人、评估他人的前提。此外,心理评估者还要乐于并善于与人交往,保持积极稳定的情绪和积极向上的心态,这样才能更容易与老年人建立起良好的人际关系。

2. 较高的智能水平 心理评估者应具有敏锐的观察力、良好的记忆力、准确的判断力和较强的逻辑分析能力,能从老年人的言语、行为中获取有效信息,通过分析判断来推测其心理活动。

3. 良好的社会交往能力 心理评估需要与他人打交道,心理评估者应具备较强的人际互动能力,能以真诚和尊重的态度赢得老年人的信任,能够运用良好的沟通技巧帮助老年人打开心扉。此外,心理评估者还应具有较强的共情能力,能够设身处地理解老年人的思想和情感,准确地表达老年人的感受,引起老年人的共鸣。

六、老年期心理评估的注意事项

老年人的身体功能和认知能力随着年龄增长会发生变化,这些变化可能影响他们对评估的反应和配合度。同时,老年人的心理状态也更为复杂,容易受到情绪、环境和人际关系的影响。因此,在心理评估的过程中,应充分关注老年人的身心特点,注意以下事项:

(一)评估者应与老年人建立信任和谐的关系

在对老年人进行心理评估时,评估者与老年人建立信任和谐的关系至关重要。和谐的关系是心理评估工作开展的前提,和谐关系的建立需要心理评估者尊重老年人,关注老年人独特的需求,让老年人真切感受到被重视、被理解。此外,沟通技巧的运用也是不可或缺的,评估者需要掌握有效的倾听技巧,运用温和、易懂且富有亲和力的语言与老年人交流,还要善于观察老年人的非语言行为,比如表情、肢体动作等,从中洞察他们内心的真实想法和情绪状态,以便更好地调整沟通方式和内容,从而进一步巩固与老年人之间信任和谐的关系,为心理评估工作的高效开展筑牢根基。

(二)激发老年人的评估动机

老年人接受新鲜事物的能力较差,面对心理评估,尤其是利用计算机进行心理测验时,会有一些情绪,甚至可能直接拒绝配合。针对这一情况,评估者需充分考虑老年人的心理特点,采取有效措施。一方面,要耐心地向他们讲解心理评估的目的与意义,让老年人切实明白评估对自身健康和生活的积极影响,从而消除他们内心的疑虑。另一方面,在评估过程中,若老年人遇到诸如操作计算机困难等问题,评估者应及时给予帮助和指导,协助他们克服困难。

(三)选择适合老年人的评估方法

心理评估方法各有独特之处,在对老年人开展心理评估工作时,心理评估者要充分考虑老年人的身体功能、认知水平以及个性特征，精准挑选适配的评估方法，才能让评估结果更真实、更准确地反映老年人的心理状态，为后续的干预和支持提供有力依据，从而保障心理评估工作能够科学、有效地开展。

（四）为老年人提供适宜的评估环境和充分的反应时间

老年人基础代谢率下降、体温调节能力降低，对心理评估的环境要求较高。因此，评估者应为老年人提供适宜的评估环境，包括温度、光线和室内布置。同时，老年人因记忆、思维等认知功能下降，面对评估者的提问以及心理测验时，理解和反应速度变慢，所需要的反应时间更长，评估者应给予老年人充分的反应时间，以获取客观、全面的评估信息。

第二节　老年期心理评估的常用方法

准确评估老年人的心理状态，对保障其心理健康、提升生活质量至关重要。而全面收集能反映老年人心理状态的信息，是达成精准评估的基础。老年人心理状态复杂多样，单一的评估方式难以满足需求，因此需要采用多种科学方法，才能获取准确且有价值的资料。老年期心理评估可以采用观察法、访谈法、问卷调查法和测验法等多种科学方法，这些方法需要通过一定的程序，依据一定的原则展开，才能全面、准确地评估老年人的心理状态，为后续的心理干预和支持提供有力的依据。

一、观察法

（一）概念

观察法（observational method）是获得信息最常用的手段，是心理评估的基本方法之一。它是指在自然条件或控制条件下，对老年人的外显行为进行有目的、有计划的观察和记录，从而探讨心理行为变化规律的一种方法。在心理评估中，由于老年人的记忆、思维和语言等认知功能下降，会出现对自身心理状态无法准确客观描述的情形，通过观察，可以了解老年人真实的心理状态。

（二）观察法的分类

观察法作为心理评估的重要手段，在老年期心理评估中应用广泛，类型丰富多样。观察法通常分为自然观察法和控制观察法两种类型。此外，还有主观观察和客观观察、日常观察和临床观察、直接观察和间接观察等。

1. 自然观察法　自然观察法是在完全自然的环境中对被评估者进行观察、记录和分析，从而解释某种行为变化规律的方法。在实际操作中，观察既可以是评估者直接目睹被评估者的行为表现，也可以是评估者借助监控设备等工具对被评估者进行间接观察。

2. 控制观察法　控制观察法是在标准情境下，依据一定程序和内容，或人为设置特定情境对被评估者进行观察。标准情境指某些特定的环境条件。

（三）观察法的优缺点

观察法作为一种最基本的心理评估方法，贯穿于整个评估过程，并起着十分重要的作用。观察法具有自身的一些优势，同时也有其局限性。

1. 观察法的优点

（1）资料真实直接：通过观察可以直接获得资料，这些观察所得的资料未经中间环节的加工，比较真实。

（2）操作简便灵活：观察法不受时间、场地等条件的限制，可在老年人生活、休闲和养老环境中随时进行。

（3）即时捕捉现象：观察法具有即时性的优点，可以捕捉到正在发生的现象，不错过任何关键行为和细节。

（4）适用范围广泛：观察法适用于各个年龄段的老年群体，无论是身体功能较好的老年人，还是身体和认知功能有所衰退的老年人，都可以采用观察法进行心理评估。

2. 观察法的缺点

（1）现象不可重复：某些在自然状态下发生的现象具有偶然性，可能只出现一次，无法重复观察。

（2）主观影响较大：观察结果会受到观察者主观意识的影响，不同的观察者可能因个人经验、认知水平和观察角度的差异，对同一观察对象得出不同的结论。

（3）难以洞察本质：观察法只能获取表面的行为信息，不能直接观察到事物的本质和人们的内隐行为，对于深层次的心理活动分析存在一定困难。

（4）评估范围有限：观察的范围具有一定局限性，不适用于大面积的评估，如果需要对很多老年人进行心理评估，观察法的效率较低且难以全面覆盖。

（四）使用观察法的注意事项

1. 不干扰被观察者　在观察过程中，应尽量减少对被观察者的影响，避免因观察者的存在而改变被观察者的行为。

2. 观察要全面系统　观察应有明确的目的和周密的计划，并根据老年人的实际情况进行灵活调整，确保全面收集信息。

3. 观察要客观　将老年人置于日常生活状态下进行观察，真实反映老年人的心理状态，观察结果应使用客观、准确的语言进行描述，不带有观察者的主观意识，确保观察结果真实自然。

4. 观察记录要详细、准确　观察记录应如实反映老年人的行为表现及行为的前因后果，确保记录的详细性和准确性。

二、访谈法

（一）访谈法的概念

访谈法（interview method）也称晤谈法，是指访谈者与被访谈者之间进行的一种有目的、有计划的交谈。访谈法是老年期心理评估的常用方法。掌握访谈法是心理评估者的必备技能：一方面通过访谈可以了解老年人的信息，在访谈过程中，可全面评估老年人的生活经历、个性特征及其对所处状况的反应和态度；另一方面，在访谈过程中，心理评估者可以为老年人提供一定的心理支持和心理辅导。

（二）访谈法的分类

访谈按照形式可以分为结构式访谈、非结构式访谈和半结构式访谈。

1. 结构式访谈　又称标准化访谈，是指预先设定访谈结构、程序和内容的访谈，分两种形式：一种是访谈者按事先拟好的大纲，对所有被访者进行相同的询问，然后将被访者的回答填到事先制好的表格中；另一种是将问题与可能的答案印在问卷上，由被访问者自由选择答案。

2. 非结构式访谈　又称自由式访谈，是指不预先设定访谈的结构和内容，根据被访谈对象的实际情况灵活提问的访谈。

3. 半结构式访谈　是结构式访谈和非结构式访谈的结合，具有一定的灵活性，也有一定的标准化和可比性，访谈时比较方便，被访者易于合作。

（三）访谈法的优缺点

访谈法有其独特的优势，也存在不足。在实际应用中，需要充分认识到其优缺点，根据具体的研究目的、研究对象以及研究条件，谨慎选择是否采用访谈法。

1. 访谈法的优点

（1）灵活性强，适用范围广：访谈法是一种开放式的心理评估方法，具有灵活性，能根据不同的研究目的、对象和情境进行灵活调整，适用范围广泛。

（2）形式亲和，资料丰富：由于访谈是口头语言的形式，这种方式更加自然、亲切，更容易被接受，且能搜集多方面的资料。

（3）深入探究，挖掘细节：访谈法能够聚焦某一特定问题展开详细询问，深入了解受访者的内心想法、情感和深层次信息，挖掘出更具价值的内容。

2. 访谈法的缺点

（1）主观性强，易产生偏差：访谈过程容易受到访谈双方主观意识的干扰，可能导致最终结论出现偏差。

（2）问题复杂时，结果难以量化：当访谈问题较为复杂时，受访者的回答往往具有较强的主观性和开放性，难以用具体的数据进行量化分析，不利于后续的统计和研究。

（3）记录难度大，信息易遗漏：访谈的内容，除非进行录音，否则仅靠人工记录很难做到完整、准确，容易遗漏重要信息，影响资料的完整性和准确性。

（4）费时费力，对环境要求较高：访谈需要投入大量的时间和精力，不仅要与受访者逐一沟通，还需精心安排访谈环境。因此，访谈法不太适合在大范围调查中使用。

（四）访谈法的注意事项

访谈法作为一种老年人的心理评估手段，可以全面了解老年人的价值观念、情感感受、行为规范。访谈法的效果取决于问题的性质和心理评估者本身的访谈技巧，在运用访谈法对老年人进行心理评估时，需注意以下几个方面的问题：

1. 做好访谈准备 应提前与老年人约定好访谈时间、地点及场所；全面收集老年人的相关资料，制订访谈提纲，并准备好诸如录音笔、笔记本等访谈所需的工具，确保访谈过程顺利推进。

2. 与被访者建立信任关系 可以坦率告知老年人访谈的目的，表达自己对老年人回答的兴趣，避免对方产生疑虑，并通过愉快的、诚恳的、无评估性的态度与被访者建立和谐关系，让他们能够畅所欲言。

3. 巧妙运用沟通技巧 在访谈过程中，访谈者不仅要与老年人建立并维持良好的信任与和谐关系，还应适时运用提示、追问、引导等访谈技巧，巧妙把握访谈的节奏，防止访谈中的"一边倒"现象，确保访谈内容丰富且深入。

4. 如实、准确地做好访谈记录 访谈记录应详尽、客观，尽量使用老年人陈述的语言，访谈中应处理好"记"和"听"的关系，若要使用录音设备等辅助工具，应事先征求老年人的同意。

三、问卷调查法

（一）问卷调查法的概念

问卷调查法（survey method）是研究者用统一严格设计的问卷，通过书面语言与被调查者进行交流，搜集研究对象的信息和资料的方法。问卷调查法通过设置问题，要求被调查者作出陈述，调查时既可向被调查者本人作调查，也可以向熟悉被调查者的人作调查。

（二）问卷调查法的优缺点

问卷调查法作为一种常用的研究手段，在众多领域发挥着重要作用，它具有显著的优点，但也存在一些不足之处。

1. 问卷调查法的优点

（1）灵活性强，适用范围广：问卷调查法的形式灵活多样，既可以通过线上平台发放问卷，也能以线下纸质问卷的方式进行调查，能满足不同研究目的和需求。

（2）简单易操作，节约成本：问卷调查法可借助网络、邮件、现场发放等方式开展调查，不需要复杂的设备和专业技能。问卷调查法无须投入大量人力进行一对一交流，也无须准备实验场地和器材，大大节约了成本。

（3）涉及范围广，收集资料速度快：问卷可以在短时间内送达到成千上万的被调查者手中，从而在短时间内获取大量资料。

（4）标准化高，便于定量处理和分析：问卷中的问题和选项都是经过精心设计的，标准化程度高，格式统一，答案规范，能够运用各种统计软件进行量化处理，从而得出较为客观、准确的研究结论。

2. 问卷调查法的缺点

（1）真实性受主观因素干扰：在问卷调查时，材料的真实性易受被调查者主观因素的影响。一方面，社会期望偏差会使被调查者故意隐瞒真实想法或提供虚假信息。另一方面，被调查者的情绪状态、个人偏见等也会影响回答的真实性。

（2）因果关系难以确定：问卷调查法是一种间接收集资料的途径，研究人员只能获取被调查者在特定时间点对问题的回答，无法实时观察和控制调查过程中的各种因素。

（3）资料的真实性及调查质量难以保障：一方面，问卷发放后，调查者无法监督被调查者的作答过程，被调查者可能因为理解有误而错答、漏答；也可能由于缺乏兴趣、时间仓促等原因随意填写。另一方面，若问卷设计不合理，也会误导被调查者。此外，网络调查中还可能存在他人代填等情况，难以保证调查质量。

（三）问卷调查法的注意事项

1. 要有明确的调查目的 在编制问卷之前，必须明确调查目的，这是整个问卷调查的核心出发点，只有明确为什么开展调查，才能确定问卷所需要涵盖的内容。

2. 精心设计问题及表达方式 在设计问卷时，研究者应善于根据研究目的和具体情况选择合适的问题，问题之间应相互关联、层层递进，同时要精心构建问卷结构，使问卷具备科学性和逻辑性，让被调查者能顺畅作答。

3. 使用易懂的语言 在视觉呈现上，应采用较大字体、宽松排版，同时内容表达应是老年人易于理解的，避免使用专业术语、复杂词汇或生僻概念，回答方式应尽量简单化，且尽量隐蔽研究的真实意图。

4. 问卷题目数量不宜过多 从整体上看，一份问卷的内容不宜过多，让老年人在 15 分钟左右完成问卷比较好。这就需要精心筛选题目，保留最关键、最能反映研究问题的内容，去除重复或无关紧要的问题。

四、心理测验法

（一）心理测验法的概念

心理测验法（psychological test method）是指在标准情境下，对个体的心理特征和外在行为进行客观分析和描述的一种测量方法。在心理评估中，观察法、调查法和晤谈法容易受评估者主观意识的影响，而心理测验则遵循标准化、数量化的原则，所得结果可参照常模进行比较，使结果评定更为客观。

（二）心理测验的分类

心理测验的数量很多，根据不同的分类标准，心理测验可有不同的分类。

1. 按心理测验的目的和功能分类

（1）能力测验：主要用来确定受测者的某种心理特征在群体中所居位置而进行的心理测验，包括智力测验、儿童心理发展量表、适应行为量表和特殊能力测验等。

（2）人格测验：主要用来评定受测者的性格、气质、情绪、动机、兴趣、态度和价值观等。此类量表数量较多，依据测试内容不同又分为不同的量表：有的用于测查一般人群的人格特征，如卡特尔16项人格因素问卷（16PF）、艾森克人格问卷（EPQ）、罗夏墨迹测验（RIT）和主题统觉测验（TAT）等；有的用于测试个体病理性的人格特征，如明尼苏达多相人格问卷（MMPI）。

（3）神经心理测验：主要用于评估正常人和脑损伤患者的脑功能状态，其评估范围涉及脑功能的各个方面，包括感觉、知觉、运动、言语、注意、记忆和思维等，在神经科、精神科和老年科得到广泛应用。临床常用的神经心理测验有连线测验（TMT）、画钟测验（CDT）等成套测验，以及霍尔斯特德 -

瑞坦（Halstead-Reitan）神经心理成套测验等。

（4）临床评定量表：是对各种心理症状进行量化评估的一类测量工具，在老年心理保健和临床实践中发挥了重要作用。此类测验种类和数目繁多，常见的有 90 项症状自评量表（SCL-90）、焦虑自评量表（SAS）、抑郁自评量表（SDS）和生活事件量表（LES）等。

（5）职业咨询测验：职业咨询测验的目的是帮助受测者更好地了解自己，主要包括职业兴趣问卷、能力倾向测验和特殊能力测验等。为使评估结果更为全面，也常将上述测验与人格测验及智力测验联用。

2. 按心理测验材料的性质分类

（1）文字测验：其测验项目以文字或语言作为测验材料，受测者必须用文字符号或语言作出反应。文字测验适用于有一定言语能力的受测者，多数心理测验都属于此类。其优点是实施方便；缺点是易受受测者文化背景的影响。

（2）非文字测验：其测验内容以图画、仪器、模型、工具、实物为材料，受测者用操作或手势回答。其优点是不受文化程度的限制，适用于有言语功能障碍或不懂测验语言材料的受测者；缺点是仅局限于个别施测，费时较多。

3. 按心理测验的方法分类

（1）问卷法：多采用结构式的提问方式，让受测者以"是"或"否"或在有限的几种选择上作出回答，一些人格测验如明尼苏达多相人格问卷（MMPI）、艾森克人格问卷（EPQ）等都是采用此形式。其优点是测验的操作技术容易被掌握，易于进行统计处理；缺点是测验目的明显，在回答涉及社会评价类的问题时，可能因掩饰而失真。

（2）作业法：其测验形式是非文字的，让受测者以操作的方式完成有关测试内容，主要适用于婴幼儿及受文化水平所限制的受测者，如测量感知觉和运动能力的测验。其优点是具有较高的信度，能揭示因果关系，可以重复和检验效果；缺点是易产生主试效应和受测者效应，无法测量复杂的行为，难以对未知的、宽泛的心理现象或行为模式进行深入探究。

（3）投射法：是受测者根据自己的理解和感受对一些意义不明的图像、墨迹等作出回答，以诱导出受测者的经验、情绪或内心冲突。投射法多用于测量人格，如罗夏墨迹测验（RIT）和主题统觉测验（TAT）等，也有用于异常思维发现的测验，如自由联想测验、填词测验等。其优点是测验目的隐蔽，能够揭示受测者的深层心理状态；缺点是测验结果分析起来比较困难，评分的主观性较强，因而对施测者的要求较高。

4. 按心理测验的组织方式分类

（1）个别测验：个别测验是在某一时间内一个施测者对一个受测者面对面地进行施测，如韦氏智力量表和比奈智力量表。个别测验的优点在于施测者对受测者的观察仔细，提供的相关信息准确；缺点是测验手续复杂，要求施测者受过良好的训练，具备较高的素养。

（2）团体测验：团体测验指在同一时间内对多名受测者同时施测的标准化测验。与个别测验（一对一施测）相对，它主要用于高效评估团体成员的心理特质（如智力、人格、兴趣、能力等），如明尼苏达多相人格问卷（MMPI）和卡特尔 16 项人格问卷（16PF）。团体测验的优点是节省时间，可以在较短的时间内获得比较丰富的信息资料；缺点是受测者的行为不易控制，容易产生测量误差，难以发现受测者的特殊反应。

（三）心理测验的标准化

为了确保测验的准确性和有效性，在选用心理测验时，必须选择技术指标良好的标准化心理测验，以减少测量误差。标准化是心理测验最基本的要求，标准化心理测验的主要测量技术指标包括常模、信度和效度。

1. 常模　常模（norm）是指某种心理测验在某一人群中测查结果的标准量数，是可供比较的参照标准。常模是解释测验分数的依据，受测者心理测验的结果只有与这一标准相比较，才能确定其测验结果的实际意义，而这一结果是否准确，则在很大程度上取决于常模样本的代表性，只有在代表性好的样本基础上才能制订出有效的常模。

常模的形式有多种，可以定量的有均数、标准分、Z 分数、T 分数等；可以定性的有划界分、百分位等。按常模样本的代表性来分：代表全国的称全国常模；只代表某一区域的称区域常模；按年龄段设定的常模称年龄常模；按学生年级设定的常模称年级常模。

2. 信度 信度（reliability）是指测验结果的可靠性或一致性程度。同一受测者使用某一测量工具进行多次测量，所得结果变化不大，说明该测量工具稳定性好、信度高。信度是衡量心理测验质量高低的重要指标之一，信度越高，测验越可靠。信度的高低用相关系数表示，系数越大，一致性越高。不同的心理测验，对信度系数的要求有所不同，通常智力测验的信度系数要求在 0.8 以上，人格测验的信度系数要求在 0.7 以上。

信度是反映测量中随机误差大小的指标。信度主要包括重测信度、复本信度、分半信度和评分者信度。

（1）重测信度：同一组受测者在两次不同时间做同一套测验所得结果的相关性检验。重测信度适用于测量相对稳定心理特征的心理测验，如人格测验。当测量重测信度时，两次测验间隔时间以 2～4 周为宜，最长不超过 6 个月。

（2）复本信度：又称等值性系数，指同一群体完成两个等值测验，受测者在这两个测验上得分的相关系数。当估算复本信度时，为避免顺序效应，可随机安排一半受测者先做一个复本，另一半先做另一个复本。

（3）分半信度：将一套测验的各项目先按难易程度排序，再按奇数、偶数序号分成两半，对这两半测验的结果进行相关性检验，分半信度通常只能施测一次或者在没有复本的情况下使用。

（4）评分者信度：随机抽取若干答卷，由两个独立的评分者打分，所得每份答卷两个分数的相关系数即评分者信度。评分者信度是用来分析评分者评分是否一致的信度计算方法。不同评分者评分越一致，评分者信度越高。对于两个受过训练的评分者，其评分相关系数达到 0.90 以上，才能视为评分客观。

3. 效度 效度（validity）是指测验能够准确测量到其所要测量内容的程度，即测验结果的有效性与正确性。例如，智力测验结果能否真实反映个体的智商水平。鉴别一个测验的好坏，其首要标准就是效度，检验效度的有效方法主要有内容效度、结构效度和效标效度。

（1）内容效度：是指一个测验实际所测内容与所要测量的内容之间的吻合程度。例如，人格测验的内容是否反映人格特征。内容效度是编制测验必须考虑的基本内容，其确定方法包括专家评定法、统计分析法和经验推测法。

（2）结构效度：编制心理测验必须依据相关理论，结构效度是指所编制的测验与所依据理论的吻合程度，常用因子分析法评估某一测验的结构效度。

（3）效标效度：是指测验预测个体在特定情境中行为表现的有效性程度。效标是衡量测验有效性的外在标准，它既可以是某种特殊行为，也可以是一组行为。常用的效标有学业成就、等级评定及公认的临床诊断标准等。

（四）应用心理测验的一般原则

心理测验的优越性能否得到充分的发挥，关键在于心理测验能否得到正确使用，一旦使用不当，不但起不到积极作用，还会造成不同程度的不良后果。因此，在实施心理测验时，为确保结果的可靠性，要严格遵守以下原则：

1. 标准化原则 心理测验是一种数量化的手段，要始终贯彻标准化原则，这是测验结果准确性和可靠性的有效保证。心理测验需采用公认的标准化工具，即该测验要有较高的信度和效度；施测方法要严格根据测验指导手册的规定执行。测验过程要有统一的施测条件、标准的指导语、统一的记分方法和常模。

2. 保密原则　保密原则是心理测验的一条道德标准,包含两方面的含义。其一是测验工具的保密:测验内容、答案及记分方法均须严格保密,严禁随意扩散,更不得在出版物上公开发表,否则将影响测验结果的真实性。其二是对受测者的个人信息及测验结果的保密:有关工作人员应尊重受测者权益,避免对受测者产生不良影响。

3. 客观性原则　对心理测验的结果进行评价时要遵循客观性原则,秉持"实事求是"的态度,确保对结果的解释要符合受测者的实际情况。此外,不能仅凭一两次心理测验的结果就下定论,下结论时不要草率行事,进行结果评价时,应全面结合受测者的生活经历、家庭、社会环境以及通过会谈、观察法所获得的各种资料综合考虑。

(五)影响心理测验准确性的因素

心理测验是通过测量人的心理和行为,间接地反映人的心理属性,使用过程中一些无关因素的干扰会影响测验的准确性。一般来说,影响测验准确性的因素有以下几种:

1. 施测者　施测者又称主试或评估者,是心理测验的实施者,测量的准确与否与施测者的素质有很大的关系。因此,施测者的态度、能力和水平等因素都可能影响测试结果的准确性。

2. 受测者　受测者又称被试或被评估者,是接受心理测验的人,受测者的生理因素、认知能力因素、情绪因素、需要和动机等都会影响其对测验题目的反应。

3. 施测条件　测试环境的好坏会给测量结果带来很大的影响。良好的测试环境应该安静、光线好、通风好、温度和湿度适宜。此外,测试的标准、时间、要求、程序都应统一,否则,会严重影响测验的准确性。

(六)心理测验的注意事项

心理测验是一种比较严谨的评估方法,从理论的提出、工具的选定到实际应用都要经过大量反复的论证和验证。因此,应用心理测验时,应注意以下方面:

1. 施测者必须具备一定的资格　首先,施测者必须掌握心理学基础知识,并接受实验心理学的训练;其次,施测者必须接受严格、系统的心理测验专业训练,熟悉有关测验的内容、适用范围、测验程序和记分方法等;再次,施测者既要有实施测验的能力,又要恪守相关的职业伦理道德。

2. 慎重选择心理测验　每一种测验都有其测验目的和功能,采用何种测验,应慎重考虑。选择测验时应了解它的信度和效度,了解其适用范围和年龄范围,超越其范围便不能使用。

3. 与受测者建立良好的人际关系　测验过程中,施测者要与受测者建立信任、和谐的合作关系,施测者可设法保证受测者最大限度地作好测验,让其表现出真实水平或实际情况。

4. 施测的标准化　在施测过程中应遵循标准化原则,严格按照测验的操作规定实施测验,包括正确安排测验材料,准确地给予指导语和提问,客观地记录回答和记分,并详细记录受测者在测验过程中的行为,准确书写测验报告等。

5. 科学解释心理测验　要科学看待心理测验结果,对心理测验结果要正确描述、详细分析和合理解释,要结合受测者的动机、情绪等因素作出实事求是的判断,反对仅根据测验分数就对受测者贴标签的做法。

第三节　老年期心理评估常用的心理测验

案 例

张某,63岁,曾任某单位领导多年,没退休时一直盼着退休享受清闲。但是,退休之后他发现时间过得很慢,感觉十分无聊。花鸟鱼虫、琴棋书画也没给他带来预想的乐趣。张某内心总有一种说不出的失落感,常坐在家里叹气,闷闷不乐,总觉得退休后别人对自己的态度与以前不一样,张某爱跟人争辩,说不清楚自己到底哪里委屈,经常想大哭一场。

根据以上资料,请回答:

请选用合适的心理测验对张某的心理状况进行评估。

一、认知功能评定量表

(一)日常生活能力量表

日常生活能力量表(activity of daily living scale,ADL),由美国的劳顿(Lawton)和布罗迪(Brody)于 1969 年制订,主要用于评定受测者的日常生活能力,可用于老年期痴呆的早期诊断,适用于所有老年人或有生活功能障碍者,适用范围广泛。

1. 日常生活能力量表的构成　日常生活能力量表(ADL)共有 14 项内容,包括躯体生活自理量表和工具性日常生活能力量表两个分量表。

(1)躯体生活自理量表(physical self-maintenance scale,PSMS):包括上厕所、进食、穿衣、梳洗、行走和洗澡 6 项体现老年人基本生活需求的活动。

(2)工具性日常生活能力量表(instrumental activities of daily living scale,IADL):包括打电话、购物、备餐、做家务、洗衣、使用交通工具、服药和自理经济 8 项体现老年人社会功能的活动。该量表为自评量表,受测者需自行对相关活动能力进行评估。

2. 日常生活能力量表的计分　日常生活能力量表按 4 级评分:1＝自己完全可以做;2＝有些困难;3＝需要帮助;4＝根本没办法做。如果无从了解,或从未做过某项目,如没有电话也从来不打电话,记"9",以后按研究规定处理。

3. 日常生活能力量表的施测　日常生活能力量表为自评量表,在实施测验时,要求受测者根据平时处理与解决事情的能力进行评估,选择最符合自己的情况。

4. 日常生活能力量表的结果解释　日常生活能力量表的统计指标有 3 个,即总分、分量表分和单项分。

(1)总分:总分为 14 个单项评分之和,范围为 14～56 分,反映总体日常生活活动能力。14 分为完全正常,大于 14 分提示有不同程度的功能下降。

(2)分量表分:分量表分是组成分量表的各项评分之和,其中躯体生活自理量表(PSMS)的分量表分范围为 6～24 分,工具性日常生活能力量表(IADL)的分量表分范围为 8～32 分。

(3)单项分:各单项得分表明各项活动能力的状况。单项分 1 分为正常,2～4 分为功能下降,凡是 2 项或以上多于 3 分,或总分多于 22 分的,提示有明显功能障碍。

(二)中文简易智力状态检查

中文简易智力状态检查量表(mini-mental state examination,MMSE)由张明园于 1987 年修订,本量表易于掌握,操作简便,是适合我国国情、应用较为广泛的认知功能障碍筛查量表。

1. MMSE 的构成　MMSE 共 19 个项目,含 30 个小项。项目 1～5 是时间定向;6～10 为地点定向;项目 11 分 3 个小项,为语言即刻记忆;项目 12 为 5 个小项,为检查注意和计算;项目 13 分 3 个小项,检查短程记忆;项目 14 分 2 个小项,为物体命名;项目 15 为语言复述;项目 16 为阅读理解;项目 17 为语言理解,分 3 个小项;项目 18 是让受测者说一个句子,检测言语表达;项目 19 为图形描画。

2. MMSE 的施测　施测需要 30～35 分钟,受测者回答或操作正确记"1"分,错误记"5"分,拒绝作答或说不会,记"9"分或"7"分。

3. MMSE 的计分　主要统计指标为总分,总分是所有记"1"的项目(小项)的总和,即回答(操作)正确的项目(小项)数,范围为 0～30 分。

4. MMSE 的结果解释

(1)认知功能障碍:最高得分为 30 分,分数在 27～30 分为正常,低于 27 分为认知功能障碍。

(2)MMSE 总分和教育程度密切相关:国内按受测者受教育程度进行认知障碍评分,文盲得分低于 17 分,小学程度(教育年限≤6 年)<21 分,中学程度(包括中专)<23 分,中学或以上组(教育年限>6 年)<24 分,可认为是认知障碍。

(3)认知功能障碍严重程度分级:分数在 21~24 分为轻度;11~20 分为中度;0~10 分为重度。

5. MMSE 的使用注意事项 要向受测者直接询问,如在社区中调查,注意不要让其他人干扰检查,老年人容易灰心或放弃,应注意鼓励。量表中有几个项目需要特殊说明:

(1)项目 11:第 11 项只允许施测者讲一遍,不要求受测者按物品次序回答。如第一遍有错误,先记分,然后再告诉受测者错在哪里,再让其回忆,直到正确为止,但最多只能学习 5 次。

(2)项目 12:第 12 项为临床上常用的连续减"7"测验,同时检查受测者的注意力,故不要重复受测者的答案,也不得用笔算。

(3)项目 17:第 17 项的操作要求次序准确。

二、神经心理测验

神经心理测验可用于评估个体的认知功能及心理特征,包括感知觉、运动、言语、注意、记忆、思维、情绪和人格等。神经心理测验包括单项测验和成套测验两类。单项测验主要是对记忆、注意、知觉、语言等某一神经心理功能进行测查,如连线测验(TMT)、画钟测验(CDT)和语言流畅性测验(VFT)等。成套测验由多个单项测验组成,常用的成套神经心理测验有霍尔斯特德 - 瑞坦成套测验(HRB)、鲁利亚 - 内布拉斯加神经心理学成套测验(Luria-Nebraska neuropsychological battery,LNB)等。

(一)霍尔斯特德 - 瑞坦成套测验

HRB 最初由霍尔斯特德(Halstead)于 1935 年编制,后霍尔斯特德与瑞坦(Reitan)合作对本测验加以发展,形成现在的成人式(15 岁以上)、少年式(9~14 岁)、幼儿式(5~8 岁)三套测验,合称霍尔斯特德 - 瑞坦神经心理成套测验(Halstead-Reitan neuropsychological test battery,HRB)。我国龚耀先等人对该测验进行了修订,并建立了常模。具体介绍如下:

1. HRB 的构成 HRB 由 10 部分组成,包括 6 个分测验和 4 个检查测验,适用于 15 岁以上人群。

(1)范畴测验:要求受测者通过尝试错误发现一系列图片(156 张)中隐含的数字规律,并在反应仪上进行应答。该测验主要测查受测者的抽象和综合能力,有助于反映额叶功能。

(2)触摸操作测验:受测者需蒙眼凭借感知觉将不同形状木块放入对应木槽,分别用利手、非利手和双手进行 3 次操作,最后要求受测者回忆这些木块的形状和位置。该测验主要测查受测者触知觉、运动觉、空间记忆和手的协同与灵活性。

(3)音乐节律测验:要求受测者听 30 对音乐节律录音,辨别每对节律是否相同,主要测查注意力、瞬间记忆力和节律辨别能力,有助于了解大脑右半球的功能。

(4)手指敲击测验:要求受测者分别用左右手示指快速敲击计算器的按键,测查精细运动能力和敲击速度。

(5)失语甄别测验:要求受测者回答问题、复述问题、临摹图形和执行简单的命令(如"举起右手"),测查言语接受功能、言语表达功能及是否存在失语。

(6)语音知觉测验:让受测者在听到一个词音后,从 4 个类似的词音中选出相符合的词音,主要测查持久注意和语音知觉能力。

(7)侧性优势检查:通过询问和观察受测者写字、投球、拿东西等动作,判断其利手或利侧,进而判断言语功能优势的大脑半球。

(8)握力检查:要求受测者用其全力,分别用左右手紧握握力计,以测试运动功能,该测验有助于了解大脑左右两半球功能和运动功能的差异。

(9)连线测验:分 A、B 两部分。A 部分要求受测者将一张 16 开纸上散着的 25 个阿拉伯数字按顺序连接;B 部分除数字系列外,还有英文字母系列,要求受测者按 1-A-2-B 等的顺序交替连接阿拉伯数字和英文字母,主要测查空间知觉能力、眼手协调、思维灵活性等。

（10）感知觉障碍检查：包括单侧刺激和双侧同时刺激，涉及听觉检查、视觉检测、脸手触觉辨认、辨别所触手指等方面，主要测查大脑左右两半球功能的差异。

2. HRB 的结果评定及解释 HRB 的结果评定采用划界分作为常模，凡划入异常者计 1 分，由划入异常的测验数与测验总数之比，计算出损伤指数。损伤指数 0～0.14 为正常；0.15～0.29 为边缘状态；0.30～0.43 为轻度脑损伤；0.44～0.57 为中度脑损伤；0.58 以上为重度脑损伤。

（二）韦克斯勒记忆量表

韦克斯勒记忆量表（Wechsler memory scale，WMS）由龚耀先教授修订，是目前应用较广的成套记忆测验，是神经心理测验之一，有助于鉴别器质性记忆障碍和功能性记忆障碍。

1. WMS 的构成 测试内容分为长时记忆、短时记忆和瞬时记忆三个部分，共有 10 项分测验。长时记忆（A-C）包括个人经历、定向、数字顺序 3 个分测验；短时记忆（D-I）有 6 个分测验，即视觉再认、图片回忆、视觉再生、联想学习、触摸、理解；瞬时记忆（J 项）有 1 个分测验，即顺背和倒背数字。

2. WMS 的计分 计分采用记忆商（memory quotient，MQ）方法，计算采用离差智商方法，将 10 个分测验的原始分（粗分）通过查对应年龄组的"粗分等值量表分表"转换为量表分（均数取 10，标准差取 3），相加即为全量表分，将全量表分按年龄组查"全量表分的等值 MQ 表"，可得到受测者的记忆商数 MQ，MQ 值越高，表明记忆能力越好。如果受测者的 MQ 值低于标准分，则说明受测者的记忆功能存在问题，可以作进一步检查。

三、智力测验

（一）概述

智力测验（intelligence test）是指根据有关智力概念和智力理论，经标准化过程编制而成的用于评估个体智力水平的测验。智力测验主要用于评估人的智力发展水平，也可用于研究其他病理情况。

（二）常用智力测验

1. 韦克斯勒成人智力量表 韦克斯勒成人智力量表（Wechsler adult intelligence scale，WAIS）由韦克斯勒于 1955 年编制而成，用于测量成人的智力，该量表在老年医学和老年心理保健等领域也被广泛应用。它既可以成套使用，检查老年人脑部损伤对智力的影响程度，也可以单独使用分测验，检查老年人认知的某一功能。这里以龚耀先教授 1981 年修订的韦克斯勒成人智力量表中文版（Wechsler intelligence scale for adult-Chinese revised，WAIS-RC）为例加以说明。

（1）WAIS-RC 的构成：WAIS-RC 适用于 16 岁及以上的成人，分农村和城市两式。WAIS-RC 由言语量表和操作量表两部分组成。全量表含 11 个分测验：言语量表主要包括知识、领悟、算数、相似性、数字广度、词汇 6 个分测验；操作量表包括数字符号、填图、积木图案、图片排列、图形拼凑 5 个分测验。

（2）WAIS-RC 的施测：该量表施测包括以下两种步骤：①首先填写受测者的一般情况、测验时间、地点和施测者等信息，然后按照先言语量表、后操作量表的顺序施测。②各分测验按照受测规定记分，测验通常是一次完成，对于容易疲劳或动作缓慢的老年受测者，也可分次完成。

（3）WAIS-RC 的计分：WAIS-RC 的计分流程如下：①获取原始分：将每个分测验中各项目得分相加，得到该分测验的原始分（粗分）。②转换原始分：查测验手册上的相应用表，把各分测验的原始分转换为量表分，得到言语量表分与操作量表分，二者相加得出总量表分。③换算智商：依据言语量表分、操作量表分和总量表分，查相应用表，分别换算出言语智商、操作智商和总智商（表 9-1）。

（4）WAIS-RC 的结果解释：韦克斯勒的智力等级表将智力水平划分为多个等级，如极超常、超常、中上、中等、中下、边缘以及智力缺陷等。根据韦克斯勒的智力等级表，可以对受测者的智力水平进行等级评价。

（5）WAIS-RC 的注意事项：本测验一般做个别测验，由于各年龄组的智商是根据标准化样本单独计算的，因此，查受测者的智商一定要查相应的年龄组，同时要将城市和农村的分清，不能用错表。

表 9-1　韦氏成人智力量表得分表

	言语测验							操作测验						言语 操作 总分		
	知识	领悟	算术	相似	数广	词汇	合计	数符	填图	积木	图排	拼图	合计			
原始分	20	21	15	12	14	56		47	13	27	24	20		量表分	69　48　117	
量表分	12	13	13	8	12	11	69	11	10	8	11	8	48	智商	108　93　102	

2. 瑞文推理测验　瑞文推理测验（Raven's progressive matrices，RPM）是由英国心理学家瑞文（Raven）于 1938 年设计的一种非文字智力测验，主要测量受测者的空间和逻辑推理能力。该量表适用于 6 岁儿童至成人，既可个别施测，也可团体施测。

瑞文推理测验一共由 60 个题目组成，按逐步增加难度的顺序分成 A、B、C、D、E 五组，每一组包含 12 个题目，每个题目由一张抽象的图案或一系列无意义图形组成一个方阵，方阵内的右下角位置会缺失一块，要求受测者从方阵下边的备选图片中挑选一块补进缺失位置，使其成为一个完整的图形。施测者将受测者的原始分数转化为相应的 IQ 值，确定受测者的智力等级。

四、情绪测验

（一）抑郁量表

1. 抑郁自评量表　抑郁自评量表（self-rating depression scale，SDS）由 Zung 于 1965 年编制，用于反映最近一周受测者有无抑郁症状及其严重程度，可用于鉴别抑郁症患者，也可用于流行病学调查。

（1）SDS 的构成：该量表由 20 个与抑郁症状相关的条目组成，涉及精神性情感症状、躯体性障碍、精神运动性障碍和抑郁的心理障碍等。

（2）SDS 的施测：SDS 为自评量表，由受测者自行填写，一般在 10 分钟内完成。若受测者文化程度低或为有视听障碍的老年人，可由施测者口述，让受测者自行评定。

（3）SDS 的计分：SDS 采用 4 级评分制，主要评定症状出现的频度。1＝从无或偶尔有该项症状；2＝有时有该项症状；3＝大部分时间有该项症状；4＝绝大部分时间有该项症状。在 20 个条目中有 10 项（第 2、5、6、11、12、14、16、17、18、20 项）为反向计分，按 4～1 计分。

（4）SDS 的结果解释：将所有项目得分相加，即得总粗分。总粗分乘以 1.25 以后取整数部分，得到标准分。根据我国常模，标准分 53 分以下为正常，其中 53～62 分为轻度抑郁，63～72 分为中度抑郁，73 分及以上为重度抑郁。

（5）SDS 的注意事项：评定之前，让受测者弄明白测验的填写方法及每个题的含义，然后作出独立的、不受他人影响的自我评定，不要漏评和重复评定。

2. 老年抑郁量表　老年抑郁量表（geriatric depression scale，GDS）是由美国心理学家布林克（Brink）和亚萨维（Yesavage）于 1982 年编制，本量表为 56 岁以上人群的专用筛查量表。1986 年，谢赫（Sheikh）和亚萨维将量表简化为包含 15 个项目的简版老年抑郁量表（GDS-15）。下面主要介绍 GDS-30。

（1）GDS 的构成：该量表共有 30 个条目，包括情绪低落、活动减少、容易激惹、退缩痛苦的想法，以及对过去、现在与未来消极评价等方面。

（2）GDS 的施测：GDS 为自评量表，由受测者根据一周以来最切合的感受进行测评，要求受测者回答"是"或"否"，也可由施测者用口述的方式进行。

（3）GDS 的计分：30 个条目中，有 10 个是反向计分题（回答"否"表示抑郁），有 20 个是正向计分题（回答"是"表示抑郁），每项表示抑郁的回答得 1 分。

（4）GDS 的结果解释：30 个题目的总分就是受测者在老年抑郁量表上的得分。0～10 分为正常范围；11～20 分为轻度抑郁；21～30 分为中重度抑郁。

（5）注意事项：该量表为 56 岁以上人群的专用抑郁筛查量表，如有食欲下降、睡眠障碍等症状，要在测验时注意区分。

3. 汉密尔顿抑郁量表 汉密尔顿抑郁量表（Hamilton depression scale，HAMD）由汉密尔顿于 1960 年编制，适用于有抑郁症状的成人，是临床上广泛用于评定抑郁状态的量表。

（1）HAMD 的构成：该量表现有 17 个项目、21 个项目和 24 个项目 3 种版本，涉及抑郁情绪、有罪感、自杀、睡眠情况、工作和兴趣、阻滞、激越、精神性焦虑、躯体性焦虑等症状。

（2）HAMD 的施测：HAMD 为他评量表，由经过培训的两名评估者对受测者进行联合检查，一般采用交谈与观察相结合的方式进行检查，检查结束后，两名评估者分别独立评分。完成一次评定大约需要 15～20 分钟。

（3）HAMD 的计分：大部分项目采用 0～4 分的 5 级评分法。0＝无；1＝轻度；2＝中度；3＝重度；4＝极重度。少数项目采用 0～2 分的 3 级评分法。0＝无；1＝轻至中度；2＝重度。一般以受测者的 HAMD 总分反映其抑郁严重程度。

（4）HAMD 的结果解释：24 项版本中，8 分以下为无抑郁；总分在 8～20 分，代表可能抑郁；总分在 20～35 分，可能为轻中度抑郁；总分在 35 分以上，可能为严重抑郁。在 17 项版本中，严重、轻中度与无抑郁症状的分界分数分别为 24 分、17 分和 7 分。

（5）注意事项：一是评定的时间范围，入组时，评定当时或入组前一周的情况，治疗后 2～6 周，以同样方式，对入组受测者再次评定，比较治疗前后症状和病情的变化。二是项目的评分，HAMD 中，第 8 项、9 项及 11 项，依据对受测者的观察进行评定；其余各项则根据受测者自己的口头叙述评分；其中第 1 项需两者兼顾。另外，第 7 项和 22 项，还需向受测者家属或病房工作人员收集资料，而第 16 项最好是根据体重记录，也可依受测者主诉及其家属或病房工作人员所提供的资料评定。

（二）焦虑量表

1. 焦虑自评量表 焦虑自评量表（self-rating anxiety scale，SAS）由尊（Zung）于 1971 年编制而成，适用于有焦虑症的成人，用于鉴别焦虑症状及焦虑严重程度评定。

（1）SAS 的构成：该量表由 20 个与焦虑症状相关的条目组成，涉及焦虑、害怕、惊恐、发疯感、不幸预感、手足颤抖、躯体疼痛、乏力、心悸、头晕昏厥感等与焦虑情绪密切相关的问题。

（2）SAS 的施测：SAS 为自评量表，一般在 10 分钟内完成。对于文化程度低或有视听障碍的老年人，可让施测者口述，让其独自作答。

（3）SAS 的计分：SAS 采用 4 级评分制，主要评定症状出现的频度。1＝从无或偶尔有该项症状；2＝有时有该项症状；3＝大部分时间有该项症状；4＝绝大部分时间有该项症状。SAS 有 15 个项目为正向计分题，按照 1～4 计分，只有第 5 项、9 项、13 项、17 项、19 项为反向记分，即按 4～1 计分。

（4）SAS 的结果解释：SAS 的主要统计指标为总分，分值越高，反映焦虑程度越严重。将所有项目得分相加，即得总粗分。总粗分乘以 1.25 以后取整数部分，就得到标准分。根据我国常模，标准分在 50 分以下为无焦虑；50～59 分为轻度焦虑；60～69 分为中度焦虑；70 分及以上为重度焦虑。

（5）SAS 的注意事项：在自评以前，务必向受测者详细说明量表的填写方法及每条问题的含义，确保受测者完全明白后作出独立的、不受他人影响的评定，评定时间范围为最近一周。

2. 状态 - 特质焦虑问卷 状态 - 特质焦虑问卷（state-trait anxiety inventory，STAI）由美国心理学家斯皮尔伯格（Spielberger）于 1977 年编制，并于 1983 年修订，适用于具有焦虑症状的成人，能同时测定受测者的情境性焦虑和特质性焦虑，不但可以评估患者，还可以用于精神卫生调查。

（1）STAI 的构成：STAI 由两个分量表共 40 项描述性题目组成，分别是状态焦虑问卷（state anxiety inventory，SAI）和特质焦虑问卷（trait anxiety inventory，TAI），每个分量表各有 20 个条目。状态焦虑问卷（SAI）主要用于评定当前受测者的焦虑水平。第 1～20 项中，半数为描述正性情绪的条目，半数为描述负性情绪的条目。特质焦虑问卷（TAI）用于评定较稳定的焦虑、紧张性人格特质，第 21～40

项中,有11项描述负性情绪,有9项描述正性情绪。

(2) STAI的实施:STAI为自评量表,由受测者自行填写,受测者一般需要具有初中及以上文化水平,可用于个人测试或团体测试。

(3) STAI的计分:STAI采用四级评分法。SAI的评分标准:1=完全没有,2=有些,3=中等程度,4=非常明显,其中10项为反向计分。TAI的评分标准:1=几乎没有,2=有些,3=经常,4=几乎总是如此,也有10项为反向计分。STAI的40个项目中,凡正性情绪题目(1项、2项、5项、8项、10项、11项、15项、16项、19项、20项、21项、23项、24项、26项、27项、30项、33项、34项、36项、39项,在计分单上标 * 号)均为反向计分,即按上述顺序依次评为4分、3分、2分、1分,这样设计的目的是使问卷本身心理诱导作用降到最低限度,自动纠正受测者夸大或缩小其主观感觉的倾向。

(4) STAI的结果解释:分别计算SAI和TAI的20个条目的总分,最小值均为20,最大值均为80。SAI总分反映受测者当前焦虑症状的严重程度;TAI总分反映受测者平时的焦虑情况。

五、人格测验

由于人格概念和结构分类不统一,不同学派采用的人格评估方法也不相同。在人格评估中,使用较多的方法就是人格测验(personality test)。人格测验通常分为两大类:一类是结构明确的自陈量表,自陈量表有清晰的问题设置与评分体系,如艾森克人格问卷(EPQ);另一类是结构不明确的投射测验,其测验材料为意义不明确的各种图形或墨迹,如罗夏墨迹测验。

(一)自陈量表

自陈量表又叫自陈问卷,是测量人格比较常用的形式,主要包括明尼苏达多相人格问卷(MMPI)、卡特尔十六项人格测验(16PF)和艾森克人格问卷(EPQ),下面主要介绍明尼苏达多相人格问卷和艾森克人格问卷。

1. 明尼苏达多相人格问卷 明尼苏达多相人格问卷(Minnesota multiphasic personality inventory, MMPI)由美国明尼苏达大学的哈尔瑟韦(Halthaway)和麦金利(McKingley)共同编制,1989年,布契尔对MMPI进行了重大修改,MMPI-2诞生。MMPI-2除保留MMPI的10个临床量表和4个效度量表外,还增加了3个效度量表。20世纪90年代,我国张建新、宋维真教授完成了MMPI-2的引进、修订及常模的制订工作,并于2003年完成了相关手册的编制,实现了计算机化操作。

(1) MMPI-2的构成:MMPI-2共有567个问题,包含10个临床量表和7个效度量表。10个临床量表分别是疑病量表(Hs)、抑郁量表(D)、癔症量表(Hy)、精神病态性偏倚量表(Pd)、男性化-女性化量表(Mf)、偏执型人格量表(Pa)、精神衰弱量表(Pt)、精神分裂性人格量表(Sc)、躁狂症量表(Ma)和社会内向量表(Si)。7个效度量表包括未答项目数(Q)、掩饰量表(L)、伪装量表(F)、校正量表(K)、后F量表(Fb)、同向答题量表(TRIN)和逆向答题量表(VRIN)。

(2) MMPI-2的施测:MMPI-2适用于16岁以上、具有小学及以上文化程度的人。施测方式通常是个体自评,也可用于团体测验,施测时间一般为60~90分钟,受测者需根据问题逐条从"是""否"或"无法回答"中作出选择。

(3) MMPI-2的计分:施测人员需依照MMPI-2使用指导手册,对受测者的作答进行人工计分或计算机计分。

(4) MMPI-2的结果解释:此测验采用标准T分,T分平均数为50分,标准差为10分。常模划界分为60分,凡量表T分高于60分,均应考虑临床意义。

2. 艾森克人格问卷 艾森克人格问卷(Eysenck personality questionnaire, EPQ)由英国心理学家艾森克(Eysenck)根据其人格三维度理论编制而成,目前在国际上应用非常广泛。EPQ有适用于测查16岁及以上人群的成人问卷(101道题)和适用于7~15岁人群的儿童问卷(97道题)两种版本。我国龚耀先修订的成人问卷和儿童问卷均为88道题目,陈仲庚修订的成人问卷为85道题,下面主要介绍龚耀先修订的成人问卷。

（1）EPQ 的构成：EPQ 包括内外向量表（E 量表）、神经质量表（N 量表）、精神质量表（P 量表）和掩饰量表（L 量表）4 个分量表。内外向量表（E 量表）主要测查人格的外显和内隐倾向；神经质量表（N 量表）主要测查情绪的稳定性；精神质量表（P 量表）主要测查潜在的精神特质，掩饰量表（L 量表）是效度量表，主要测查受测者的掩饰、假托及自身隐蔽等特征，以识别受测者回答问题时的诚实性。

（2）EPQ 的施测：EPQ 实施过程简便，受测者依照指导语，针对每个项目的陈述，根据自己的实际情况回答"是"或"否"。

（3）EPQ 的结果解释：将计算结果与常模进行对比分析。EPQ 结果采用标准 T 分（50 为平均数，10 为标准差）表示，根据各维度 T 分高低来判断人格倾向和特征。量表 T 分在 43.3～56.7 为中间型，38.5～43.3 或 56.7～61.5 为倾向型，38.5 以下或 61.5 以上为典型。

艾森克还将神经质维度和内外向维度相结合，进一步分出外向稳定（多血质）、外向不稳定（胆汁质）、内向稳定（黏液质）、内向不稳定（抑郁质）四种个性特征，各型之间还有中间型。

（二）投射测验

投射测验与精神分析理论紧密相关，投射测验的施测者认为通过某种无确定意义的刺激情境可以引导受测者将隐藏在内心深处的欲望、要求、动机冲突等内容不自觉地投射出来，通过对投射内容的分析，可以了解一个人的真实人格特征。投射测验包括罗夏墨迹测验和主题统觉测验。

1. 罗夏墨迹测验　罗夏墨迹测验（Rorschach inkblot method, RIM）由瑞士精神病学家罗夏（Rorschach）于 1921 年设计发表，该测验旨在用于临床诊断、鉴别精神分裂症与其他精神病，也用于研究感知觉和想象能力。1990 年，龚耀先完成了该测验的修订工作，现已有我国正常人的常模。

（1）罗夏墨迹测验的构成：测验材料包括 10 张结构对称但无意义的墨迹图，其中 5 张为全黑色，2 张为黑色和灰色图外加红色墨迹，另外 3 张为全彩色。

（2）罗夏墨迹测验的施测：测验分三个阶段进行。首先是自由联想阶段，施测者将 10 张图片依次展示给受测者，要求受测者说出在图中看到了什么。每一张图片观看时间不限，并鼓励受测者尽可能多说。其次是询问阶段，受测者再次观看图片，并说明看到的东西是图的全部还是某一部分及原因，施测者记录相关部位及原因。最后是极限试探阶段，此阶段旨在确定受测者能否从图片中看到某种具体的事物，以使受测者表露自己的生活经验、情感和个性倾向等。

罗夏墨迹测验结果主要反映了个体的人格特征，其精神病理指标对临床诊断和治疗有重要意义。

2. 主题统觉测验　主题统觉测验（thematic apperception test, TAT）由美国哈佛大学的默里（Murray）与摩尔根（Morgan）等于 1935 年编制而成。该测验以图片为刺激材料，让受测者进行想象、编辑故事，以反映受测者的人格结构和内容，适用于各种年龄、不同种族的个体。

（1）TAT 的构成：该测验由 30 张黑白图片组成，依据受测者的性别和年龄可分为成人男女和儿童男女四种版本。

（2）TAT 的施测：测验分两次进行，两次测试要间隔 1 天或 1 周。每次测验从 30 张图片中选取 20 张，要求受测者根据图片讲故事。一般而言，第二次测验的 10 张图片比较奇特，更易引发受测者的自由想象。

（3）TAT 的结果解释：对主题统觉测验结果进行分析时，要同时考虑到故事的内容（情节、心理背景等）和形式（长度和种类等）。但有关 TAT 故事的解释，至今没有统一的标准。

> 📖 **知识拓展**
>
> #### 房树人测验
>
> 　　房树人测验（House-tree-person test, HTP）起源于美国心理学家巴克（Buck）的"画树"测验。受测者利用铅笔、橡皮和白纸，在白纸上描绘房子、树、人的图画，然后施测者根据一定的标准，对这些图画进行分析和解释，以此来了解受测者的心理特征和功能。房屋画代表个体与家的关

系,反映个体与外界的关系;树木可揭示个体深层次无意识的人格,也反映个体的成长经历;人物反映意识层面的自我认知。该测验需要结合画面整体(大小及位置)、完成时间与涂擦、顺序、远近感、所占比例、笔画压力和线条等多方面进行评定与解释。

六、其他临床评定量表

临床评定量表种类繁多且形式多样,除了前面介绍的抑郁自评量表、焦虑自评量表外,比较常用的有症状自评量表、A型行为评定量表和生活事件量表等。

(一)症状自评量表

症状自评量表(symptom checklist 90, SCL-90)由德若伽提斯(Derogatis)于1975年编制,20世纪80年代引入我国。该量表适用于16岁及以上人群,可以广泛应用于精神科、心理咨询门诊以及综合性医院。

1. SCL-90的构成 SCL-90共有90个题目,涵盖了广泛的精神疾病症状学内容,涉及感觉、思维、意识、情感、行为、人际关系、生活习惯、饮食、睡眠等方面,反映受测者在心理健康方面的症状和严重程度。该量表包含10个因子,各因子含义如下:

(1)躯体化:主要反映主观的躯体不适感,如心血管、呼吸道、胃肠道系统的不适,以及头痛、背痛、肌肉酸痛等躯体症状,包括12项(1、4、12、27、40、42、48、49、52、53、56、58)。

(2)强迫症状:主要反映强迫思维和行为,指那些明知没有必要,但又无法摆脱、无意义的思想、冲动和行为,包括10项(3、9、10、28、38、45、46、51、55、65)。

(3)人际关系敏感:主要反映人际交往障碍以及对人际关系的评估,包括9项(6、21、34、36、37、41、61、69、73)。

(4)抑郁:主要反映与抑郁有关的心境和认知障碍,包括对生活的兴趣减退、缺乏动力、丧失活力,以及失望、悲观等情绪,还有与抑郁有关的感知和躯体方面的问题,包括13项(5、14、15、20、22、26、29、30、31、32、54、71、79)。

(5)焦虑:主要反映与焦虑有关的精神和躯体性焦虑,包括烦躁、坐立不安、神经过敏及躯体症状等,包括10项(2、17、23、33、39、57、72、78、80、86)。

(6)敌对:主要从敌意观念、敌意心境及敌意行为三方面反映敌对表现,包括厌烦的感觉、摔物、争论不休直至不可抑制的冲动爆发等情况,包括6项(11、24、63、67、74、81)。

(7)恐怖:主要反映传统的恐怖状态或广场恐怖,恐惧的对象包括空旷的场地、人群、高空、交通工具及社交场景等,包括7项(13、25、47、50、70、75、82)。

(8)偏执:主要反映偏执型思维的基本特征,包括投射性思维、敌对、猜疑、妄想等,包括6项(8、18、43、68、76、83)。

(9)精神病性:主要反映精神分裂症症状,包括幻听、思维播散、被控制感等内容,包括10项(7、16、35、62、77、84、85、87、88、90)。

(10)其他:主要反映睡眠及饮食情况,包括7项(19、44、59、60、64、66、89)。

2. SCL-90的评定方法及时间范围

(1)评定方法:SCL-90的项目均采用5级(1~5或0~4)评分制,分别对应"没有、很轻、中等、偏重、严重"。

(2)时间范围:评定时间范围为"现在"或"最近一周",由受测者根据自己最近的情况和感受对各项目进行恰当的评分。

3. SCL-90的统计指标 SCL-90有多个统计指标,其中最常用的指标如下:

(1)总分:90个项目所得分数之和,该总分可反映整体心理健康水平。

（2）总均分（症状指数）：总均分 = 总分 /90，这一数值表示从总体上看，受测者的自我感觉位于 1～5 级间的哪一个分值程度。

（3）阳性项目数：表示受测者有"症状（≥2 分）"的项目数，表示受测者在多少项目中呈现"有症状"。

（4）因子分：因子分 = 组成某一因子的各项目总分 / 组成某一因子的项目数。通过因子分可了解受测者症状分布的特点，因子分越高，反映受测者的心理障碍越明显。

4. SCL-90 的结果解释 根据总分、阳性项目数、因子分等评分结果，可判断受测者是否有阳性症状、心理障碍以及是否需要进一步检查。

按全国常模，以 1～5 的 5 级评分制为基础，当总分在 160 分以上，或者任一因子分 >2，或者阳性项目数 >43 时，可考虑筛查呈阳性。需要注意的是，筛查呈阳性只表明受测者可能存在心理问题，并不意味着受测者一定患有精神障碍。

（二）应激相关问题评定量表

1. A 型行为评定量表 A 型行为评定量表（type A behavior pattern scale）存在许多版本，这里主要介绍张伯源主持修订的 A 型行为评定量表。

（1）A 型行为评定量表的构成：该量表由 60 个条目组成，包括 3 个部分。①"TH"（time hurry）：包括 25 道题，反映时间匆忙感、时间紧迫感和做事迅速等特征。②"CH"（competitive hostility）：包括 25 道题，用于反映争强好胜、敌意和缺乏耐性等特征。③"L"（lie）：包括 10 道题，为测谎题。

（2）A 型行为评定量表的施测：由受测者根据自己的实际情况填写量表。针对每个问题，符合情况时回答"是"，不符合情况时回答"否"。

（3）A 型行为评定量表的结果解释：①L 分：该维度各条目评分的累加之和。若 L 分≥7，表明回答不真实，答卷无效。②TH 分：该维度各条目评分的累加之和。③CH 分：该维度各条目评分的累加之和。④行为总分：TH 分与 CH 分相加之和。以常人得分的平均分数（27 分）作为极端中间型的划分标准，36 分及以上者为典型 A 型；18 分及以下为典型 B 型；28～35 分为中间偏 A 型；19～26 分为中间偏 B 型。

2. 生活事件量表 国内外有许多生活事件量表（life events scale，LES），国内应用较多的是由杨德森、张亚林编制的生活事件量表。该量表适用于 16 岁及以上的正常人、身心疾病患者及各种躯体疾病患者等群体。

（1）LES 的构成：该量表由 48 条常见的生活事件组成，包括三个方面。①家庭生活方面：包含 28 条生活事件。②工作学习方面：包含 13 条生活事件。③社交及其他方面：包含 7 条生活事件。④此外，还有两条空白项目，受测者可填写自己经历过而表中未列出的某些事件。

（2）LES 的施测：施测时，要求受测者填写已经经历过的事件对本人来说是好事还是坏事，影响程度如何，以及影响持续的时间有多久。

（3）LES 的计分：量表按照事件的影响程度分为 5 级，从毫无影响到影响极重分别记 0 分、1 分、2 分、3 分、4 分。影响持续时间分 3 个月内、半年内、1 年内、1 年以上共 4 个等级，分别记 1 分、2 分、3 分、4 分。

（4）LES 的统计指标：统计指标为生活事件刺激量，计算方法如下：

1）单项事件刺激量 = 该事件影响程度记分 × 该事件持续时间记分 × 该事件发生次数。

2）正性事件刺激量 = 全部好事刺激量之和。

3）负性事件刺激量 = 全部坏事刺激量之和。

4）生活事件刺激量 = 正性事件刺激量 + 负性事件刺激量。

（5）LES 的结果解释：生活事件刺激量越高，反映个体承受的精神压力越大。95% 的正常人 1 年内的 LES 总分不超过 20 分，99% 的正常人 1 年内的 LES 总分不超过 32 分。负性事件刺激量的分值越高，对个体身心健康所产生的影响越大。

📖 **知识拓展**

领悟社会支持量表

领悟社会支持量表（perceived social support scale，PSSS）是自评量表。该量表由 12 条反映个体对社会支持感受的条目组成，测定个体领悟到的来自各种社会支持源，如家庭、朋友和其他人的支持程度，并以总分反映个体感受到的社会支持总程度。

每个项目均采用 7 级评分制，由受测者根据自己的感受填写：1＝极不同意；2＝很不同意；3＝稍不同意；4＝中立；5＝稍同意；6＝很同意；7＝极同意。统计指标为总分，即所有条目的评分相加之和。总分越高，反映受测者拥有或感受到的社会支持越多。

（田凤娟）

✏️ **思考题**

1. 心理评估的方法有哪些？
2. 症状自评量表（SCL-90）的统计指标有哪些？

第十章

老年期实用心理咨询技术

案 例

张大爷，65岁，退休教师，因身体状况变差、记忆力减退等情况，感到非常沮丧和无助，莫名担心。张大爷总是感觉身体不舒服，经常腰酸背痛、胃里难受，偶尔还会头痛、恶心，心脏跳得很快。张大爷去医院做了全身检查，但结果显示没有任何问题。

根据以上资料，请回答：

1. 躯体化症状与哪些心理问题相关？
2. 应对躯体化症状的心理干预方法有哪些？

心理咨询是一门研究心理咨询活动及其规律的科学，是心理学的重要应用领域之一。它主要通过专业的咨询师与来访者之间的互动，帮助来访者解决心理困扰、提升心理健康水平，并促进个人的自我成长与自我实现。《美国哲学百科全书》介绍了心理咨询的重要特征：主要针对正常人群，为个体在生活各方面提供有效帮助；关注个人在制订目标、计划和扮演社会角色时的个性差异；并充分考虑情景和环境因素的影响。心理咨询的要素包括专业的心理咨询师、有心理需求的来访者、良好的咨询关系、明确的咨询目标、系统的咨询过程、科学的心理学理论与技术、全面考虑的环境与文化因素，以及严格遵循的伦理与法律规范。这些要素相互作用，共同促成心理咨询的成功，帮助来访者解决心理困扰，提升心理健康水平，并促进个人成长与发展。

第一节　心理咨询概述

一、心理咨询的定义

心理咨询（psychological counseling）是一种以心理学理论为基础，通过专业的咨询师与来访者之间的互动，帮助来访者解决心理困扰、改善情绪状态、提升适应能力，并鼓励来访者自我探索、自我接纳和自我成长的专业活动。心理咨询的基本目标是帮助个体实现心理健康、提升生活满意度和充分发挥个人潜能，涉及心理健康咨询、婚姻家庭咨询等诸多方面。

心理咨询的发展历史相对短暂，尚没有完全统一的概念。国内学者江光荣认为心理咨询是现代社会中一项独特的专业化了的人际帮助活动，旨在使受助者克服心理困难，达到更好的适应和发展。1984年美国出版的《心理学百科全书》肯定了心理咨询的两种定义模式，即教育模式和发展模式。本书的观点如下：咨询心理学始终遵循着教育模式，咨询的对象是应对日常生活压力和任务方面需要帮助的正常人，咨询的任务就是教他们学会某些方法和策略，从而能够最大限度地发挥其已经存在的能力；同时该书提出发展模式，旨在帮助咨询对象得到充分的发展，扫除其成长过程中的障碍。学者杨凤池在其主编的《咨询心理学》一书中对心理咨询的定义为：心理咨询是经过严格培训的心理咨询师运用咨询心理学的理论与技术，通过良好的咨访关系，帮助来访者依靠自我探索来解决其心理问题，提高适应能力，促进个人成长以及潜能的发挥。

二、心理咨询的任务

心理咨询的具体任务应该包括以下几个方面：

1. 帮助来访者发现和处理现实问题 心理咨询的首要任务是帮助来访者识别和解决当前面临的实际问题，如生活压力、人际关系冲突、职业发展困境等。

2. 帮助来访者处理内心冲突 心理咨询关注来访者的内心世界，帮助其化解理想与现实、情感与理性、依赖与独立等内心冲突，达到心理平衡。

3. 促进来访者全面认识自我和社会 心理咨询帮助来访者提升自我觉察能力，了解自己的情感、思维和行为模式，同时增强自身对社会环境、文化背景和他人行为的理解。

4. 改变来访者消极的应对方式 心理咨询通过教授积极的应对策略（如问题解决方法、情绪调节、寻求支持等），帮助来访者改变逃避、攻击或压抑等消极的应对方式。

5. 帮助来访者形成新的人生经验 心理咨询鼓励来访者尝试新的行为模式，积累积极的人生经验，从而增强自信和适应能力。

6. 提高来访者的社会适应能力 心理咨询帮助来访者提升社会技能，增强对环境的适应能力，更好地融入社会并建立健康的人际关系。

7. 提供心理教育与支持 心理咨询师向来访者普及心理健康知识，提供情感支持，并指导来访者掌握应对心理困扰的技巧。

8. 预防心理问题的发生 心理咨询通过识别风险因素、增强心理免疫力和提供早期干预，预防未来心理问题的发生。

三、心理咨询的形式

按照不同的标准可将心理咨询划分为不同的形式。以咨询的人数为划分标准，可分为个体咨询、婚姻家庭咨询和团体咨询；以咨询的途径为划分标准，有门诊咨询、电话咨询、网络咨询、信件咨询、专栏咨询和现场咨询等。下面就第一种划分标准进行简单介绍：

1. 个体咨询 是心理咨询最常见的形式，一对一面谈是个体心理咨询最主要的方式。个体咨询的优点：保密性好，来访者的顾虑较少，在建立安全的咨询关系后，来访者可充分表达自己的真实想法，倾吐内心困扰；针对性强，咨询师能够更精准地了解来访者的心态，给予及时的指导和帮助。

2. 团体咨询 又称群体咨询、小组咨询或者辅导，是在团体情境中提供心理帮助与指导的一种心理咨询的形式，团体咨询的产生基于实际生活，即人是社会的人，人的许多心理问题都源于人际关系。因此，团体咨询通过团体人际交互作用的方式，模拟社会生活的情境，来促进团体成员探索自己内心，寻找有效的问题解决途径，在团体中尝试改变行为，学习新的行为方式。团体咨询有很多优点：效率较高、成本低；是一种多向性交流，当来访者看到与自己有类似经历的其他来访者时，可以提高自我认识，来访者之间可以相互慰藉、获得接纳，当看到他人进步时，来访者可以相互支持、模仿学习。

3. 婚姻家庭咨询 婚姻家庭咨询是在特定的社会文化背景下,以家庭心理咨询理论为指导,以家庭为服务对象的心理咨询模式。婚姻家庭咨询关注于研究和解决发生在家庭成员人际互动中的问题,目的是协助家庭成员了解彼此间人际互动对个人的影响,发现问题并调整不良的家庭关系,发挥正常、积极的家庭功能,维护家庭稳定和谐,有助于每个家庭成员健康发展。

四、心理咨询的原则

心理咨询是一种特殊的助人活动,必须遵循心理咨询工作的特定规律来有效实施。心理咨询师在工作中应坚持心理咨询的原则才能获得成功,才能更好地把握心理咨询的方向。

(一)保密原则

保密原则是心理咨询中最为重要的原则。它要求心理咨询师要尊重和尽可能保护来访者的隐私,只有为来访者保密,才能使来访者建立安全感,敞开心扉,充分表达自己,解决心理困扰。

保密原则涉及的内容很多,但保密原则不是无限度、无条件的。在遵循法律和伦理规范的前提下,有时要有限度地打破保密原则。比如来访者有明显的自伤意图,应告知相关人员如家属和监护人等,尽可能阻止自伤行为的发生;再如来访者存在冲动伤人行为,也应及时告知相关人员;此外,来访者所述内容超过心理咨询范围的,尤其是违背相关法律法规的内容,可以不予保密。

(二)尊重原则

为建立良好、安全的咨询关系,心理咨询师应尊重来访者的人格、价值观和选择,无论其年龄、性别、社会地位等,都应公平地对待每一位来访者。尊重来访者的隐私和个人空间,不随意泄露来访者的个人信息和咨询内容。

(三)助人自助原则

心理咨询的最终目的是帮助来访者学会自己解决问题,提高自我认知和应对能力,实现自我成长和发展。咨询师在咨询过程中应该相信来访者不仅有获得心理健康的愿望,而且具备维持心理健康的能力。咨询师需要培养来访者独立解决问题的能力,而不是一味地为他们提供解决方案。咨询师在咨询过程中,应对来访者的积极行动给予积极反馈,不断强化自助信念。

(四)价值中立原则

咨询师在咨询过程中应保持价值中立,应尊重来访者的价值观,不要轻易将自己的价值观念、道德准则等强加给来访者,也不要对来访者进行任意的价值判断。当来访者的价值观与心理咨询师的价值观相冲突时,咨询师也应以一种非评判性的态度去理解、接纳来访者。鼓励来访者探索和发现自己的价值观和人生方向,帮助他们作出符合内心的选择,而不是替他们做决定。

(五)转介原则

如果心理咨询师发现自己的专业能力和经验无法满足来访者的需求,或者来访者的问题超出了自己的专业范畴时,应及时、妥善地将来访者转介给更合适的咨询师或专业机构。在转介过程中,要向来访者说明转介的原因和必要性,尊重来访者的意愿,并做好相关信息的交接工作,确保来访者得到连续、有效的帮助。

心理咨询的原则是相互关联、相互依存的,它们共同构成了心理咨询的基础和规范,有助于心理咨询师和来访者建立良好的咨询关系,保证咨询工作顺利进行。

五、老年期心理咨询技术要点

老年期是人生的一个重要阶段,伴随着一系列的生理、心理和社会变化。根据老年期的特点和生活状况,在进行老年心理咨询时,需要注意以下几个方面:

1. 理解老年人的生理特点 老年人在生理上会出现多种变化,如肌肉萎缩、皮肤松弛、视力和听力下降、记忆力减退等。这些变化可能导致老年人行动不便、反应迟钝、易疲劳等。心理咨询师需要充分了解这些生理特点,以便在咨询过程中给予老年人足够的理解和支持。

2. 关注老年人的心理健康 老年人可能会面临孤独、抑郁、焦虑等心理问题。这些问题可能源于退休后的生活节奏改变、社会角色的转变、身体健康状况的变化等。心理咨询师需要关注老年人的心理健康状况，及时发现并处理这些问题。同时，心理咨询师还需要鼓励老年人积极参与社会活动，保持与社会的联系，以减少孤独感和失落感。

3. 尊重老年人的个性和需求 每个老年人都有自己的个性和需求，心理咨询师需要尊重老年人的个性差异，理解他们的独特需求。在咨询过程中，心理咨询师要避免对老年人进行"标签化"，要以开放、包容的态度倾听他们的想法和感受。

4. 提供实用的心理支持技巧 心理咨询师可以为老年人提供一些实用的心理支持技巧，如情绪宣泄、放松训练、认知重构等。这些技巧可以帮助老年人更好地管理自己的情绪，提高应对压力的能力。同时，心理咨询师还可以引导老年人积极面对生活中的困难和挑战，保持乐观的心态。

5. 建立持续的支持系统 心理咨询不仅仅是一次性的谈话，对于老年人来说，建立一个持续的支持系统非常重要。心理咨询师可以与老年人保持联系，定期跟进他们的心理状况。同时，心理咨询师还可以鼓励老年人加入一些老年人组织或社区团体，以便他们能够获得更多的社会支持和帮助。

6. 注意与家庭成员的沟通 家庭成员在老年人的生活中扮演着重要的角色。心理咨询师需要与老年人的家庭成员保持良好的沟通，了解他们对老年人的关心和支持情况。同时，心理咨询师还可以向家庭成员提供一些建议，帮助他们更好地理解和支持老年人。

第二节 老年人心理咨询常用方法简介

一、精神分析疗法

（一）概述

精神分析疗法（psychoanalytic therapy）是一种以精神分析理论为基础，深入探索个体潜意识心理过程和冲突的心理治疗方法。该疗法建立在潜意识理论基础之上，通过挖掘潜意识中的心理冲突和情结，并将其带到意识层面，使个体对其有所领悟，从而在现实原则的指导下得到纠正或消除，并建立健康的心理结构。

精神分析疗法于19世纪末由奥地利心理学家西格蒙德·弗洛伊德（Sigmund Freud）创立。弗洛伊德在发表《梦的解析》等著作后，逐渐形成了精神分析的理论框架。之后，荣格、沙利文等人进一步丰富了精神分析疗法的内涵。在现代，精神分析疗法已经融合了多种心理治疗方法和技术。

老年人由于年龄的增长，身体机能逐渐衰退，常伴有多种慢性疾病，这些疾病可能对老年人的心理状态产生影响。同时，老年人可能面临退休、丧偶等生活事件，容易引发或加剧其心理困扰，如孤独感、焦虑、抑郁等。因此，在治疗过程中，治疗师需要充分考虑老年人的生理和心理特点，制订个性化的精神分析治疗方案。

（二）基本理论

1. 潜意识理论 潜意识指那些个体并不直接知晓或不能轻易控制的思想、情感和欲望。弗洛伊德将人的心理活动划分为三个层次：意识、前意识与潜意识。

2. 人格结构理论 该理论将个体的心理结构分为三个层次：本我、自我和超我。

3. 性本能理论 该理论认为性本能（或力比多）是人类心理发展的核心驱动力，弗洛伊德将人的性心理发展划分为五个时期：口欲期、肛门期、性蕾期（或称性器期）、潜伏期和生殖期。

4. 心理防御机制理论 该理论认为个体在面对焦虑、冲突和压力时会采取一系列无意识的心理策略，旨在维持心理平衡。

（三）基本技术

1. 自由联想（free association） 是精神分析疗法中的一项核心技术，由弗洛伊德率先提出。它要求来访者在放松的状态下，不加任何逻辑或道德判断地表达出脑海中浮现的任何想法和感受。这种技术的目的在于绕过意识层面的防御机制，直接触及无意识层面的内容。在自由联想的过程中，来访者会尝试讲述任何浮现在他们大脑中的内容，无论这些内容多么痛苦、可笑、不合逻辑。治疗师会全神贯注地聆听并详细记录来访者所说的每一句话，特别留意其中的重复模式、内在矛盾以及情感反应。治疗师让老年人舒适地躺着或坐好，不加审查地报告自己想到的一切，无论想到的内容多么微不足道或荒诞不经。治疗师对报告的内容进行分析和解释，找出潜意识中的矛盾冲突。

2. 阻抗（resistance） 是指在心理咨询与心理治疗的过程中，来自来访者的有意或无意的抵抗，从而干扰治疗进程的现象。在精神分析疗法中，阻抗是核心概念，来访者往往会重复使用各种防御机制来避免面对内心的痛苦情感，如焦虑、内疚或羞耻感。阻抗在本质上是来访者内心的一种反作用力，用来对抗分析过程。阻抗在老年人精神分析中常以微妙而复杂的、彼此混合的形式出现，常见的临床表现包括沉默、情感不协调、姿势与言语的不相称、回避话题等。

治疗师可以通过以下方式来处理阻抗。①识别阻抗：首先要识别出阻抗的存在，这是处理阻抗的第一步。②澄清阻抗：了解是什么痛苦的情感或特定的本能冲动导致老年人的阻抗，以及他们使用了何种方式来表达阻抗。③解释阻抗：深入分析老年人的情感反应、冲动行为以及他们在特定情景下的表现，包括个体未解决的情感冲突、对改变的恐惧以及对自我认知的维护等，以此理解阻抗的成因。④修通阻抗：通过分析，帮助老年人理解并解决阻抗背后的情感和冲动，从而增强他们的自我功能和适应能力。

3. 移情（transference） 在精神分析中移情指的是来访者将儿童早期所受挫折或创伤（真实的或幻想的）及其所带有的强烈情绪逐渐暴露出来，向外发泄，并把这种情绪转移到治疗师的身上，即治疗师变成了来访者爱或恨的对象，这种转移的情绪强烈程度往往是对早年情况的复制。老年人在精神分析治疗中可能表现出的移情包括：①父母式的移情：老年人在面对各种恐惧（如无助地依赖于照顾者等）时，表现得无助和弱小，把治疗师看作强大且具有保护性的角色。②理想化或镜像式移情：随着容貌、权力、躯体力量的消退，老年人常产生自卑感，即认为治疗师是强有力的和可敬的，来访者在无意中确信治疗师是可钦佩的，并沉浸在对治疗师空想式的赞同中。③配偶或爱人式的移情：失去配偶的老年来访者，可能会无意识地将治疗师作为配偶或爱人的替代品，这种移情可能带有性色彩。然而，这种本属正常的自我意识也可能使来访者对治疗师产生更深的负性感情。

治疗师对移情的处理，需要做到以下几点：①保持中立与客观：治疗师在处理移情时应保持中立和客观的态度，避免将自己的情感投射到来访者身上；②识别与解释移情：治疗师需要敏锐地识别来访者的移情反应，并对其进行合理的解释，通过解释，帮助来访者认识到自己的移情现象，并理解其背后的心理动因；③利用移情进行治疗：治疗师可以巧妙地利用移情作为治疗的工具，通过引导来访者深入探索自己的内心世界，帮助他们解决心理问题。

4. 反移情（counter transference） 是指治疗师在治疗过程中对来访者产生的无意识情感反应，这些情感可能源于治疗师自己的个人经历、价值观或未解决的心理冲突。由于老年人可能面临身体机能的衰退、社交圈的缩小、孤独感的增加等多重压力，他们的心理状态往往更为脆弱和敏感。因此，治疗师在对老年人进行精神分析时，更容易触发自己的反移情反应。这些反应可能表现为对来访者的过度同情、怜悯，也可能表现为对来访者行为的厌恶、不耐烦或回避。治疗师需要具备高度的自我觉察能力，能够识别和处理自己的反移情反应。反移情可以作为治疗工具，帮助治疗师更好地理解来访者的情感状态和潜意识冲突，从而帮助来访者更好地理解和解决心理问题。

5. 梦的解释及运用 梦是睡眠中出现的一种生理现象，由大脑皮质尚未完全停止活动而引起，其内容与清醒时的某些意识有关，且多以虚幻或错乱的形式出现，梦是潜意识心理活动的结果。弗洛伊德认为梦是一种心理现象，是人类愿望的满足或被压抑的愿望的变相满足。他提出了梦的隐意和显意的概念，并认为梦的隐意主要来源于被压抑的本我冲动。老年人的梦境可能受到多种因素的影响，包括生理、心理和社会因素等。因此，在解释和运用梦境时，需要进行综合评估，避免片面解读。

6. 解释与重建　解释是指治疗师对来访者的表达和行为的潜意识含义的推断和结论，是通过治疗师对来访者的说明，来增加来访者关于自己的知识，而这些知识是治疗师从来访者的思想、情感、言语和行为中提炼出来的。这一般需要多次操作。重建是指将来访者和他过去的环境中的重要人物置于现实的背景下。

7. 修通　由领悟导致行为、态度和结构的改变的分析工作就是修通。这一工作的内容包括：①重复的解释，尤其是对移情性阻抗的解释。②打破情感和冲动与经验和记忆之间的隔离。③解释的延长、加深和加宽，发掘一个行为的各种决定性因素。④重建过去，将来访者和环境中其他重要人物置于活生生的背景下，这包括重建在过去各个时期的自我形象。⑤促进反应和行为的变化，使来访者在面对他曾经认为是危险的冲动和客体时，勇于尝试新的反应模式和情感模式。一般来说，来访者会首先在分析场景中尝试新的行为，然后在分析场景之外尝试新的行为。

（四）适应证及评价

精神分析疗法的适应证：①神经症性障碍：如焦虑症、强迫症、恐惧症等；②人格障碍，如边缘型人格障碍、自恋型人格障碍等；③情感障碍：如抑郁症，尤其是与童年创伤相关的抑郁；④创伤后应激障碍；⑤人际关系问题，如亲密关系困难、社交焦虑等，精神分析疗法可以帮助来访者理解其人际模式的形成原因；⑥心理发展问题：如身份认同困惑、自我价值感低下等，精神分析疗法可以帮助来访者整合自我。

精神分析疗法适用于探索潜意识冲突、解决长期心理问题以及促进人格成长，但也存在治疗时间长、适应证有限等局限性。对于适合的来访者，精神分析疗法可以带来深远的心理改变，但在选择治疗方法时需综合考虑来访者的具体情况和需求。

二、行为疗法

（一）概述

行为疗法（behavior therapy）是在行为主义心理学的理论基础上发展起来的一种心理治疗方法。该疗法运用学习心理学的理论和实验方法确立的原则，对个体进行反复训练，以达到矫正适应不良行为的目的。行为疗法的理论基础是人的行为是通过学习过程获得的，因此也可以通过学习新的、更适应的行为模式来替代不适应的行为模式。

行为疗法的发展起源可以追溯到巴甫洛夫（Pavlov）的经典条件反射研究、斯金纳（Skinner）的操作性条件反射理论以及班杜拉（Bandura）的社会学习学说。巴甫洛夫的经典条件反射为行为疗法提供了理论基础。行为疗法的概念最早由斯金纳和利得斯莱于20世纪50年代提出，此后，行为疗法开始作为一个独立的心理治疗流派出现，逐渐被广泛应用于各种心理障碍的治疗，形成了现今的认知行为疗法。

老年人行为疗法主要运用行为主义心理学的原理和方法，通过奖励、惩罚、消退、模仿学习等技术手段，帮助老年人识别和改变不良行为习惯，建立积极、健康的行为模式。这种治疗方法不仅关注老年人的外在行为，还注重老年人行为背后的心理机制和认知过程。

（二）基本理论

1. 经典条件反射原理　指通过一个无关刺激（如铃声）与某个无条件刺激（如食物）反复结合，使得个体在接收到无关刺激（铃声）时也能引发无条件反应（如唾液分泌）的一种学习现象。

2. 操作性条件反射原理　指行为的形成和改变是通过条件刺激与条件反应在时间和空间上的重复出现并经过强化而建立起来的。

3. 模仿学习原理 指个体通过观察并模仿他人的行为来学习新的行为反应，从而消除不良行为并建立适应性行为。

（三）基本技术

1. 放松疗法（relaxation therapy） 是通过特定的技术和程序，使个体在生理和心理上达到一种放松和舒适的状态。其基本原理是通过放松身体肌肉、降低呼吸频率和心率等生理指标，包括渐进性放松和自主训练等方法，帮助老年人缓解身心紧张状态，减轻焦虑、抑郁等负面情绪，提高生活质量和心理健康水平。

2. 系统脱敏疗法（systematic desensitization） 即通过将来访者逐步暴露于引起恐惧或焦虑的情境中，同时引导其进行放松训练，从而改变来访者对这些情境的情绪反应，达到消除或减轻恐惧、焦虑的目的。其基本原理是，通过反复暴露于恐惧刺激环境，并结合放松训练，使来访者对恐惧刺激的反应逐渐减弱，直至最终消除。

首先为建立恐惧等级阶段，治疗师会与老年人一起，根据其对不同情境的恐惧或焦虑程度，建立恐惧或焦虑等级，这一步骤有助于治疗师了解老年人的恐惧或焦虑范围，并为其制订个性化的治疗方案。然后为进行放松训练阶段，治疗师会教授老年人学会深度放松的技巧，如深呼吸、渐进性肌肉松弛等，帮助老年人在后续面对恐惧、焦虑情境时能够有效地放松身体和情绪。最后为系统脱敏阶段，按照恐惧或焦虑等级，从最低程度的情境开始，治疗师会逐步暴露老年人于这些情境中。在暴露过程中，治疗师会引导老年人进行放松训练，以帮助其逐渐适应并克服恐惧或焦虑。当老年人能够在某一情境中保持放松状态时，再进入下一个更高等级的恐惧或焦虑情境。这一过程会反复进行，直至老年人能够面对最高等级的恐惧或焦虑情境而不再产生恐惧或焦虑反应。

3. 冲击疗法（flooding therapy） 又称满灌疗法或快速脱敏疗法，它基于消退性抑制的原理，试图通过使个体直接置身于其感到极度恐惧或焦虑的情境中，以引发其最强烈的恐惧或焦虑反应，并且不对这种强烈而痛苦的情绪给予任何强化，任其自然消退。最终，导致强烈情绪反应的内部动因会减弱乃至消失，情绪反应也会自行减轻乃至消除。然而，它也可能使老年人承受巨大的痛苦，甚至超过其心理承受能力而导致恐惧或焦虑反应加剧。因此，在使用冲击疗法时，治疗师需要对各种影响因素进行周全的考虑和有效的控制，尽量减少该疗法的风险和伤害。

4. 厌恶疗法（aversion therapy） 是一种应用具有惩罚性质的厌恶刺激来矫正和消除某些适应不良行为的方法。其原理是通过建立不良行为和不愉快感觉之间的联系，使老年人在面对不良行为时产生厌恶感，从而减少甚至消除这种行为。这种方法基于经典条件反射理论，即将令人厌恶的刺激与不良行为相结合，形成新的条件反射，以对抗并消除原有不良行为。治疗师可通过电击厌恶疗法、药物厌恶疗法等进行治疗，比如在老年人出现不良行为的欲望时，让其服用催吐药产生呕吐反应，从而逐渐消除该行为。

5. 行为塑造法（behavior shaping） 是一种基于斯金纳操作条件反射理论的行为干预技术，旨在通过系统性强化，逐步引导个体形成新行为或改变现有行为模式。在行为塑造过程中，多采用正强化的手段，一旦所需的行为出现，就立即给予强化，直至形成一种新行为。在实施过程中，可以采用逐步晋级的方法，在来访者出现或完成期望的动作时给予奖励，以增加出现期望行为的次数，从而塑造新的行为，取代不良行为。

6. 生物反馈法（biological feedback therapy） 是一种在行为疗法基础上发展起来的新型心理治疗技术，它利用现代生理科学仪器，将人体内生理或病理信息通过视觉或听觉形式反馈给来访者，使其能够了解自身的机体状态，并学会在一定程度上随意地控制和矫正不正常的生理变化。通过反馈仪器，来访者能够观察到自己的生理指标（如肌肉紧张程度、皮肤温度、脑电波活动等）的变化，并尝试通过自我调节来改变这些指标。这种方法为来访者提供了一种自我调节和自我控制生理机能的途径，是一种非药物、非侵入性的有效治疗手段。

7. 自信训练 指通过反复练习和强化，个体可以逐步消除在特定情境中的不良行为反应，形成新的、适应性的行为模式。自信训练帮助个体克服在人际交往中的焦虑、恐惧和自卑感，提升自信心，学会直接、真实地表达自己的情感、态度和想法，从而建立良好的人际关系。

8. 模仿与角色扮演 包括榜样示范与模仿练习，帮助来访者确定和分析所需的正确反应，并提供指导和反馈。

（四）适应证及评价

行为疗法是一种以学习理论为基础的心理治疗方法，主要适用于以下心理问题或障碍：

1. 焦虑障碍 如广泛性焦虑症、社交焦虑症、特定恐惧症、惊恐障碍等。

2. 强迫症 通过暴露与反应预防等技术有效缓解强迫症状。

3. 创伤后应激障碍 通过暴露疗法帮助来访者处理创伤记忆。

4. 抑郁症 行为激活疗法可用于改善抑郁症状。

5. 成瘾行为 如物质依赖、赌博成瘾等，通过行为矫正技术减少成瘾行为。

6. 进食障碍 如神经性厌食症、神经性贪食症等。

7. 睡眠障碍 如失眠症，可通过行为技术改善睡眠习惯。

8. 性功能障碍 可通过行为训练改善性功能。

行为疗法的优势在于目标明确、短期见效，但也存在忽视内在心理过程、对复杂问题效果有限等局限性。在实际应用中，行为疗法常与其他疗法（如认知疗法）结合，以提供更全面的心理支持。

三、认知疗法

（一）概述

认知疗法（cognitive therapy）是根据人的认知过程，影响来访者情绪和行为的理论假设，通过认知和行为技术来改变来访者不良认知的一类心理治疗方法。它基于认知理论，以矫正非理性信念、发展适应性思维、促进建设性行为为目标，达到来访者认知-情感-行为三者的和谐。

认知疗法的发展历史可以追溯到 20 世纪 60 至 70 年代，认知疗法的主要代表人物包括阿尔伯特·艾利斯（Albert Ellis）、阿伦·贝克（Aaron Beck）等。他们提出了各自的理论和方法，如艾利斯的理性情绪行为疗法、贝克的认知疗法等。

老年人面临身体机能下降、生活环境变化等多重挑战，这些变化可能导致他们产生焦虑或抑郁等负面情绪。认知疗法能够帮助老年人理解自己的思维和情绪，纠正消极的认知偏见，有助于他们更好地适应这些变化。认知疗法通过训练老年人的认知能力，如记忆训练、思维训练等，达到延缓老年人认知功能的衰退，帮助他们保持较高的生活质量。

（二）基本理论

1. 理性情绪行为疗法 人的情绪和行为障碍不是由某一激发事件直接引起的，而是由个体对事件的认知和评价所产生的信念引起的。核心理论是 ABC 理论。

2. 贝克的认知疗法 贝克的认知疗法理论基于信息加工模型。该理论认为个体的情绪和行为反应是由认知过程所决定的，应通过识别和矫正歪曲的认知来改变情绪和行为。他将认知结构划分为三个层次：自动思维、中间信念和核心信念。

（三）基本技术

1. 艾利斯的理性情绪疗法的常用技术方法包括与不合理信念辩论的技术、合理的情绪想象技术、家庭作业和自我管理的技术。

（1）与不合理信念辩论的技术：通过积极主动的提问和辩论，使来访者认识到自己信念中的不合理之处，并引导其学会用合理的信念替代不合理的信念。提问的方式可分为质疑式和夸张式两种。①质疑式提问：治疗师通过直接提问，挑战来访者不合理信念的逻辑性和真实性。例如，询问来访者"你有什么证据能证明你自己的观点？"或"请证明你自己的观点！"这种提问方式旨在引发来访者的主动思考，使其认识到自己的不合理信念可能缺乏事实依据或逻辑支持。②夸张式提问：治疗师针对来访者的不合理信念,故意提出一些夸张的问题,将问题放大给来访者看。用这种方式提问旨在以夸张的方式揭示来访者信念的不合理性,使其认识到自己所持信念的不现实之处。

（2）合理的情绪想象技术:治疗师会指导来访者闭上眼睛,想象自己正处于某个特定的情境中,并体验由此产生的情绪反应。然后,治疗师会引导来访者以理性的方式重新评估这一情境,从而改变其情绪反应。这种技术有助于来访者学会以更加理性和现实的方式看待问题,减少情绪困扰。

（3）家庭作业:是理性情绪疗法中常用的一种延伸治疗方法。治疗师会给来访者布置一些任务,如记录自己的情绪反应、思考不合理信念的根源等。

（4）自我管理的技术:治疗师会指导来访者学会如何监控自己的情绪反应和思维方式,评估自己的信念是否合理,并学会如何调节自己的情绪和行为。

2. 贝克于1985年归纳的认知治疗技术,主要包括以下五种:

（1）识别自动思维:自动思维是指个体在面对特定情境时,迅速且不由自主地产生的想法或信念。这些想法往往是负面的,且可能扭曲了事实。由于这些思维已经构成了个体思维习惯的一部分,因此多数个体不能意识到不良情绪反应之前会存在这些思维。治疗师可以通过提问、自我演示或模仿等方法,帮助个体学会发觉和识别这些自动性的思维过程。

（2）识别认知性错误:认知性错误是指个体在概念和抽象上常犯的错误,典型的认知性错误有任意的推断、过分概括化、"全或无"的思维等。这些错误相对于自动思维更难识别,治疗师应听取并记录个体的认知性错误,然后帮助个体归纳出它们的一般规律,找出其中的逻辑漏洞或不合理之处。

（3）真实性检验:真实性检验是认知治疗中的关键步骤。它要求个体对自己的自动思维和认知性错误进行客观的评估,以确定它们的真实性。这通常涉及收集证据、分析事实以及考虑其他可能的解释。治疗师可以鼓励个体在严格设计的行为模式或情境中对这些假设进行检验,使之认识到原有观念中不符合实际的地方,并自觉纠正。

（4）去中心化:很多心理疾病产生的根源在于个体总感到自己是别人注意的中心,自己的一言一行都会受到他人的评价。因此,个体常常感到自己是无力的、脆弱的。治疗师可以通过让个体在行为举止上稍有改变,然后要求他记录别人不良反应的次数,结果个体会发现很少有人注意其言行的变化,从而认识到自己以往观念中不合理的成分。

（5）忧郁或焦虑水平的监控:多数抑郁或焦虑的个体认为他们的这些情绪会一直不变地持续下去,而实际上,这些情绪常常有一个开始、高峰和消退的过程。治疗师可以让个体对自己的忧郁或焦虑情绪进行监控,认识这些情绪特点,从而增加治疗的信心。

（四）适应证及评价

理性情绪行为疗法的适应证有抑郁症、焦虑症、恐惧症,特别是社交恐惧症。贝克的认知疗法的适应证则包括抑郁症、广泛性焦虑障碍、惊恐障碍、社交恐惧、物质滥用、进食障碍。

理性情绪行为疗法与贝克的认知疗法在心理学领域都是极为重要的治疗方法,它们之间存在一些相似之处,但也存在明显的差异。相同点在于两者都基于认知心理学,认为个体的思维、信念和认知过程对其情绪和行为具有重要影响,两者都认为不合理的信念或认知是导致情绪和行为问题的主要原因,两者都旨在通过改变个体的不合理信念或认知,从而改善其情绪和行为问题。不同点在于理性情绪行为疗法强调通过挑战和改变不合理的信念和思维模式来改善情绪问题,使用辩证法、争辩、反思等技术,帮助个体认识到自己的思维误区,并通过替代性合理信念来调整情绪;贝克的认知疗法注重具体问题的解决和行为改变,通过教授技能和策略,帮助个体学会应对负面情绪和挑战,更加关注来访者当前的问题和症状,并致力于通过改变认知和行为来缓解症状。这些差异使得这两种疗法在实践中具有不同的侧重点和应用效果,在选择具体治疗方法时,应根据来访者的具体情况和需求进行个性化选择。

四、以人为中心疗法

（一）概述

以人为中心疗法（person-centered psychotherapy），也称为罗杰斯疗法或求助者中心疗法，是由美国心理学家卡尔·罗杰斯（Carl Rogers）在20世纪50年代创立的一种心理治疗方法。该方法旨在提供一种良好的心理氛围，调动来访者对内部资源进行自我理解、自我矫正。它强调个体的主观体验和自我实现的潜力，认为每个人都有能力找到自己的道路，治疗师的角色是提供一个安全、支持性的环境，让来访者能够自由地探索自我，发现并实现自己的潜能。

从20世纪40年代到70年代，卡尔·罗杰斯的心理治疗经历了发展变化过程。最初将他的理论与治疗称为非指导性治疗，20世纪50年代改称以来访者为中心的疗法，20世纪70年代确立为以人为中心疗法，也叫以人为本疗法。

以人为中心疗法，强调以个体为中心，关注个体的主观体验、情感需求和自我实现。对于老年人而言，该疗法认为，老年人同样具有自我调整和成长的能力，只要提供一个安全、支持的环境，他们就能够探索自我、解决内心冲突，并朝着积极的方向发展。以人为中心疗法能够帮助老年人提高自我认知、增强自信心和自主性，从而提高生活质量。

（二）基本理论

1. 人性观 罗杰斯强调在治疗过程中以人为本，注重个体的主观体验和情感表达。它认为人是有理性的，能够自立，对自己负责，而且有潜能自己去解决生活问题。

2. 自我理论 自我分为自我概念及真实自我。自我概念是指个体对自己总体的知觉和认识，这包括对自己身份的界定、自我能力的评估、人际关系以及自己与环境关系的理解；真实自我是个体内心深处最真实的自我，它超越了自我概念和经验性自我的限制。

3. 治疗关系 真诚、无条件积极关注和共情是建立良好治疗关系的重要基石。

4. 基本假设 最基本的假设是如果治疗师能提供某种特定形式的关系，而且当事人能发现自己有能力去运用这种关系以促进成长及改变的话，则个人的发展就会发生。

（三）基本技术

1. 治疗策略 以人为中心疗法的核心不在于追求特定的策略和技术，而是侧重于建立一种能够让来访者自由表达内在感受的良好关系氛围。治疗师的最大"策略"实际上是将自身作为一种工具，全身心地投入到与来访者的关系中。他们通过展现真诚、关切、尊重以及善解人意等品质，鼓励来访者开放自己，探索并表达自己的内在世界。以人为中心疗法并非传统意义上的"治疗"，它更像是两个真诚相待的朋友之间的心与心的沟通，这种沟通基于相互的理解、尊重和接纳。在这样的关系中，来访者有机会重新审视自己的经历、情感和信念，从而找到自我成长和转变的力量。

以人为中心疗法主要有两种形式：一是个别谈话治疗，二是通过"交朋友"小组进行小团体治疗（如会心团体心理治疗），主要解决交往障碍和社会生活中存在的心理问题。

2. 个别谈话治疗常用技巧 常用技巧就是倾听技巧，如主动倾听、情感反应、澄清、共情的回应、接纳、观察、对峙、尊重、了解、分享、释意、鼓励等，而很少用影响性技巧。下面对几种常用的技巧进行说明：

（1）主动倾听：主动倾听能够帮助治疗师建立与来访者之间的信任关系，为后续的咨询工作奠定坚实的基础。治疗师在倾听时需要保持高度的专注，确保自己的全部注意力都集中在来访者身上，避免分心或打断对方。通过提出开放式问题，如"你是怎么想的？"或"你能就这个事情多说一点吗？"鼓励来访者更深入地表达自己的观点和感受，重视来访者言语或非言语行为所表达的情绪情感体验，并通过反馈帮助来访者对自己的情感有更多的聚焦和更深入的体验。

（2）共情的回应：共情是指治疗师能够设身处地地理解来访者，正确地体验到来访者的情绪感受，并能与来访者进行交流，使来访者知道有另外一个人不带成见、偏见和评价地进入他的感情世界。共情的回应是指治疗师能够深入理解和感受来访者的情感和经历,并对此作出恰当的回应。

（3）观察：为避免治疗关系受阻,治疗师必须提高自己的观察能力。观察是促进了解的前提和途径。治疗过程中,治疗师的观察表现在:第一,从来访者的行为（包括语言与非语言的表达）来寻找线索;第二,从来访者的说话特别是所用词汇了解他的情绪状况;第三,注意来访者语调的缓急高低;第四,通过来访者的面部表情、眼神、手势、坐姿等了解他的内心感受。

（4）对峙：当治疗师发觉来访者的表达、认识、行为出现不一致、不协调和矛盾的地方时,向他指出并提问,以作出澄清。运用对峙的前提是已经有接纳、尊重、共情、真诚和温暖出现,否则将会威胁治疗关系,导致危机出现。对峙的功能是协助来访者对自己的感受、信念、行为及所处境况提高自觉,促进了解;协助来访者发现和了解自己对他人的一些混淆感受与态度;使来访者有机会对自己错的假设或假想世界有所醒悟而重建合理的假设或对现实有正确的认识;预见和防范危机,减少错失;让来访者学习在必要时有能力去对他人、对自己作出对峙;指出来访者在运用资源时的矛盾,然后,协助他善用被忽视的资源;帮助来访者不至于仅仅停留在领悟阶段,要认识到行动的重要而采取行动。

3. 会心团体心理治疗 会心团体心理治疗是一种基于罗杰斯理论与实践而发展的团体心理治疗形式,适用于消除人际交往障碍及其他社会适应不良行为。活动中重视参加者此时此地的情感,重视自我分析理解和互相交流沟通,鼓励成员主动开放自己,坦诚地和其他人分享自己的看法和感受,增强人与人之间的关系。每一个成员都可以感受到倾听与被倾听、支持与被支持、照顾与被照顾、需要与被需要,从而矫正过往人际关系的"被讨厌""被孤立""被冒犯"等负面体验,最终达到缓解负面情绪、提升自尊水平和自我价值感、学会良性人际沟通方法、减轻症状的目的。

（四）适应证及评价

以人为中心疗法适用于具有一般心理困扰、人际关系问题、自我认同问题、某些神经症的来访者。虽然以人为中心疗法不强调具体的技术,但对治疗师的个人特质和态度有很高的要求,这需要治疗师具备深厚的专业素养和丰富的临床经验。不同个体对以人为中心疗法的反应存在差异,有些个体可能更倾向于接受具体的指导或建议,而对于这种非指导性的治疗方法可能不太适应,对于一些存在急性或严重心理问题的个体来说,需要结合其他治疗方法以更快地缓解症状。

五、家庭治疗

（一）概述

家庭治疗（family therapy）是一种以家庭为单位的心理治疗方法。它不仅仅关注个体的内在心理构造和心理状态,还将焦点放在家庭成员之间的关系上,旨在通过改善家庭功能来解决个体和家庭成员的心理问题。家庭治疗师认为,个体的症状往往是功能失调的家庭系统的症状,因此,治疗的目标是改善整个家庭的功能。

家庭治疗起源于20世纪50年代,从个别心理治疗以及某些集体心理治疗发展而来。主要代表人物有内森·阿克曼（Nathan Ackerman）、格雷戈里·贝特森（Gregory Bateson）、莱曼·温尼（Lyman Wynne）、西奥多·利兹（Theodore Lidz）、梅利·鲍温（Murray Bowen）等。之后家庭治疗逐渐出现了多个模式,如系统式家庭治疗、结构式家庭治疗等,家庭治疗的发展呈现出更加成熟、交流与整合的趋势。

对于老年人家庭而言,可能因年龄、健康、生活习惯等因素面临多种心理与行为问题,如孤独感、抑郁情绪、失眠、记忆力减退等,导致家庭成员间的互动减少或产生矛盾,这些问题往往与家庭环境、老年人的角色定位等有关。家庭治疗旨在通过专业的引导和干预,改善家庭成员间的沟通方式,增进理解和尊重,从而建立和谐的家庭氛围。

（二）基本理论

家庭治疗理论有多种不同的流派和理论基础,其中主要包括:

1. 系统论　系统的整体观念，它强调个体的行为是关系的产物，而非仅仅由个体特征决定。

2. 控制论　在自我调节的系统内研究反馈机制，家庭通过信息交换来维持稳定性。

3. 建构主义　现实是观察者的精神创造物。在家庭治疗中，治疗师关注家庭成员对他们所感觉的东西的假定，以及这些假定如何影响他们的行为。

（三）基本技术

1. 言语性干预技术

（1）循环提问：轮流而且反复地请每一位家庭成员表达他对另外一个成员行为的观察，或者对另外两个家庭成员之间关系的看法。提问应涉及一个人的行为与另一个人的行为之间的关系。

（2）差异性提问：通过提出关于症状性行为在不同时间、场合、人物或情境下表现的对比性问题，引导当事人思考和识别出导致症状性行为出现的特定条件。这种提问方式有助于当事人认识到自己的行为并非固定不变的，而是受到情境因素的影响。

（3）前馈提问：对未来取向的提问，对病态行为的积极赋义投射到将来，刺激家庭成员构想对人、事、行为、关系等未来发展的计划，并思考如何行动。

（4）假设提问：基于对家庭背景的了解，治疗师从多个角度出乎意料地提出关于家庭的假设。这些假设须在治疗会谈中不断验证、修订，并逐步接近现实。

（5）积极赋义和改释：对目前的症状，治疗师系统地从积极的方面对其重新进行描述，以一种新的看问题的观点，让来访者及其家属理解情景是相对的，一种现象的意义也是相对的，它们均依看问题的角度不同而可以改变。

（6）去除诊断标签：将来访者从病态标签的压抑下解放出来，解除来访者的患者角色。

2. 非言语性干预技术

（1）家庭作业：治疗师为来访的家庭布置治疗性家庭作业。这些家庭作业一般都是针对访谈时采取的干预措施，为巩固其效果，促进家庭内关系的改进而设计的。常用形式：悖论（反常）干预与症状处方、单/双日作业、记秘密红账、角色互换练习、厌恶刺激等。目的是帮助家庭成员在日常生活中实践所学到的技能，促进家庭关系的改善。

（2）艺术性治疗：是治疗师引导家庭成员利用绘画、音乐、手工制作等艺术形式进行创作，通过这个过程来表达自己内心的感受、想法和需求，同时促进家庭成员之间的沟通与理解。其原理在于，艺术是一种非言语的表达方式，能够帮助人们绕过心理防御机制，直接触及内心深处的情感和需求。

（四）适应证及评价

家庭治疗适应证包括家庭冲突与矛盾，老年人抑郁、焦虑等心理健康问题，慢性疾病管理与照顾，家庭角色转变与适应，终末期关怀与丧亲处理等。老年人家庭治疗在增强家庭凝聚力、改善老年人心理健康、提高照顾效率与质量以及促进角色适应与转变等方面具有积极作用。然而，治疗效果也受到家庭成员参与度、治疗过程耗时等因素的影响。

第三节　老年人心理危机干预

一、概述

（一）相关概念

危机（crisis）指的是遇到重大问题，生活受到干扰，内心紧张不断累积，出现不适应的思维或行为紊乱，进入一种失衡的状态。危机的出现往往是因为个体意识到某一件事的情景超过了自己的应对能力，而不是事件本身。如果危机状态持续下去，就有可能造成当事人剧烈的心理痛苦及社会功能损害，严重时当事人会发展到精神崩溃的程度。

危机干预（crisis intervention）是对处于心理失衡状态的个体进行简短而有效的帮助，使他们渡过心理危机，恢复生理、心理和社会功能水平。这种干预通常是短程和紧急的，本质上属于支持性心理治疗，旨在解决或改善当事人的困境，而不涉及人格塑造。

危机干预的概念和研究最早可以追溯到 20 世纪中叶。例如，埃里希·林德曼（Erich Lindemann）在 1944 年就开始了对心理危机的系统研究，提出了"危机反应"概念。而杰拉尔德·卡普兰（Gerald Caplan）在 1954 年进一步推动了这一领域的发展，提出了危机理论，该理论强调危机是暂时的，干预应帮助个体恢复平衡。

老年人心理危机是指在一定的诱发因素下，老年人对自己所经历的困难情境产生的一种心理失衡状态。这种失衡状态可能源于生理机能的衰退、社会角色的转变、经济状况的困扰、疾病的折磨以及家庭关系的变动等多种因素。当这些压力超出老年人的心理承受能力时，就可能引发一系列心理问题，如抑郁、焦虑、孤独感、自卑感等。

老年人心理危机的危害不容忽视。它不仅影响老年人的身心健康和生活质量，还可能对家庭和社会造成负面影响。因此，我们必须高度重视老年人的心理危机问题，采取有效的措施进行预防和干预。

（二）危机的分类

根据詹姆斯（James）和吉利兰（Gilliland）对危机的分类，可分为四类。

1. 境遇性危机　是指对于异乎寻常的事件，个体无法预测和控制其何时出现的危机。境遇性危机常具有突发性、震撼性、强烈性和灾难性等特点，个体可产生强烈的情绪体验。此类危机通常超出个体的应对能力。

2. 发展性危机　是指在正常成长和发展过程中出现的具有重大人生转折意义的事件，导致个体出现的异常反应。发展性危机一般被认为是正常的，个体会从失衡状态中寻找新的自我秩序，如果处理得当，可以成为重新认识自我和学习成长的发展契机。

3. 生存性危机（或称存在性危机）　这是伴随人生重大问题而出现的冲突和焦虑，涉及目的、责任、独立性、自由、价值和意义等。

4. 环境性危机　根据生态系统论的观点，当一个自然或人为的灾难降临到某人或某一人群时，这些人身陷其中，反过来又影响生活中的其他人。

（三）危机的结局

危机的结局因个体差异、危机类型、干预措施等多种因素而异，以下是一些可能的结局：

1. 自然恢复　在受到刺激后，个体的大脑可能无法立即处理这些刺激，导致功能失调，但随着时间的推移，个体可能逐渐适应并恢复平衡。

2. 创伤反应　如果个体受到的刺激过于强烈或持续时间过长，大脑可能长时间无法恢复功能，导致创伤反应的出现。这可能表现为严重的心理痛苦、社会功能损害，甚至精神崩溃或自杀倾向。

3. 危机干预成功　通过及时的危机干预措施，如心理咨询、心理治疗、药物治疗等，个体可能成功克服危机，恢复正常的心理状态和社会功能。

4. 危机转化为长期问题　在某些情况下，危机可能转化为长期的心理问题或精神障碍，如抑郁症、焦虑症等。这些问题可能需要长期的治疗和管理。

二、心理危机干预技术

危机干预技术是针对处于困境或遭受挫折的个体予以关怀和帮助的一种有效的心理社会干预方法。这些技术旨在帮助个体恢复心理平衡，安全度过危机。以下是一些主要的危机干预技术：

1. 心理急救技术　心理急救技术是指对遭受创伤而需要支援的个体提供人道性质的支持。这种技术强调在危机发生后立即给予个体关注和支持，以减轻其心理创伤。

2. 支持性技术　支持性技术包括建立相互信任、沟通良好的治疗关系，以及应用倾听、共情、关注、接纳、鼓励、解释、保证等干预手段。这些技术旨在使当事人感到被理解、关怀和温暖，减少绝望感，缓解情绪危机，并帮助当事人理性面对危机事件。

3. 稳定化技术 稳定化技术通过引导想象练习，帮助当事人在内心世界中构建一个安全的地方，适当远离令人痛苦的情景。这种技术还旨在寻找内心的积极资源，激发内在的生命力，重新获得解决和面对当前困难的能力，并获得对未来生活的希望。

4. 问题解决技术 问题解决技术是一种融合了认知、情绪、行为干预的综合方法。它根据当事人的需要及可利用的资源，采用非指导性的合作性或指导性的方式，让当事人找到应对危机和挫折的方法。这种技术旨在帮助当事人提高适应水平，学会应对困难与挫折的一般方法，从而渡过当下的危机，并有助于危机后的适应。

5. 危机事件应激晤谈技术 对于灾难的危机干预，危机事件应激晤谈是一种非常有效的方式。这种疗法主要采取结构化的小组讨论形式，引导灾难幸存者谈论应激性的危机事件。通过分享和讨论，个体可以减轻心理负担，并获得来自同伴的支持和理解。

6. 哀伤处理技术 哀伤处理是一种涉及心理、行为和躯体感觉等整体感受的技术。哀伤的处理对于求助者重建心理平衡、恢复自我功能是极其重要的。哀伤处理的过程包括接受丧失、经历痛苦、重新适应及重建关系等阶段。专业的哀伤处理技术可以帮助个体逐步走出哀伤，恢复正常的生活和工作。

7. 其他特殊心理治疗技术 根据当事人的具体情况和治疗师的特长，还可以采用一些特殊的心理治疗技术，如认知行为疗法、眼动脱敏再处理技术、正念减压法、催眠放松训练法、系统脱敏疗法等。这些技术各有特色，可以针对个体的不同问题和需求进行个性化的治疗。

三、干预措施与步骤

尽管老年人心理危机干预没有一个统一固定的程序，但一些基本的步骤还是共同的。按以下步骤思考和行动，常常能取得比较好的效果：

1. 建立信任关系 干预者应尽快与当事人建立联系，表明自己的身份和意图，让当事人感到被理解和支持。通过倾听、观察和反应，与当事人建立信任关系，鼓励其开口描述危机经历及当前感受。

2. 提供情感支持 向当事人解释情感活动是对危机的正常反应，鼓励其表达自己的情感，如否认、内疚、悲痛、生气等。通过共情及真诚、尊重的态度，帮助当事人面对和接受现实，减轻其心理负担。

3. 评估与确定问题 迅速确定危机的严重程度，评估当事人的认知、情绪和行为状态。确定需要紧急处理的问题，如自杀、自伤、攻击他人等高风险行为。

4. 制订干预计划 根据评估结果，为当事人制订具体的干预计划，包括短期和长期目标。干预计划应明确具体、可操作、可实现，并考虑到当事人的个体情况。

5. 实施干预措施 教授当事人应对危机的方法，如放松技术、情绪调节技巧等，帮助当事人探索可利用的解决方法，建立新的支撑点，从丧失性情绪问题中走出来。强调当事人对行为和决定的责任心，鼓励其积极参与干预过程。

6. 持续监测与调整 在整个干预过程中持续监测当事人的情况，及时调整干预策略。根据当事人的反应和干预的进程，对干预目标进行验证和必要的调整。

7. 结束干预与后续跟进 当事人情况稳定后，逐步结束干预，并制订后续跟进计划。鼓励当事人在未来遇到类似问题时积极应对，并提供必要的支持和资源。

（杨梦兰 徐芳芳）

思考题

1. 试述心理咨询的概念和原则。
2. 简述精神分析疗法的基本技术。
3. 什么是心理危机干预？它与其他形式的心理支持有何不同？
4. 简述危机干预的步骤和方法。

主要参考文献

[1] 谌永毅, 杨辉. 安宁疗护 [M]. 北京: 人民卫生出版社, 2023.

[2] 林崇德. 发展心理学 [M]. 3 版. 北京: 人民教育出版社, 2018.

[3] 埃里克·埃里克森, 琼·埃里克森, 海伦·克福尼克. 整合与完满: 埃里克森论老年 [M]. 王大华, 刘彩梅, 译. 北京: 中国人民大学出版社, 2021.

[4] 罗伯特·费尔德曼. 发展心理学: 人的毕生发展 [M]. 苏彦捷, 等译. 8 版. 上海: 华东师范大学出版社, 2022.

[5] 贾莹芳. 老年人的认知功能及干预研究进展 [J]. 心理学进展, 2022, 12 (5): 1827-1832.